国際層序区分小委員会 委員長　アモス・サルヴァドール 編

# 国際層序ガイド
## 層序区分・用語法・手順へのガイド

日本地質学会 訳編

共立出版株式会社

International Subcommission on Stratigraphic Classification of IUGS International Commission on Stratigraphy

INTERNATIONAL STRATIGRAPHIC GUIDE
——A GUIDE TO STRATIGRAPHIC CLASSIFICATION, TERMINOLOGY, AND PROCEDURE

Second Edition

Hollis D. Hedberg, Editor, First Edition (1976)
First edition published by John Wiley & Sons, Inc.

Amos Salvador, Editor, Second Edition

Second edition copublished by The International Union of Geological Sciences and
The Geological Society of America, Inc.

Copyright © 1994, The Geological Society of America, Inc. All rights reserved

Portions of this work duplicate material in the first edition (International Stratigraphic Guide, edited by Hollis D. Hedberg, Copyright © 1976 by John Wiley & Sons, Inc.) and are reprinted here by permission of John Wiley & Sons, Inc.

Any request for copyright permission should be sent to the International Union of Geological Sciences, IUGS Secretariat, Box 3006, N-7001 Trondheim, Norway.

This volume was prepared and edited by appointees of the International Union of Geological Sciences, and was printed, bound, and distributed by the Geological Society of America.

Copublished by The International Union of Geological Sciences, IUGS Secretariat, Box 3006, N-7001 Trondheim, Norway, and The Geological Society of America, Inc. , 3300 Penrose Place, P. O. Box 9140, Boulder, Colorado 80301.

Although the Geological Society of America accepts, and encourages the use of, the North American Stratigraphic Code (1983) in its regular publications, departures from the recommendations of this Code necessarily may appear in some works published under the Society's cooperative agreement with the International Union of Geological Sciences.

Printed in U. S. A.

Library of Congress Cataloging-in-Publication Data

International Union of Geological Sciences.
International Subcommission on Stratigraphic Classification.
International stratigraphic guide : a guide to stratigraphic classification, terminology, and procedure.
International Subcommission on Stratigraphic Classification of IUGS International Commission on Stratigraphy ; Amos Salvador, editor. ——2nd ed.
   Includes bibliographical references and index.
   ISBN 0-8137-7401-2
   l. Geology, Stratigraphic.  I . Salvador, Amos.  II . Geological Society of America.  III . Title.
QE 645. 157 1994
The International Stratigraphic Guide, second edition, is distributed exclusively by The Geological Society of America, Inc., 3300 Penrose Place, P. O. Box 9140, Boulder, Colorado 80301.

# もくじ

まえがき　ix
序文　xi
『ガイド（第1版）』への序文　xiv

第1章　序論　1
 1 A.『当ガイド』の発端と目的　1
 1 B. ISSC の構成　2
 1 C.『当ガイド』の準備と改訂　3
 1 D.『当ガイド』の精神　4
 1 E. 国家的・地域的層序規約　4
 1 F. 代案あるいはことなった見解　5

第2章　層序区分の原理　6
 2 A. 総説　6
 2 B. 層序区分のカテゴリ　6
 2 C. それぞれのカテゴリにおける区分用語　8
 2 D. 年代層序単元および地質年代単元　9
 2 E. 岩石記録の不完全性　10

第3章　定義と手順　11
 3 A. 定義　11
  3 A.1. 層序学　11
  3 A.2. 単層　12
  3 A.3. 層序区分　12
  3 A.4. 層序単元　12
  3 A.5. 層序用語　12
   a. 公式の層序用語法　12／b. 非公式の層序用語法　13
  3 A.6. 地層命名法　13
  3 A.7. 帯　13
  3 A.8. 層準　14
  3 A.9. 対比　14
  3 A.10. 地質年代学　14
  3 A.11. 地質年代単元　14

3 A. 12. 地質年代測定学　14
3 A. 13. 相　15
3 A. 14. 一般用語を特別な意味に使用することにたいする注意　15
3 B. 層序単元の設定および改定の手順　15
　3 B. 1. 定義・特徴づけ・記載　16
　　a. 名称　16／b. 模式層とほかの参照標準　16／c. 模式層あるいは模式地における層序単元の記載　17／d. 広域的状況　17／e. 地質年代　17／f. ほかの層序単元との対比　17／g. 形成場　17／h. 文献の紹介　17
　3 B. 2. 地下の層序単元の設定における特別な要請　17
　　a. 坑井または鉱山の指定　18／b. 坑井地質柱状図　18／c. 地球物理学的検層記録と地震波断面　18／d. 資試料の保存場所　18
　3 B. 3. 層序単元の命名　19
　　a. 層序単元名の地理的要素　19（i. 語源　19／ii. 地理的名称の表記　20／iii. 地理的名称の変更　20／iv. 不適切な地理的名称　21／v. 地理的名称の重複　21／vi. 層序単元の細区分の名称　21）／b. 層序単元名における単元用語の構成要素　21／c. 名称と国境との関係　22／d. 対比による地層名の減少　22／e. 帰属の不確実性　22／f. 破棄された名称　23／g. 伝統的で定着している名称の保存　23
　3 B. 4. 出版　23
　　a. 公式に認知された科学情報媒体　23／b. 先取権　24／c. 勧告する編集手順　24（i. 大文字の使用　24／ii. ハイフンの使用法　25／iii. 完全な名称のくりかえし　25）
　3 B. 5. すでに設定されている層序単元の改定や再定義について　25

第 4 章　模式層と模式地　26
　4 A. 模式地の定義と層序単元の特徴づけ　26
　　4 A. 1. 標準的な定義　26
　　4 A. 2. 特定の岩体断面について　26
　4 B. 定義　27
　　4 B. 1. 模式層　27
　　4 B. 2. 単元模式層　27
　　4 B. 3. 境界模式層　27
　　4 B. 4. 複合模式層　27
　　4 B. 5. 模式地　28
　　4 B. 6. 模式地域　29
　　4 B. 7. 完模式層・副模式層・後模式層・新模式層・参照模式層　29
　　　a. 完模式層　29／b. 副模式層　29／c. 後模式層　29／d. 新模式層　29／e. 参照模式層　29
　4 C. 模式層への要請　30
　　4 C. 1. 概念の表現　30
　　4 C. 2. 記載　31
　　4 C. 3. 同定と標識　31

4 C. 4．到達の容易性と保存の確実性　31
　　4 C. 5．地下の模式層　32
　　4 C. 6．受容性　32
　4 D．塊状の火成岩体または変成岩体の模式地への要請　32

## 第5章　岩相層序単元　33
　5 A．岩相層序単元の性格　33
　5 B．定義　33
　　5 B. 1．岩相層序学　33
　　5 B. 2．岩相層序区分　33
　　5 B. 3．岩相層序単元　34
　5 C．岩相層序単元の種類　35
　　5 C. 1．公式岩相層序単元　35
　　5 C. 2．層　36
　　5 C. 3．部層　36
　　5 C. 4．単層　37
　　5 C. 5．流　37
　　5 C. 6．層群　38
　　5 C. 7．超層群・亜層群　38
　　5 C. 8．複合岩体　39
　　5 C. 9．岩相層準——岩相層準　39
　　5 C. 10．非公式岩相層序単元　39
　5 D．岩相層序単元の設定手順　40
　　5 D. 1．定義の基準としての模式層と模式地　40
　　5 D. 2．境界　41
　　5 D. 3．不整合と堆積間隙　42
　5 E．岩相層序単元の拡張手順——岩相層序対比　43
　　5 E. 1．岩相層序単元および境界同定のための間接的根拠の使用　43
　　5 E. 2．境界として使用される指標層　43
　5 F．岩相層序単元の命名　44
　　5 F. 1．概要　44
　　5 F. 2．名称の地理的要素　44
　　5 F. 3．名称の岩相的要素　45
　　5 F. 4．火成岩類と変成岩類に関するいくつかの特別な面　46
　5 G．岩相層序単元の改定　48

## 第6章　不整合境界単元　49
　6 A．不整合境界単元の性格　49
　6 B．定義　50
　　6 B. 1．不整合境界単元　50
　　6 B. 2．不整合　51

a. 斜交不整合 51／b. 非整合 51／c. ダイアステム 51
6 C. 不整合境界単元の種類 51
6 D. 不整合境界単元の階層性 53
6 E. 不整合境界単元の設定手順 53
6 F. 不整合境界単元の拡張手順 55
6 G. 不整合境界単元の命名 55
6 H. 不整合境界単元の改定 55

第7章 生層序単元 56
7 A. 生層序単元の性格 56
7 B. 化石 57
　7 B. 1. 化石の価値 57
　7 B. 2. 化石群集 57
　7 B. 3. 誘導化石 58
　7 B. 4. 導入化石または侵入化石 58
　7 B. 5. 層序学的な凝縮作用の影響 58
7 C. 定義 59
　7 C. 1. 生層序学 59
　7 C. 2. 生層序区分 59
　7 C. 3. バイオゾーン 59
　7 C. 4. 生層序層準——生層準 59
　7 C. 5. 亜バイオゾーン 60
　7 C. 6. 超バイオゾーン 60
　7 C. 7. ゾニュール 60
　7 C. 8. 無産出区間 60
7 D. 生層序単元の種類 61
　7 D. 1. 総説 61
　7 D. 2. 区間帯 61
　　a. タクソン区間帯 62（ⅰ. 定義 62／ⅱ. 境界 62／ⅲ. 名称 63／ⅳ. タクソンの地域的産出区間 63）／b. 共存区間帯 63（ⅰ. 定義 63／ⅱ. 境界 63／ⅲ. 名称 64）
　7 D. 3. 間隔帯 64
　　a. 定義 64／b. 境界 65／c. 名称 65
　7 D. 4. 系列帯 66
　　a. 定義 66／b. 境界 67／c. 名称 67
　7 D. 5. 群集帯 68
　　a. 定義 68／b. 境界 69／c. 名称 69
　7 D. 6. 多産帯 69
　　a. 定義 69／b. 境界 70／c. 名称 70
7 E. 生層序単元の階層性 70
7 F. 生層序単元の設定手順 71

7 G. 生層序単元の拡張手順——生層序対比　71
7 H. 生層序単元の命名　72
7 I. 生層序単元の改定　73

## 第8章　磁場極性層序単元　75
8 A. 磁場極性層序単元の性格　75
8 B. 定義　77
　8 B. 1. 磁気層序学　77
　8 B. 2. 磁気層序区分　77
　8 B. 3. 磁気層序単元——磁気帯　77
　8 B. 4. 磁場極性層序区分　77
　8 B. 5. 磁場極性層序単元　77
　8 B. 6. 磁場極性逆転層準と磁場極性遷移帯　77
8 C. 磁場極性層序単元の種類　78
8 D. 磁場極性層序単元の設定手順　78
8 E. 磁場極性層序単元の拡張手順　79
8 F. 磁場極性層序単元の命名　79
8 G. 磁場極性層序単元の改定　81

## 第9章　年代層序単元　83
9 A. 年代層序単元の性格　83
9 B. 定義　83
　9 B. 1. 年代層序学　83
　9 B. 2. 年代層序区分　83
　　a. 局地的な年代関係を決定すること　83／b. 国際標準年代層序尺度を設定すること　84
　9 B. 3. 年代層序単元　84
　9 B. 4. 年代層序層準——年代層準　84
9 C. 年代層序単元の種類　85
　9 C. 1. 公式の年代層序単元用語・地質年代単元用語の階層　85
　9 C. 2. 階（および期）　85
　　a. 定義　85／b. 境界と境界模式層　85／c. 年代範囲　86／d. 名称　86
　9 C. 3. 亜階および超階　86
　9 C. 4. 統（および世）　87
　　a. 定義　87／b. 境界と境界模式層　87／c. 年代範囲　87／d. 名称　87／e. 統の誤用　87
　9 C. 5. 系（および紀）　88
　　a. 定義　88／b. 境界と境界模式層　88／c. 年代範囲　89／d. 名称　89
　9 C. 6. 界（および代）　90
　9 C. 7. 累界（および累代）　90
　9 C. 8. 階層体系外の公式年代層序単元——年代帯　90

　　　　　a. 定義　90／b. 年代範囲　90／c. 地理的拡がり　92／d. 名称　92
　9 D. 国際標準年代層序（地質年代）尺度　92
　　9 D. 1. 概念　92
　　9 D. 2. 現状　93
　9 E. 広域的な年代層序尺度　93
　9 F. 先カンブリア時代の細区分　95
　9 G. 第四紀年代層序単元　95
　9 H. 年代層序単元の設定手順　97
　　9 H. 1. 基準としての境界模式層　97
　　9 H. 2. 下限境界模式層により年代層序単元を定義することの利点　98
　　9 H. 3. 年代層序単元の境界模式層の選定にたいする要請　99
　9 I. 年代層序単元の拡張手順——年代層序対比　100
　　9 I. 1. 地層の物理的な相互関係　101
　　9 I. 2. 岩相　102
　　9 I. 3. 古生物学　102
　　9 I. 4. 同位体年代測定　103
　　9 I. 5. 磁場極性逆転　105
　　9 I. 6. 古気候学的変化　105
　　9 I. 7. 古地理および海水準変化　106
　　9 I. 8. 不整合　109
　　9 I. 9. 造山運動　107
　　9 I. 10. そのほかの指標　107
　9 J. 年代層序単元の命名　108
　9 K. 年代層序単元の改定　108

第 10 章　ことなる種類の層序単元間の関係　109

付録 A：層序用語集　115
付録 B：国家的・地域的層序規約　151
付録 C：層序区分・用語法・手順に関する文献目録　154
あとがき　215
さくいん　223

# まえがき

『国際層序ガイド（第2版）』（この本では『当ガイド』という）を作製するにあたって，膨大な仕事をされたアモス・サルヴァドール教授に感謝する．1977年から1993年までに32回にわたり総計1,000ページ以上の文書が配布された．彼はそれらの文書で国際層序委員会（International Commission on Stratigraphy；ICS）中の小委員会の1つである国際層序区分小委員会（International Subcommission on Stratigraphic Classification；ISSC）の委員や世界の層序学者にたいし，『当ガイド』への提案を要請した．この方法で文書の内容が改良・刷新され，きわめて価値のあるものとなった．

サルヴァドール教授の序文でものべられているように，『当ガイド』は指針を意図したものであり，規約とすることを意図したものではない．"『当ガイド』の論理と価値について確信できないうちは，強制的にこれにしたがわなければならないと思うことはない"．この開かれた精神が『当ガイド』のまさに強みなのである．ことなった伝統にしたがっている層序学者からの見解や，特有な問題点について特異な方法で調査されている地域からの見解があつまってきたため，それらがたがいに矛盾することはさけられなかった．これらの見解の相違はできるかぎり調整されなければならなかった．たとえ層序用語法が法文化できないとしても（ここが命名規約とはことなるところ！），共通の用語が必要であることははっきりしている．つまり，あいいれない用法のあいだでの妥協が必要ということである．『当ガイド』の出版は，層序学の原理に関する活発で実り多い議論を刺激し，ひきおこす一助となるであろう．

『当ガイド』の重要な1つの側面は，1976年に刊行された『国際層序ガイド（第1版）』（この本では『旧ガイド』という）にくらべて火成岩類と変成岩類の層序区分に，より多くの注意をはらったことである．これにより『当ガイド』が対象とする領域を，古典的層序学の枠を超えて地質図上に描けるすべての種

類の岩体をふくむところまで拡げたことになる．さらにまったくあたらしい章が『当ガイド』に追加された．これらの章は『旧ガイド』であつかっていないことがらをふくんでいる．磁気層序学はそれらの1つである．もう1つは不整合境界単元である．それに関連するシーケンス層序学は石油探査では実際にますます普及しているが『当ガイド』ではあつかわなかった．関連ある2つの研究法のどちらか一方が生き残るのであろうか？　あるいはそれらは融合して総合化されるのであろうか？　しばらくのあいだ，これは未解決の問題である．ここ10年あるいは20年のあいだに層序学の内容がどのようなものになろうとも，『当ガイド』は層序学発展における里程標となるであろう．

ユルゲン・レマネ<br>
ICS委員長

# 序　文

　1976年の『旧ガイド』出版に先立つ20年間には，層序区分・用語法・手順の概念と原理に関連して活発な研究がなされるとともに混乱と論争がおこっていた．あたらしい考えが数多く提案され，議論され，そしてときには論破された．多くの論争があった．徹底的に反対の見解が揺るぎない確信をもって表明された．結果として，図Aにしめすように層序区分・用語法・手順にかかわることがらをあつかった出版物の点数がいちじるしく増加した．

　あたらしい用語は層序学に関連する文献に洪水のように満ちあふれ（付録A：層序用語集参照），図Bにしめすように国家的・地域的層序規約が多数出版された．

　両グラフがしめすように，『旧ガイド』の出版は層序区分・用語法・手順の概念と原理の発展を安定化させる転機になった．『旧ガイド』の勧告は世界の大多数の層序学者に容易に受けいれられ，『旧ガイド』発行以前につづけられ

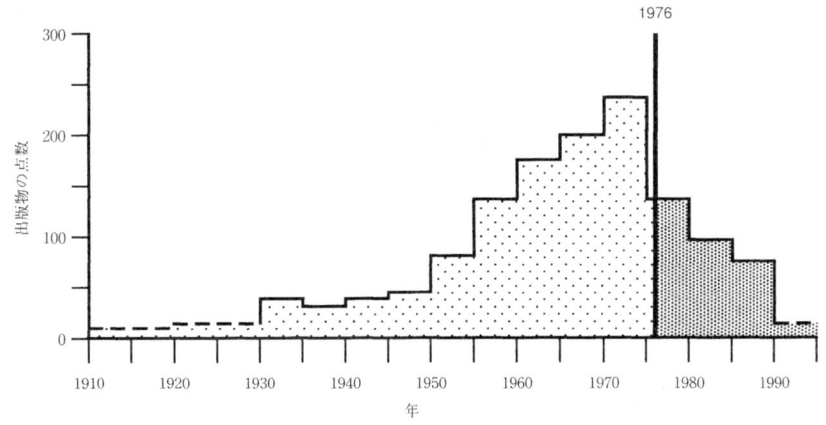

図A　層序区分・用語法・手順にかかわることがらをあつかった出版物の点数

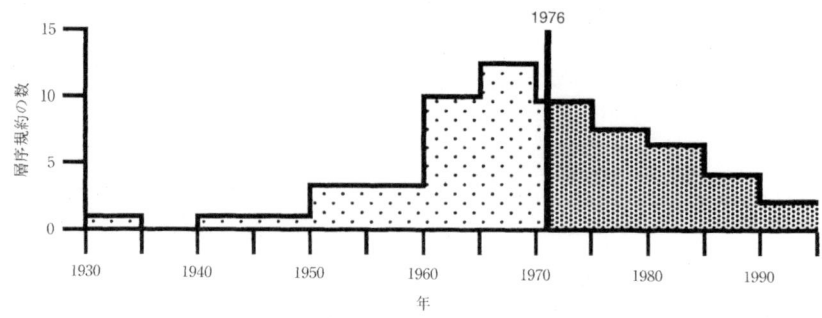

図B　国家的・地域的層序規約の出版点数

ていた議論や論争はその頻度も減り，激しさも衰えた．それは層序学の原理に関連することがらをあつかった出版物の点数の減少に反映された．同様に，あたらしい層序用語の提案数もはっきり減少した．『旧ガイド』は中国語・フランス語・ロシア語・スペイン語・トルコ語に翻訳された．そして『旧ガイド』の登場後に出版された国別の層序規約の数が減少したことは，『旧ガイド』の原理・用語法と勧告された手順におおいに関係している．

　層序区分・用語法・手順についてなされた多くの論争を終結させ，しかも勧告を世界の大部分の層序学者に受けいれさせたという『旧ガイド』の成功は，ISSC の創設者で最初の委員長であったホリス・ヘッドバークに帰すべきである．彼は強い反対にもかかわらず初期の困難な時期に ISSC の活動をリードした．彼の努力は，『旧ガイド』が出版され，層序区分・用語法・手順の国際的基準として広く受けいれられたことによって報いられた．ホリス・ヘッドバークは現代の層序学の基礎を提供した．そして彼の出版物とりわけ『旧ガイド』は，広く受けいれられた層序用語法の典拠として記憶されるであろう．なお，この層序用語法により世界の層序学者は相互によりはっきりと，より容易に情報を交換し，理解し，協力できるようになったのである．

　序論（§1）でのべるように，『当ガイド』のあたらしい部分は，第6章（不整合境界単元）と第8章（磁場極性層序単元）および層序用語集（付録A）である．第7章（生層序単元）と第9章（年代層序単元）は，第5章（岩相層序単元）での火成岩類・変成岩類の取りあつかい同様，広範囲にわたる改訂を必要とした．生層序学と国家的・地域的層序規約は改訂しあたらしくした．地質学的知識の増加と進展にともない，層序学的思考もたえず発展しなければならない．『当ガイド』でなされた改訂はそのような成長と進展を反映している．

しかし『当ガイド』の目的は『旧ガイド』のそれと同一である．すなわち層序区分の原理の国際的合意を促進させること，国際的に受けいれられる層序用語と層序学的手順の規則を発展させることである．そしてそれらはすべて国際的な情報交換を推進するためである．『当ガイド』の精神も同様である．ISSCは『当ガイド』を層序区分・用語法・手順についての勧告として提供するのであって，規約として提供しているわけではない．どの個人・組織・国家にあっても，その論理と価値を確信できないうちは，『当ガイド』全体，あるいは『当ガイド』のどの部分にも強制的にしたがわなければならないと考えることはない．ISSCは層序区分・用語法・手順に関する規約を設定すべきではないと信じている．『当ガイド』の目的は情報を提供し，提案し，勧告することである．

『旧ガイド』の長期におよんだ複雑な改訂にあたって，多くの組織や個人が努力した．各国の層序委員会，とくに『旧ガイド』出版後に国内の規約を出版した委員会は重要な貢献をした．ごく最近出版された多くの規約は『旧ガイド』をモデルにしているが，今度はその改訂にたいしてこれらがきわめて貴重な基礎として役立った．『北米地層命名規約』と『オーストラリアの岩相層序命名法への野外地質学者のガイド』はとくに有益であった．

ISSCの多くの委員や多数の非委員の方がたが『当ガイド』の改訂の準備に，たいへん貢献した．現在のISSC委員長のマイケル・マーフィーとティモシー・アンダーソンは『当ガイド』の原文の最終的な編集に参加した．ウィリアム・バーグレン，C. W. ドルーガー，ルーシー・エドワード，マイケル・マーフィーは生層序単元に関する章の広範囲にわたる困難な改訂にあたって，絶大な助力を提供した．ベティー・クルツは原文と付録（A：層序用語集；B：国家的・地域的層序規約；C：引用参考文献）の大量の原稿を飽きることなく作成してくれた．

これらの人たちに，そして『当ガイド』の作製にあたって非常に効果的に貢献したISSCの委員と非委員の人たちに心から感謝する．

<br>

　　　　　　　　アモス・サルヴァドール，編集者
　　　　　　　　　ISSC委員長
　　　　　　　　　テキサス大学オースティン校地質科学科
　　　　　　　　　オースティン，テキサス 78712, U.S.A.
　　　　　　　　　1993年3月

# 『ガイド(第1版)』への序文

　層序学の研究対象は地球規模である．地球上の地層や岩石を全体的に充分に描写し，これらがどのように・いつ・なぜ，今日あるようなものになり今日ある場所に到達したかという歴史を復元したいと思うならば，国際的（世界的）な情報交換と協力が必要となる．

　世界の地質学者に役立つ層序学の共通語を獲得するためには，層序区分・用語法・手順についての合意がぜひ必要である．その合意により，くいちがっている基本的な原理・用語のことなった用法や，相互理解にたいするそのほかの無用な妨げのために生じるむだな議論や実りのない議論に努力を浪費することなく，真に科学的な層序学の課題に効果的に集中できるであろう．

　この『ガイド』は層序学に関する観察や考えをより明確に表現し，一方ではほかの地質学者たちから提供される層序に関する情報をより明瞭に理解したいとのぞんでいる地質学者たち（大学・研究機関・企業など）のために，ISSCが準備してきたものである．とくにその研究と関心事が国際的であったり，すくなくとも国境を越えて研究しようとしたりしている人びとのニーズにねらいをつけている．

　たしかに地球上の地層や岩石とその特性は多様ではあるが，それを研究する人たちの天性や性格ほどではない．自然物を分類し用語を与えるというすべての作業は，自然のもつ無限の複雑さにたいする人類の不完全な概念と理解を助けることを目的として人類が考案し，試みた秩序づけにしかすぎない．そしてそれらの源である人間の精神の不完全さをそれなりに反映している．地層や岩石の層序区分と用語法も例外ではない．

　多くのことなった背景のもとに発展してきた層序区分・用語法・手順についてのさまざまな見解をあつめたり，これらをほとんどすべての人たちがその大部分に同意できる単一の実用的な用語や指針群へと構築したりする過程は，時

『ガイド(第1版)』への序文　xv

間のかかる辛抱強い仕事が必要であった．ISSC にかかわって 20 年間にわたる仕事をしてきた人たちのみが，進まなければならなかったこのいばらの道の真価をたぶん理解できる．最初は無関心と，ときには激しい反対と戦い，民族主義・地方主義・伝統主義・保守主義・急進主義のやぶを突き抜けて最善の大多数の同意に到達しようと，道を選択しながら進むことを頻繁に強いられてきた．もちろんそれはけっして終わることのない仕事である．『ガイド』の出版は，たえまなく増加する層序学のニーズに応じるよう，ひきつづき発展すべきものの単に第 1 歩と見なされるべきであろう．

　『ガイド』のこの最初の完全版は，ISSC により以前に出版された多くの印刷文書や予備的な報告書でのべられている考えを，より筋がとおり包括的と考えられるようなかたちに再編・整理統合したものである．不必要なくりかえしをさけ，結論を明白にし，いくつかの論点は図示するようにし，全般的には構成，言葉づかいと表現方法を改善するよう試みている．『ガイド』には約 1,500 本もの広範囲にわたる論文・単行本からなる文献目録をつけた．この文献目録自体は『ガイド』中に組みいれられた考えの発展史の重要な部分となっている．同時にスペースの関係で『ガイド』中で議論できなかったけれども，考慮しなければならない多様な見解・哲学についての参考事項の出典でもある．

　1974 年に，ちいさな編集委員会が以前の報告書を整理し，1 巻ものの『ガイド』の草案を作成した．その委員会はナビル・ジョージ，チャールズ・ポメロール，アモス・サルヴァドール（ISSC 副委員長），ジョバン・ステクリンと委員長により構成されており，たがいに協力してこの仕事の主要な義務をはたした．1972 年にはじめの草案が，V. V. メンナーと H. D. ヘッドバークが共同で選定した当初の 11 人の編集委員とそれ以外の委員（イボ・チュルパチ，H. K. エルベン*，マーティン・グレスナー，イアン・スペデン，鳥山隆三，A. I. ツァモイダ）に送られ，そして彼らから貴重な批判がなされた．ほかの草案は ISSC の全委員（125 名）に照会され，彼らからさらにまた有益な助言と批判が寄せられた．そして 85 対 3 という投票結果により，出版が承認された(1976 年版の付録 D 参照；この肯定的な投票結果は以前の ISSC の報告書の場合と同様に出版の承認をしめしたものであるが，テキストの内容すべてが完全に合意されたわけではないことを強調したい)．

　ISSC は，さっそく，『ガイド』のこの最初の統一版で充分に注意をはらうことができなかった層序学の多くの特殊な側面の研究と勧告にたいして継続的に

検討を進めることにしている．また今後の改訂版作製の準備・作製の下地として，非委員の地質学者から寄せられる批判と提案の検討をすることにしている．

最後に編集者は，委員・非委員をとわず，この本の作製に貢献されたすべての方がたに感謝し，これが世界の層序学者と地質学の全分野に役立つことを希望する．この本および初期の報告書の出版への援助と支援にたいして，ICS・国際地質科学連合（International Union of Geological Sciences；IUGS）・万国地質学会議（International Geological Congress；IGC）に感謝する．

さらに，アモス・サルヴァドール博士には本文と図の準備および編集に不断の援助と助言をいただいたり，『ガイド』改善のためのかぎりない努力をしていただいたりしたことにたいして，E.J. スペンサーさんには必要とされた本文と文献目録（付録 C 参照）の多数の原稿作成にあたって義務範囲をはるかに超えて自発的かつ効率的な作業をしていただいたことにたいして，フランシス・ヘッドバークには，この作業全体にわたって数え切れないほど助けていただいたことと出版社への提出物のチェックと準備を手つだっていただいたことにたいして，とくに感謝する．

   ホリス・D. ヘッドバーク，編集者
    ISSC 委員長
    118 ライブラリープレース，プリンストン，N. J. 08540, U.S.A.
    1975 年 10 月

＊：1974 年 9 月 26 日付の手紙で，エルベン教授は編集委員会からの脱会することを要望した．

# 第1章 序 論

## 1A. 『当ガイド』の発端と目的

　『旧ガイド』は ICS 内の ISSC*が作製した．この ISSC はアルジェで開催された IGC により 1952 年に組織された．最初は IGC の後援のもとに活動したが，1965 年以降は IUGS のもとで活動した．ISSC の主要な目的は国際的な層序ガイドの出版であった．

*：もと ISST (International Subcommission on Stratigraphic Terminology)

　『旧ガイド』の序章でのべられているように，『旧ガイド』では層序学のうちでも発展中の分野にはほとんどふれられていない．それは電気検層やそのほかの検層，震探層序学，地球磁場極性逆転，地球化学的分帯，土壌，火山起源の地層，火成岩類や変成岩類，不整合境界単元，周期的な海水準変化，海洋層序学，エコ層序学，第四系・先カンブリア界などをあつかった分野である．

　これらの分野は ISSC の将来の研究課題と考えられ，その結果，1976 年に『旧ガイド』が出版されてまもなく，ISSC はこれらの発展中の層序学の分野の検討をし，それらを『当ガイド』にくわえるべきかどうかを決定する作業を開始した．

　『当ガイド』には，不整合境界単元と磁場極性層序単元についての章を設けている．また，とくに火成岩体や変成岩体の層序学的取りあつかいといったいくつかの主題についてあらたに検討している．

　ISSC は，『当ガイド』ではワイヤライン検層と地震波断面にもとづいたあたらしい種類の層序単元を設定しないこととした．ワイヤライン検層や地震波断面が提供する情報は，層序学的研究をおこなううえできわめて有用ではあるが，岩石中には記録されていない．それは岩石のある物理学的な特性を遠隔測定したグラフ上の（あるいは電気的な）記録にすぎない．構成岩類はおおまか

に推測されるだけなので，公式層序単元をこれらの遠隔測定にもとづいて設定すべきではない．

先カンブリア界と第四系をあつかう特別な章は不必要と判断した．しかし先カンブリア界と第四系を年代層序単元に細区分するさいに生じる特別な問題点については第9章FとGで簡潔にふれる．『当ガイド』は層序区分と命名の原理と手順をあつかうものであって，先カンブリア時代と第四紀の岩石にたいしても，ほかの岩石に適用される原理や手順を同様に適用することが可能である．

土壌と土壌層序単元は『当ガイド』では取りあつかわなかった．土壌層序単元を『当ガイド』中に取りいれるためには，より層序学的な検討をし，原理や手順を定式化する必要がある．これらの層序単元はISSCの将来の課題であろう．

『当ガイド』の目的は，『旧ガイド』の目的とおなじである．すなわち層序区分の原理の国際的合意を推進し，国際的に受けいれ可能な層序用語法と層序学的手順の規則を発展させることである．すべては国際的な情報の交換，国際協力・国際理解のためであり，世界の層序学的研究の効果を増進するためでもある．

『当ガイド』の勧告は，ISSCの大多数の委員の現時点の一致した意見にもとづいている．将来の改訂版は，うたがいなく時の経過のなかで使用されることにより試されて，改訂され，価値のあるあたらしい見解と方法が取りいれることになろう．

ISSCは批判と代案を歓迎する．また『当ガイド』を改善するためにすべての地質学者からの提言を求める．

## 1B．ISSCの構成

ISSCの委員は35年間にわたって増えてきた．1954年にICSの約300名の委員にはじめてISSCへの参加をよびかけた．そのうちの25名が参加に同意した．それに何人かの層序学者が参加し，ISSCの設立委員は32名となった．委員は現在約75名であり，世界の層序学者や層序学研究組織を代表している．また広範囲な層序学的関心・伝統・哲学をも代表している．現在つぎの3種類の委員が認められている．

個人委員：層序区分や命名に関する問題に関心があり真の貢献をし，ISSCの仕事に関心をもっているということで選出された個々の層序学者から構成される．

**職務上の個人委員**：IUGSのICSの委員長・副委員長・前委員長・事務局長と，このICSに所属するISSC・地域委員会・作業部会の委員長や幹事がふくまれている．

**組織・機関代表委員**：活動的なすべての層序委員会，それは一国のみか数か国にまたがる層序委員会と各国の地質学会の層序委員会，それに，国立地質調査所の代表者で構成されている．世界のすべての活動的な層序学に関する組織・機関がふくまれている．

これらの3種類の委員からなるISSCは，委員以外の層序学者にたいして特別な問題について見解をもとめるようになって以降，層序学に関する代表と考えられている．

## 1C.『当ガイド』の準備と改訂

ISSCは1952年に設置されて以来，委員が多数でありまた国際的であるため，運営はほとんどが書面の交換という通信手段でおこなわれ，たりないところはIGCの集会のおりに補充された．とくに書面によるアンケート・返事・議論・結論づけという手順をとってきた．

ISSCは1976年の『旧ガイド』出版以来，層序区分と命名についての特別な問題をあつかったつぎの3つの論説を出版した．

① Magnetostratigraphic polarity units——a supplementary chapter of the ISSC *International Stratigraphic Guide* (in cooperation with the IUGS/IAGA Subcommission on a Magnetic Polarity Time Scale)：*Geology*, 7, p. 578-883, December, 1979.
② Unconformity-bounded stratigraphic units：Geological Society of America Bulletin (*Geol. Soc. Am. Bull.*), 98, p. 232-237, February, 1987.
③ Stratigraphic classification and nomenclature of igneous and metamorphic rock bodies：*Geol. Soc. Am. Bull.*, 99, p. 440-442, September, 1987.

これらの論説の出版は，『当ガイド』における2つのあたらしい章の準備と，岩相層序単元の章の改訂の基礎であった．

『当ガイド』には層序用語集と層序区分・用語法・手順の概念と原理につい

ての最新の文献目録をふくめてある（付録A〜付録C参照）．

## 1D.『当ガイド』の精神

ISSCは『当ガイド』を規約としてではなく，層序区分・用語法・手順にたいする勧告的な手引きとして提供する．個人であれ，組織・機関・国家であれ，『当ガイド』の論理と価値を確信しないかぎり，その全体，あるいはその一部にしたがうことを強制されていると思うべきではない．層序区分・用語法・手順は法文で定められるべきではない．現実的で持続的な進歩は，確実な原理・手順・用語の有用性と妥当性に地球科学者が自発的に同意することでのみなしとげられるであろう．『当ガイド』の目的は，伝達し，提案し，勧告することである．それは地質学的知識の進展とととともにたえまなく進化しつづけるにちがいない．

層序学的な見解はじつにさまざまである．したがって『当ガイド』は，原理を決定したり，規則を提案したり，手順を勧告したりするさいに，広く制限のないあつかい方を採用する．2つの矛盾する重要な層序学的な見解があるところでは，『当ガイド』は，両方の見解にたいしてより大きな自由を許す，より制約のすくないほうを一般に採用する．対立した見解は，最終的には，使用されるか使用されないかということによりどちらかに収まるであろう．役立たない用語は消え去るであろうし，役立たない手法は破棄されるであろう．

さらに『当ガイド』では，厳しくがっちりとした規則が適用できない層序学的状況もあること，常識こそがもっとも効果的に明快さを増し理解を深め進歩をうながすものであることを認識している．

『当ガイド』は，層序区分や用語法の背後にある理想的な概念には実際には接近できるのみで完全に到達することができないにちがいないとしても，その理想的な概念は保持されるべきであるという信念を反映している．実際には妥協がなされなければならないとしても，理想的な概念はあるべきものとして認識されるべきである．

## 1E. 国家的・地域的層序規約

ISSCの究極のゴールは，多くのさまざまにことなった国家的・地域的な体

系ではない，層序区分・用語法・手順についての世界共通の1セットの原理と規則である．しかしながら，ISSC は国家的・地域的層序規約の育成をつねに支持してきた．ISSC が気づいたこれらのものは，出版年次順に『当ガイド』の付録 B に収録した．これらの規約は，原理を発展させること，規約の必要性を喚起すること，さまざまな提案を検証する場を提供することなどに役立ってきた．最終的に ISSC には，多かれすくなかれくいちがっている多くの地域的・国家的規約を発展させるよりは，むしろ単一な国際的な規則を改善してゆくことがゆだねられている．

## 1F. 代案あるいはことなった見解

世界の地質学者は層序区分と層序用語法について多くのことなった見解をもっている．これらの見解の多くは ISSC から提示された文書を通して過去40年間にわたって徹底的に議論されてきた．

ISSC は『旧ガイド』の作製中に，意見を異にする見解と代案の出版の可能性を検討した．しかし修正意見や対立する意見，それらへの返答をすべて取りいれる充分なスペースを取ることは不可能であること，ある見解を選択しほかを無視することは不公平であることがまもなくわかった．普通，要約は不満足なものであり，ことなった見解は著者自身の言葉のなかにもっともよくとどめられている．また大部分の代案はすでに独立して出版されており，それらの文献は『旧ガイド』についている文献目録にはいっていて，関心をもった人すべてにとってそれらを読むことができるということに気づいた．『当ガイド』作製でも同様の方針をとった．

今日，世界には層序学の原理についてはさまざまな見解がある．とはいえ，『当ガイド』での取りあつかい方は充分に幅が広く寛容であると信じられるものであり，実際の層序学の問題に適用するうえで，だれも不当に制約的とは思わないであろう．

# 第2章　層序区分の原理

## 2A. 総説

　地球は広い意味で層状構造をなしているため，堆積岩類・火成岩類・変成岩類といったすべての種類の岩石が，層序学と層序区分の対象となる．

　岩石にはことなった特性がたくさんあるので，岩相・含有化石・磁場極性・電気特性，地震波への応答，化学組成または鉱物組成をはじめとする多くの特性のうちのどれにもとづいても層序区分ができる．また岩石は形成年代や形成環境などの属性にもとづいた層序区分も可能である．

　特性あるいは属性のどれ1つをとってみてもそれが変化する層序的位置は，そのほかの特性・属性が変化する位置とかならずしも一致しない．したがって一般的に1つの特性にもとづいて設定された層序単元は，ほかの特性にもとづく層序単元とは一致せず，それぞれの単元に存在する境界は通常たがいに斜交する．そのため，1種類の層序単元ですべてのことなった特性をあらわすことはできず，別の種類の層序単元との組合せが必要となる（図1）．

　同時に層序の全体的な統一性も重要である．多くのことなった特性・属性ごとの変化を表現するために多種の層序単元が必要ではあるが，一方でそれらは密接に関連してもいる．それら多種類の層序単元は，それぞれ単に同一岩石のことなった側面に関係するものであるが，地球上の岩体とその歴史についての知識の質を向上させ，理解を深めるという層序学共通の主要な目標に到達するうえで，たがいに密接に関連している．

## 2B. 層序区分のカテゴリ

　岩体はそれぞれ特有の層序単元を必要とする多くのことなるカテゴリに分類

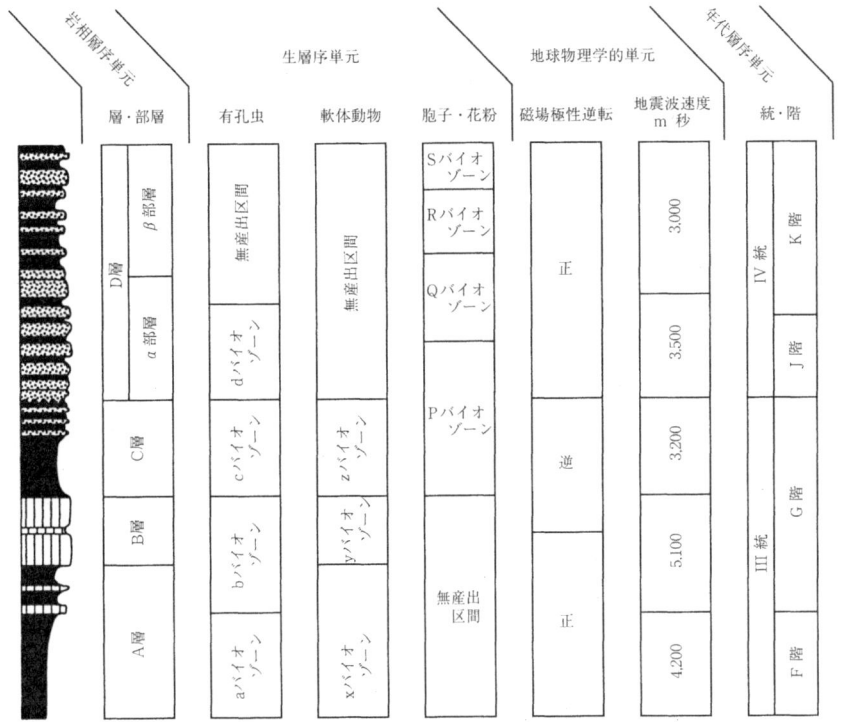

図1 岩石のことなる特性や属性にもとづいて層序断面中に設定された層序境界の位置がことなることをしめす

される．以下の3つの**公式層序単元**が，もっともよく知られかつ広く使用されているものである．
① **岩相層序単元**——岩体の岩相特性にもとづく単元
② **生層序単元**——岩体の含有化石にもとづく単元
③ **年代層序単元**——岩体の地質年代にもとづく単元

さらに層序学的研究では，以下の2つの層序単元がますます効果的となり，公式に認定されるようになっている．
④ **不整合境界単元**——層序断面中で上限・下限を顕著な不整合で区切られた岩体
⑤ **磁場極性層序単元**——岩体中の残留磁気方向の変化にもとづく単元

電気特性・地震波特性・安定同位体・重鉱物にもとづく機能的な層序単元も これまで**非公式**なものとして広く使用されており,ほかにも多くのものがある.すべての種類の層序単元を使用することはできないし,またその必要もない.しかし有用と考えられるものをどれでも使用することが許されるべきである.そして命名した層序単元が,どの層序区分体系にふくまれるのかが層序単元名からはっきりわかるようにしなければならない.

それぞれの種類の層序単元は,ある特定の条件下,またはある地域内,またはある目的での層序区分に有用なものであろう.しかし,ある種の層序単元(年代層序単元)には,地球規模で適用される公式層序単元となるべく最大の期待が寄せられている.岩相層序単元・生層序単元およびほかの同様な層序単元は,それらを特徴づけ区別するために選択した属性の側方の拡がりが地域的に限定されるという制約をうけている.これらの特性が地球規模ではっきりと存在することはほとんどない.一方,年代層序単元は堆積または形成した時期にもとづいているため,地球規模の単元である.原理的には,年代層序単元は,地質年代を決定するさいに使用された属性が岩石中に同定できるかぎり,地球規模で認定できる.

年代層序単元は,しばしば地球規模で認定できるため,層序学者が層序的位置について国際的な情報交換をはかるさいに最良な手段を提供する.層序学者は,仲間がどこかのジュラ系だの,中新統だの,あるいはチューロニアンだのを研究しているといえばただちに理解できるであろう.しかし単に地層名や生層序帯(バイオゾーン)名,あるいはそのほかのより地域的な層序単元名だけがのべられても,世界の他地域の層序学者はその層序単元のおおまかな層序的位置づけすら理解できないであろう.

## 2C. それぞれのカテゴリにおける区分用語

ことなる層序単元のカテゴリには,それぞれ適切な区分用語が必要となる.もっとも一般的に使用されてきた層序単元にたいしては,長年のあいだに精巧な用語が作りあげられてきた.岩相層序単元と年代層序単元にはことなる階層をあらわす用語が多数ある.生層序単元の用語は多種のバイオゾーンと化石の認定にもとづいている.あたらしいカテゴリやあまり使用されてこなかったカテゴリの層序単元については,これまで非常に単純な用語(通常ある種の"帯"

表1　層序区分*1のカテゴリと単元用語のまとめ

| カテゴリ | おもな単元用語 | 年代層序単元 | 対応する地質年代単元 |
|---|---|---|---|
| 岩相層序単元 | 層群(group)<br>層(formation)<br>部層(member)<br>単層(bed)・流(flow) | 累界(eonothem)<br>界(erathem)<br>系(system)<br>統(series)<br>階(stage)<br>亜階(substage) | 累代(eon)<br>代(era)<br>紀(period)<br>世(epoch)<br>期(age)<br>亜期(subage)　期 |
| 不整合境界単元 | シンセム(synthem) | | |
| 生層序単元 | バイオゾーン(biozone)<br>区間帯(range zone)<br>間隔帯(interval zone)<br>系列帯(lineage zone)<br>群集帯(assemblage zone)<br>多産帯(abundance zone)<br>そのほかのバイオゾーン | 年代帯(chronozone)*4 | クロン(chron)*4 |
| 磁場極性層序単元 | 磁極帯(polarity zone) | | |
| そのほか*2 | ～帯（-zone)*3 | | |

\*1：もし補助的な階層が必要ならば，適切な場合には亜と超を単元名のまえにつける．ただし，命名を不必要に複雑にするのをさけるよう抑制することを勧告する
\*2：鉱物・安定同位体・環境・地震波などに関する非公式単元
\*3：適切な接頭語とともに使用
\*4（訳編者追加）：磁場極性層序単元に対応する年代層序単元・地質年代単元はそれぞれ，磁極節（chronozone または polarity chronozone)・磁極期（chron または polarity chron)

だけが使用されてきた．しかし，これらのいくつかのものについては，より精巧な体系がこれから発展してゆくことが期待される．層序単元のさまざまなカテゴリにたいしてここで勧告する単元用語を，表1にしめす．

## 2D. 年代層序単元および地質年代単元

それぞれの岩体は地質年代のある特定の区間に形成されたものである．したがって，それぞれの年代層序単元（岩体）にはそれに対応した地質年代単元（地質年代の区間）がある．これらの単元を表1にまとめる．層序単元が岩石により構成される手でふれることのできる物質的単元であるのにたいして，地質年代単元は無形の地質年代の単元であるため，地質年代単元それ自身は層序単元ではない．そのちがいを説明するなら，年代層序単元はある限定された時間内に流れる砂時計の砂にたとえられ，それに対応する地質年代単元はその砂が流れるあいだの時間にたとえられる．このことは，砂の流れている期間はたとえば1時間というようにある特定の時間として計測されるが，砂自体を1時間とはいえない，というようにもいえる．

## 2E. 岩石記録の不完全性

　層序区分は本来地球の**地層**や**岩石**を取りあつかうものである．しかしながら，どんな地域の岩石の記録も連続性からほどとおく完全でもないことを認識すべきである．数えきれない堆積休止・不連続・不整合により中断されているのが一般的である．実際，短い記録の中断はすべての地層のどの層理面上にも存在するであろう．これらの**失われた区間**を岩石がかかえていること自体が層序学の一部であり，地球史の理解にたいして非常に重要な一助となる．

# 第3章　定義と手順

　全種類の層序単元に関連する一般的に重要な明確な定義と手順に関する議論は，個別の層序単元をあつかう章で不必要なくりかえしがないように，この章でまとめて記述する．

## 3A. 定義

### 3A.1. 層序学

　層序学（stratigraphy）は，ラテン語の層（stratum）とギリシア語の記載・記述（graphia）に由来し，伝統的に地層や岩石の記載的科学と考えられてきた．この数十年間に，塊状岩体（貫入した火成岩体や起源不明の塊状変成岩体だけでなく堆積岩体も）からえられた情報が層序学的に重要な価値があることが明白となってきた．塊状岩体は同位体年代測定法により決定される数量的地質年代の情報源であるばかりでなく，それらが関連する層状岩体または塊状岩体との切断関係や境界関係を明白にすることでえられる重要な年代情報を与えてくれる．したがって**層序学の定義**は，地殻を構成するすべての岩体の記載と，それらの岩体を固有の特性や属性にもとづいて地質図上に作図できる特徴的で有用な層序単元に整理することをふくめるように拡張すべきである．層序学的手順には，記載・層序区分・命名，時空間における関係を明白にするための対比などがふくまれている．このように層序学は，岩体のもともとの累重関係や年代関係のみならず，その分布・岩相構成・産出化石，および地球物理学的・地球化学的特性にも関係する．実際に観察される岩体のすべての特性・属性，およびそれらの形成環境・形成様式と地史の面での解釈にも層序学は関係している．すべての種類の岩石が——堆積岩類と同様に火成岩類や変成岩類，そして固結したものと同様に未固結なものも——層序学と層序区分の全般的な視野

のなかにふくまれるのである．

### 3A.2. 単層

地質学でいう"単層（stratum；複数形は strata）"とは，隣接する層と区別できる岩相上の特性あるいは属性で特徴づけられる地層（普通は平板状の岩体）である．隣接する単層とは，明瞭な層理面か，やや不明瞭な岩相変化の境界で区分される．

### 3A.3. 層序区分

いくつかの地質体をそれらのもともとの関係がわかるように，ある特性や属性にもとづいた層序単元に系統的に整理することをいう．岩石のもつ多くのことなった特性や属性が，層序区分のさいに基礎として役立ち，その結果として多くのことなる層序区分のカテゴリが存在するのである．

### 3A.4. 層序単元

地質体を区分するうえで，岩石がもっている多くの特性や属性中のいずれかにもとづく単元（個別の独立した存在）として認定される岩体のことをいう．ある特性にもとづいて認定された層序単元は，ほかの特性にもとづいた層序単元とはかならずしも一致しないであろう．それゆえ，命名された層序単元がたがいに区別されうるように，ことなる単元用語を使用することが重要である．層序単元を明瞭に定義することは，最優先の重要事項である．

### 3A.5. 層序用語

層・階・バイオゾーンのような，層序区分に使用されている単元用語全体のこと．層序用語には公式なものと非公式なものとがある．

#### a. 公式の層序用語法

一般化し確立された，あるいは従来からおこなわれて定式化された層序区分体系にしたがって適切に定義・命名された単元用語が使用される．たとえば Chonta Formation, Cretaceous System である．公式層序単元として命名された階層用語や単元用語の先頭文字は大文字にされる*（§3B参照）．

---

\*：『当ガイド』における用語の大文字化に関する勧告は，英語表記に関するものである．ことなる用字法の言語に関しては適用できない．

### b. 非公式の層序用語法

層序単元の命名に必要性がなく特定の層序区分体系の一部でもない一般名詞としてのみ単元用語が使用される．たとえば a chalky formation, the sandy zone, an oyster bed. 非公式単元用語の先頭文字は小文字で表記される．

非公式単元用語は，帯水層・石油‐ガス貯留層・炭層・採石層にたいして，またワイヤライン検層記録または地震波断面などにもとづく層序単元にたいして，"third coal" "B 6 sandstone" のように，それらが公式単元用語でないことが明白な場合に使用するのが適切であろう．しかしながら，公刊される文書内で公式単元用語（層・部層・バイオゾーン・統など）を非公式的に使用することはきわめてこのましくない．地表あるいは地下地質の地質図作製過程では，すべての地質学者が暫定的に非公式単元用語を使用しており，それらは作業上必要なものである．しかし，その研究結果を公刊するときには，公式の提唱や記載なしに非公式単元用語を印刷物中に使用するのはのぞましくない．もともとの提唱者が非公式に使用しようとした単元用語——"the limestone at Blue Mountain"，the "Stony River granite" あるいは the "Victoria sandstone formation"——は，やがてのちの著者や編集者によって "Blue Mountain Limestone" "Stony River Granite" あるいは "Victoria Formation" と変更されてしまい，非公式のつもりで使用した単元用語が，適切に提唱され定義されることなしに，公式単元用語となってしまうからである．さらに会話や口頭発表では単元用語に大文字が使用されているかどうかは明確ではない．

ある層序単元に命名する価値があるということは，適切な定義・記載の価値があるということである．文献中での混乱をもたらす不合理な層序単元を設定する危険性をすくなくするため，研究者には適切な定義・記載が課せられているのである．

### 3 A.6. 地層命名法

特定の層序単元に与えられる固有の名称の体系のこと．たとえば Trenton Formation, Jurassic System, *Dibunophyllum* Range Zone.

### 3 A.7. 帯

多くのことなる層序区分のカテゴリに使用されている層序単元．岩相帯・バイオゾーン・年代帯・鉱物帯・変成帯・磁極帯など，層序学的特性に応じて多

種の帯がある．公式に使用するときには，非公式の使用と区別するため，先頭文字を大文字にして Zone と表記する（§3A.5.b参照）．使用された帯の種類は明確にしめさなければならない．

## 3A.8. 層準

**層序学的層準**とは，層序断面の特定の位置をしめす境界面のことである．実際，"層準"という用語は明瞭な非常に薄い層にたいしてしばしば使用されてきた．岩相層序層準（岩相層準）・生層序層準（生層準）・年代層序層準（年代層準）・地震波層準・電気検層層準などのように，関係する層序学的特性に応じて多種類の層序学的層準がありえる．層序学的層準には2つの層序単元の境界面だけでなく，これらの**なかにある**とくに対比に有効な特定の鍵層もふくまれる．

## 3A.9. 対比

層序学的な意味での**対比する**とは，岩相の性質と層序的位置の一致をしめすことである．対比には強調する属性によりことなる種類がある．離れている岩体や層序断面間で，**岩相対比（岩相層序対比）**は岩相の属性と岩相層序的位置が一致することをしめしている．2つの含化石層の対比(**生対比（生層序対比）**)は含有化石の内容と生層序的位置の一致をしめし，**年代対比（年代層序対比）**は年代と年代層序的位置が一致することをしめすものである．

## 3A.10. 地質年代学

年代測定と地球史上の出来事の時間的順序を決定する科学のこと．

## 3A.11. 地質年代単元

地質年代（地質学的手法により決定された年代）の単元のことをいう．それは岩体ではない．したがって地質年代単元は，層序単元のもつ年代範囲に一致するが層序単元ではない（§2D参照）．

## 3A.12. 地質年代測定学

通常数千または数百万年といった地質年代の量的（数的）な計測をあつかう地質年代学の一分野．現在からさかのぼる何年前かという時間の長さを表現す

る略号として，1,000 ($10^3$) 年にたいして Ka, 100 万 ($10^6$) 年にたいして Ma, 10億 ($10^9$) 年にたいして Ga が一般的に使用されている．しかしこれらの略号は，過去の地質学的時間の継続期間を表現しているものではない．

## 3 A. 13. 相

層序学で，**相**(facies)という術語は岩石あるいは岩石の特定の構成要素の**外観・性質，**あるいは**特性**（通常起源を反映した）のあらわれを意味する．おそらく"相"ほどむやみに広い概念で使用されてきた地質用語はないであろう．Gressly (1838) の定義では，"相"は岩相的外観の側方変化を表現するものであった．しかし相はそののち拡張して使用され，堆積あるいは形成環境（デルタ相・海成相・火山相・浅海相），岩相構成（砂岩相・石灰岩相・赤色層相），地理的あるいは気候的な関連（テチス相・北方相・熱帯相・ドイツ相），化石の内容（筆石相・貝殻相），構造的関連（造山相・地向斜相）および変成度を表現するようになってきた．"相"はまた岩体を外観という特徴で区別するための名詞として使用される．"相"という地質用語を使用する場合は，岩相・生物相・変成相・構造相などのように，相の種類が明確に判断できるようにすることがのぞましい．

## 3 A. 14. 一般用語を特別な意味に使用することにたいする注意

一般用語を特別に限定された意味づけをして使用することは多くの混乱のもととなっており，層序用語法における論争の原因となってきた．たとえば"層序学"は地層や岩体の**年代**（age）関係に限定されるべきではない；"対比"はかならずしも**年代**（time）対比にはかぎらない；"地質年代学"は**同位体**年代測定のみに限定すべきではない；"帯"は**化石帯**以外にも適用可能である；"バイオゾーン（§7 C. 3 参照）"は特定の生層序学的な帯を意味しない；"区間"は**時間的**あるいは**空間的**区間のいずれのことをもいうことができる．のぞましいやり方は，それぞれの用語のもともとの一般的な意味は残し，特定の意味づけにはより厳密かつあいまいでない用語を探すことである．

## 3 B. 層序単元の設定および改定の手順

あたらしい公式層序単元の提案には，そのあたらしい単元を導入する目的と

理由をのべなければならない．有効かつ有用なものとするために，それは**しかるべく提案され記述されなければならない**．提案には以下の要件がふくまれなければならない．

① のちのどの研究者もその層序単元を独特のものと認定できるような，明確かつ完全な定義・特徴づけ・記載
② 層序単元の種類・名称・階層の提唱
③ 層序単元の定義と記載の基礎となっている模式層序断面（模式層）あるいは模式地の設定

あたらしい層序単元の提案は，公式に認知された科学情報媒体で公表されなければならない．

すでに提案され命名された層序単元の改定と再定義には，改定する目的・理由，そして著者と原記載文献・過去のあつかいなど，その層序単元の歴史についての議論などをのべることが必要である．必要ならば，その層序単元の包括的記載とあたらしい模式層か模式地の設定（または原模式地の変更）をふくめるべきである．層序単元の改定を有効なものとするには，公式に認知された科学情報媒体で公表されなければならない．

## 3B.1. 定義・特徴づけ・記載

一般に，あたらしい層序単元の包括的な定義・特徴づけ・記載には，その境界や，ほかとことなる特性と属性に関する明瞭な説明がふくまれていなければならない．岩相層序単元と生層序単元では，それぞれ岩相特性と古生物学的特性をとくに強調すべきである．不整合境界単元では，境界となっている不整合の記載に重点をおくべきである．年代層序単元では，年代と年代層序対比にともなう特性に重点をおくべきである．

さらに定義・特徴づけ・記載には，関係するものとして以下のような項目をふくめるべきである．

　a. 名称
§3B.3を参照されたい．
　b. 模式層とほかの参照標準
あたらしい層序単元を設定するときには，模式層あるいは模式地がかならず

地理的・地質的な要素をふくまなければならない．地理的な要素には，詳細な位置図と，模式層あるいは模式地への到達方法がしめされていなければならない（§4C.2参照）．また人工的標識の設置（§4C.3参照），層序単元の境界の模式層（境界模式層）とほかの層序単元との境界の関係，およびその層序断面におけるほかの重要な層準との関係も重要である（模式層と模式地に関する§4を参照）．

模式層を参照標準として使用するのが実際的でない層序単元については，その層序単元を参照するときの判断基準の正確な記載と図示が信頼をえる基本となる．その例は生層序単元である（§7.F参照）．

### c. 模式層あるいは模式地における層序単元の記載

記載とは層序単元の全体的内容を要約した提示である．それには，岩相特性，岩体の層厚または規模，生層序学的特徴，構造的形態，地形への現われ方，不整合あるいは堆積間隙，その境界の性質（明瞭・漸移・不整合など）と，模式層か模式地でその層序単元を特徴づけている，はっきり区別でき同定できる特性がふくまれていなければならない．

### d. 広域的状況

地理的拡がり；層厚・岩相層序・生層序あるいはそのほかの特性，地形への現われ方の広域的な変化；広域的な層序関係；別の種類の層序単元との関係；模式地から離れたところでの境界の性質（明瞭・漸移・不整合など）；同種または異種の層序単元の境界との関係；模式地や模式層から地理的に離れた地域でその層序単元を同定・拡張するさい使用する基準．

### e. 地質年代

国際標準年代層序（地質年代）尺度における相対年代，あるいは同位体そのほかの方法により決定あるいは推定された年代値．

### f. ほかの層序単元との対比

対比の種類とその基礎になっている情報に関する議論．

### g. 形成場

層序単元を構成する岩石の形成場の環境；古地理・地史に関する意義．

### h. 文献の紹介

## 3B.2. 地下の層序単元の設定における特別な要請

多くの有用な層序単元が地下層序断面（坑井・鉱山あるいはトンネル）にも

とづいている．そして沖合海域の堆積物がより調査されるようになると，さらに多くの地下層序単元が提唱されることは疑いがないであろう．もし充分な試料情報が入手可能ならば，このような地下層序断面は，あたらしい層序単元の提唱・定義・記載にさいして適切なものとして使用できる（§4C. 5参照）．鉱山やトンネル中の露頭あるいは坑井のコアにもとづいて定義された地下層序単元にたいしても，地表の露頭に使用されるのと同様な手順上の一般的な規則が適用される．あたらしい地下層序単元の提唱にあたっては，模式層のある坑井や鉱山が模式地となる．坑井では，模式層は地表の指標層にもとづいて設定されるのではなく，坑井の深さと坑井記録にもとづいて設定されなければならない．そして模式層に関する地質学的情報は，主として坑井の試料と記録にもとづくものとなろう．地下における副模式層と参照模式層（§4B. 7参照）は，露出の度合がよくない地表の模式層や模式地をおぎなうのに有用であろう．地下層序単元の設定にあたっては，以下のデータをしめすことがのぞましい．

　　a. 坑井または鉱山の指定

　模式坑井または模式鉱山の名称；記載，地図，正確な地理的位置，施設や賃借区域，あるいはそのほかの位置決定に適当な地理的特徴でしめされる坑井・鉱山の位置；操業している会社名または個人名．鉱山では露出している深度．坑井では掘削の日時・全掘削深度・地表の標高．模式層や模式地の設定のために必要とされる全データが1つの坑井からえられないならば，2つ以上の坑井を使用する必要がある．その場合，1つは完模式層として，そのほかのものは副模式層または参照模式層として設定する．

　　b. 坑井地質柱状図

　記述され図示された坑井の岩相柱状図や古生物学的柱状図と，鉱山の地図および断面図が必要である．あたらしい層序単元の境界と細区分は柱状図やチャート上に明示すべきである．

　　c. 地球物理学的検層記録と地震波断面

　電気検層あるいはほかのワイヤライン検層記録（なるべくいくつかの隣接する坑井がよい）および地震波断面がしめされることがのぞましい．その層序単元の境界や細区分は，細部にわたって充分に判断できるような大きさの縮尺で図示されるべきである．

　　d. 資試料の保存場所

　地下層序単元の模式層の一連のコア・掘り屑などの試料，化石試料・検層記

録などが，研究のためにすぐに利用可能になっていることが重要である．そうした資試料は地質調査所・大学・博物館，またはそのほかの適切な管理機能をもつ研究所に保存されるべきである．そして，それら資試料の保存場所をしめすべきである．

## 3B.3. 層序単元の命名

公式層序単元の名称は複合的である．すなわち大部分のカテゴリにおいて，地理的名称と層序単元の種類と階層をしめす適切な単元用語の組合せ（例：ラルナ層：La Luna Formation；ペルム系：Permian System；ピョンアンシンセム：Pyongan Synthem），あるいは記載的用語との組合せ（例：オースチンチョーク；Austin Chalk）でできている．層序単元名のうちの地名の部分の由来は説明すべきである．また層序単元の種類と階層も特定するべきである．

生層序単元の公式名称は，1つ以上の適切な化石名と生層序単元の種類についての適切な単元用語を組みあわせて作られる（例：*Exus albus* 群集帯）．生層序単元の命名のための化石（タクソン）の選択については，充分に議論されるべきである（生層序単元の命名に関するより詳細な議論は§7，とくに§7Hを参照）．

国際標準年代層序尺度のうちのいくつかの年代層序単元は，長いあいだに確立されたさまざまな由来の非地理的名称がふくまれている（例：白亜系：Cretaceous System；第三系：Tertiary System；三畳系：Triassic System）．

あたらしい層序単元名はほかにないものでなければならない．したがって，あたらしい公式層序単元を設定するまえに，著者はその名称がすでに使用されているかどうかについて，国・州あるいは地方の層序学的名称の記録を調べるべきである．大部のIUGSの国際層序学辞典（Lexique Stratigraphique International；IUGS）と適切な国内的あるいは地域的辞典は，大部分の国々において貴重な文献情報源となっている．

### a. 層序単元名の地理的要素

i. 語源　地理的名称は，その層序単元が存在する場所，あるいは付近の恒久的な自然物または人工物に由来するものでなければならない．農場・教会・学校・交差点，小さな集会場といった非恒久的なものに由来する名称は，かならずしも充分に満足できるものではないが，ほかに利用できるものがない場合には受けいれられる．適切な名称は，州地図・県地図・郡地図・森林図・地形図・

水理図やそれらに匹敵する地図などにしめされたものから選択されるべきである．この基準を満たさない名称を使用しなければならない場合は，その名称のもとになった場所が正確に記述され同定されなければならないし，あたらしい層序単元の記載時に添付される地図上にしめすべきである．層序単元に使用する地理的名称は，地名に関係している国内の組織・団体から承認を受けたものにすべきである．

　層序単元が命名されたあとの地理的名称は，変更したり省略したりするべきではない（例：" San Cayetano " や " El Consuelo " を " Cayetana " や " Consuelo " に変更するべきではない）．一方，川・湖・山・村といった地理的な状態をあらわす地理用語は，名称が類似するためそれをとってしまうと両者が区別できない場合（たとえば Redstone Formation と Redstone River Formation）以外は，層序単元名から排除すべきである．短く簡潔な名称は，長くて複雑な名称よりこのましい．層序単元の構成要素の起源にもとづく名称をつけるべきではない．たとえば Keewatin 氷河域に由来すると推定される漂礫土の堆積層を"Keewatin Till" と命名するべきではない．高次の階層の層序単元名は，かならずとはいわないまでも，それより低次の階層のものよりもより広域的な地理的単位ないし地域にもとづいて命名するのが適切であろう．

ii．**地理的名称の表記**　層序単元名の地理的要素の表記は，名称が選択された場所をふくむ地方の慣習にしたがうべきである．しかし層序単元名がその地理的語源とことなった表記でくりかえし出版された場合には，それを保持するべきである．たとえば Bennett Shale は変更されることなく多年にわたって使用されてきたので，語源となった町名が Bennet であることを根拠にして，Bennet Shale と改称するべきではない．さまざまに表記されてきた層序学的名称は，もっとも権威のある地域的な地理的・地質的刊行物が使用している表記を適用することで，統一化されるべきである．名称にふくまれる地理的要素はほかの言語に翻訳して変更するべきではない．たとえば Cuchillo を Knife と翻訳すべきではないし，La Peña の（~）は残すべきであり，Canyon は Cañón と翻訳すべきではない．しかし岩相用語や階層をしめす単元用語は翻訳するのが妥当である．したがって Edwards Limestone は Caliza Edwards と，Formación La Casita は La Casita Formation と，Redkinskaya Svita は Redkino Formation（Redkinskaya Formation ではない）とよんでよい．

iii．**地理的名称の変更**　地理的名称が変更されても，層序単元のそれに対応す

る部分を変更する必要はない．層序単元のもともとの名称は保持されるべきである．たとえば Mauch Chunk Shale を，かつての Mauch Chunk という町が現在 Jim Thorpe とよばれるようになったからといって，Jim Thorpe Shale に変更してはいけない．

地理的名称が消失しても，それに由来する層序単元名を破棄する必要はない．たとえば Thurman Sandstone はオクラホマ州のピッツバーグにかつて存在していた村落名に由来しており，その名称はなくなっているが命名しなおす必要はない．

iv．**不適切な地理的名称** 一般に，著名な場所・地方・行政区画をしめす名称を，同名ではあるがよく知られていないほかの地域に典型的に露出する層序単元にたいして使用するべきではない．たとえばカリフォルニアにある層序単元にたいして "Chicago Formation" という名称を使用したり，ウェールズにある層序単元にたいして "London Formation" を使用したりすることは，たとえその名称の地域がカリフォルニアやウェールズにあるとしても，のぞましくないことである．

v．**地理的名称の重複** 地理的名称の重複使用はさけるべきである．どの層序単元であれ，いったん使用された名称は，地理的に離れていて混乱がない場合以外は，あとでほかの層序単元に使用するべきでない．同一の地理的名称が，ことなるカテゴリの層序単元に使用されてきた例があるが（岩相層序単元としての Oxford Clay，年代層序単元として Oxfordian Stage），このようなことはやめるべきである．

vi．**層序単元の細区分の名称** ある層序単元を2つ以上の公式層序単元に細区分する場合，もとの層序単元の地理的名称は分割後のどの細区分された層序単元にも使用されるべきでない．たとえば Astoria Group が Astoria Formation をふくんでいたり，Germav Formation が Germav Member をふくんでいたりしてはならない．

**b．層序単元名における単元用語の構成要素**

層序単元名における単元用語の要素は，層序単元の種類と階層をしめす．たとえば単元用語の"層"はその層序単元が岩相層序単元であることを，"タクソン区間帯（§7 D．2．a 参照）"はその層序単元が生層序単元であることを，"階"は年代層序単元であることをしめしている．単元用語は多くの言語でことなっていたり（stage, étage, Stufe, piano, piso），ほとんどおなじであったりする

(system, système, sistema)．もし有用な単元用語がある言語に翻訳しにくい場合には，そのもとになる言語から，用語を"借用"するのがのぞましい．たとえば英語の区間帯（range zone）である．層序用語は多くの言語で理解されるギリシア語あるいはラテン語起源のものがのぞましい．たとえば年代帯の意味に使用されるクロノゾーン（chronozone）のようなギリシア語あるいはラテン語起源の用語では，多くの言語で chronozone が year + zone（年代のゾーン）と解釈される．

### c. 名称と国境との関係

層序単元は国境に制約されるものではなく，それぞれの層序単元は国境をこえて，1つの名称でよばれるよう努力すべきである．

### d. 対比による地層名の減少

ことなる2つの名称がつけられた層序単元が対比によって同一であることが明確になった場合には，命名規約上の単一性をはかるため，あたらしい名称を破棄し古いほうの名称を踏襲するべきである．

命名された地下層序単元が，同種の命名済みの地表層序単元と対比可能で，2つの名称が不必要なほどに両者の特徴が似ている場合には，地表層序単元名に先取権があるのが一般的である．しかし出版上の先取権，慣習，層序断面の完全性，到達の容易性，地表層序断面の露出状態および地下層序断面からの模式試料の入手のしやすさといった，ほかの諸要素も考慮すべきである．

### e. 帰属の不確実性

ある岩体とすでに命名されているほかの単元との帰属関係が不確実な場合，通常は根拠のない表現をするよりその疑問点を表現したほうがよい．以下のような慣用的な表現法がある．

① Devonian ?　　　　　　：不確実であるがデボン系（紀）と思われるもの
② Macoa? Formation　　　：不確実であるが Macoa 層と思われるもの
③ Peroc-Macoa formation　：確実に（側方あるいは上下方向に）2つの地層の中間に位置づけられる地層で，2つの層の特徴を共有するが，どちらかとする決め手がなく，いずれはあたらしい地層にふくめられる可能性もあるもの
④ Silurian-Devonian　　　：一部がシルル系（紀）でほかの一部がデボン系（紀）のもの
⑤ Silurian or Devonian　　：シルル系（紀）かデボン系（紀）のどちらか疑わしいもの

⑥ Silurian and Devonian ：両者の区別がまだはっきりしないもの．シルル系（紀）とデボン系（紀）の両方にまたがったりする

新旧や上下の区別のある2つの単元をハイフンでつなげたり組みあわせたりする場合には，古い単元や下位の単元の名称をつねにまえにすべきである．

### f. 破棄された名称

一度適用されたのち破棄された層序単元名は，もとの意味以外にはなるべく再使用すべきでない．使用されなくなったり破棄されたりした公式名称に言及するのが有用と思える場合は，その事情を記述するか，あるいは"Herbert (1874) の Mornas Sandstone" のような表現でその事情を明確にするべきである．ある名称が破棄されたか，あるいは使用されなくなっているかどうかを判断するためには，著者は国・州あるいは地域の層序学辞典を調べなければならない．

### g. 伝統的で定着している名称の保存

すべてのあたらしい層序単元を『当ガイド』の勧告にしたがって命名するように強く要請する．しかし，よく定着し伝統的に使用されている長い歴史性をもつため，例外あつかいすべき多くの層序単元（とくに岩相層序単元）もある．例としては，Millstone Grit, Kupferschiefer, Tea-green Marl, Belemnite Marls など多くのものがある（Lawson, 1979 a, 1981 参照）．そのような層序単元を単に地理的名称がふくまれていないからといって破棄すべきではなく，許容性をもって柔軟に対処することがのぞましい．国内の層序学の組織・機関がこのような層序単元をオリジナルな名称のまま保存する勧告をすることを提案する．しかし層序単元をあらたに定義する場合と同様に，詳細な定義・特徴づけ・記載が出版され，特定の模式層が設定されるよう勧告する．

## 3 B.4. 出版

### a. 公式に認知された科学情報媒体

公式層序単元の設定，あるいは既存の層序単元の改定にさいしては，**公式に認知された科学情報媒体**上に，層序単元の意義と充分な記載を公表することが必要である．何が"公式に認知された科学情報媒体"であるかを定義するのはむずかしい．その主要な条件は，科学的な目的であることと，科学者が必要なときに購入あるいは図書館を通じて入手できるということである．定期的に出

版される科学雑誌はこの要件を満たしている．多くの単独の出版物や不定期の出版物もこの要件を満たすものであるが，それらに掲載する場合，広く流布する定期出版の科学雑誌にも層序単元の設定あるいは改定の提案について何らかの掲載をすべきである．手紙，一般には入手できない社内報・オープンファイル，非出版の講演，修士論文・博士論文・新聞・商業雑誌のように非公式または限定的な媒体で提唱された名称は不適格である．完全な報告よりまえに発行される要旨中でのあたらしい層序単元の名称の出版でも，要旨が簡潔であり必要で充分な記載ができないために，通常名称を設定したことにはならない．"Jonesville 校舎における地層"あるいは"Centerville 付近に露出している石灰岩"というように非公式的にのべても，あたらしい公式層序単元を設定したことにはならず，表や柱状図あるいは地図にもそのような名称は使用できない．

限定された巡検参加者に配布される巡検案内書の大部分は，"公式に認知された科学情報媒体"としては認められない．しかし，いくつかの団体は，査読された地域的な論文をふくむ大部の案内書シリーズを出版し，広く頒布している．これらの出版物は科学的な目的と入手可能という条件を満足してはいるが，ほかの媒体を利用することがのぞましい．

### b. 先取権

適切に提唱され，定義・命名された層序単元の出版における先取権は尊重されなければならない．しかしながら重要なことは，層序単元の有用性とその記載の妥当性であり，あいまいさがなく，広く応用できる適応性が必要である．あまり知られていない名称やめったに使用されない名称を，先取権があるからといってそれらをよく知られている名称のかわりに使用することには正当性がない．また，ただ先取権があるからということで不適切な設定の名称を保存するべきではない．

### c. 勧告する編集手順

『当ガイド』は英語で書かれており，ここで勧告する編集規則と手順は，とくに英語で記述する場合に適用されるものである．ほかの言語で記述する場合には，表記の規則がことなるためにこの勧告が適応できないこともある．

i．大文字の使用　公式層序単元名のすべての単語の先頭文字は，つねに大文字でなければならない（生層序単元での種名・亜種名をのぞく）．たとえば *Bulimina - Bolivina* Assemblage Zone, Brunswick Formation, Upper Cretaceous Series, Devonian System．非公式単元用語は大文字化しない（すべての

名詞を大文字化する必要がある言語をのぞく）．

ii．**ハイフンの使用法**　2つの一般的な単語を結びつけて特定の意味をもたせた，大部分の種類の層序単元にたいする合成語は，concurrent-range zone, normal-polarity zone のようにハイフンでつなぐ．例外的には，たとえば biozone, chronozone, subsystem, biohorizon, supergroup のような形容詞的接頭語や一般にハイフンなしで組みあわされる用語がある．

iii．**完全な名称のくりかえし**　層序単元の完全な名称が記載あるいは討論ですでに一度言及されたのちには，略記しても明瞭さが保証される場合，反復のわずらわしさをさけるためにその名称の一部分を省略してよい．たとえば the Burlington Formation は "the Burlington" あるいは "the Formation"，そして the Oxfordian Stage は "the Oxfordian" あるいは "the Stage" としてよい．公式単元用語が固有の単語と結びつかず単独に使用される場合，それらの公式単元用語にたいする大文字の使用は，明確化や強調の必要性により任意的なものである．

## 3B.5. すでに設定されている層序単元の改定や再定義について

　適切に設定されている層序単元を，その名称を変更せずに改定または再定義する場合には，あたらしい名称の提唱時と同様の理由づけや同種の情報を必要とし，また一般に同様な手順も必要とする．再定義は，層序単元をその地域全体に拡張して，より有用あるいは，より認定・図化しやすくなれば正当なものとされよう．生層序単元においては，化石に分類学上の変更があったり，あるいは初期の研究に誤りがあったりした場合，再定義がのぞましいこともある．層序単元の名称が現在の規則や手順に準拠していない命名法にもとづいたものであるとしても，長く使用された慣用名はそのままでよい（§3B.3参照）．

　層序単元の階層を変更するにあたっては，層序単元あるいはその境界の再定義，名称の地理的要素の変更は必要ではない．したがって名称の変更なしに階が統に昇格させられたり亜階に降格させられることがあり，層が層群に昇格したり部層に降格させられたりもする．たとえば Madison Formation は Madison Group になっている．

　どの層序単元の階層も，充分な理由づけと注意深い考察ののちにのみ変更されるべきである．地球規模の主要な年代層序単元の変更にあたっては，層序学に関する組織・機関との協議後にすべきである．

# 第4章 模式層と模式地

## 4A. 模式地の定義と層序単元の特徴づけ

### 4A.1. 標準的な定義

　層序学は，地殻を構成している岩体を無数の部分に細区分し，名称をつけて利用している．命名された層序単元については，その属性をことばではっきりいいあらわし，その境界を明確に定義することが必要不可欠である．そうすることで，それらを使用するすべての者が，層序単元の意味について共通の基礎的理解をもって研究をはじめ，それらが定義され命名された場所から離れたところでも共通の基準で同定ができるようになるであろう．研究者が関心をもって調査・研究する岩石の露出地域（または坑井や鉱山）は，層序単元設定のための基本的要素を，また層序同定のための有用な助けを提供する．それは層状の堆積岩類と火山性堆積岩類については模式層であり，塊状の火成岩類あるいは変成岩類については模式地である．

### 4A.2. 特定の岩体断面について

　層序単元の概念は，岩相・含有化石・磁場極性・年代または期間といった岩体の特性や属性にもとづいている．それゆえ，このような層序単元の模式層や模式地は，その概念のもととなる基準をなすものである．層序単元はまた，文字による記載という形式で定義される．このような記載は有益ではあるが，言語や用語解釈のちがい，記載の不充分さや誤り，あるいは言葉で概念を伝達する能力の不完全さなどのために，誤解されるという問題がつねにある．したがって多種類の層序単元とそれらの境界にたいして，特定の岩体中で設定され確認された層序区間あるいはポイント（単元模式層・境界模式層，あるいは模式

地) が，もっとも安定した明確な定義の基準を提供するのである．

　生層序単元の区間帯のようないくつかの種類の層序単元では，層序単元の基準は特定の層序断面や地域とは結びつきえない．なぜなら層序単元の層序範囲が情報の増加にともない変化しうるからである．しかし，これらやほかの生層序単元の場合，1つあるいはそれ以上の特定の参照模式層を設定することで定義・特徴づけ・記載がより強化されうる（§7F参照）．

## 4B. 定義

### 4B.1. 模式層

　命名された層状の層序単元または層序単元境界を参照するために，命名時あるいはのちに設定された基準．模式層は特定の地層の特定の区間またはポイントであり，層序単元の定義・特徴づけ，あるいは境界の設定にたいして基準となる．

### 4B.2. 単元模式層

　層序単元の定義・特徴づけのために参照標準として役立つ模式層．完全によく露出している層状の層序単元の場合，単元模式層の上限と下限はその境界模式層となる（図2A）．

### 4B.3. 境界模式層

　層序単元境界の定義と認定のための基準になる特定のポイントをふくむ，地層の特定の層序範囲（年代層序単元の境界模式層については，図2Bまたは§9H.3を参照）．

### 4B.4. 複合模式層

　**構成要素模式層**とよばれるいくつかの特定の地層区間の組合せにより構成される単元模式層．ある岩相層序単元がどの単一の層序断面にも完全には露出しないことがあり，1つの断面を層序単元の一部分の模式として設定し，ほかの層序断面をその残りの部分の模式として設定する必要が生じるであろう．このような場合はこれら2つのどちらかの層序断面を完模式層，残りを副模式層と

28　第4章　模式層と模式地

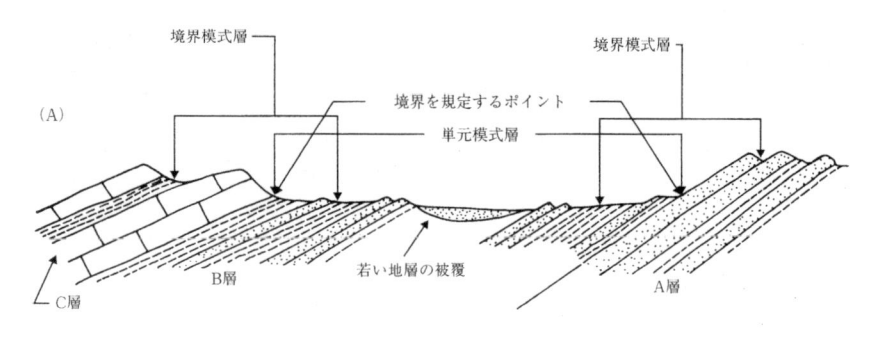

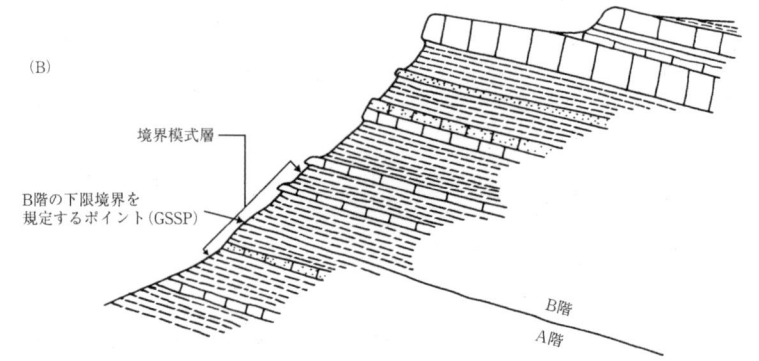

図2　(A)　岩相層序単元（B層）にたいする単元模式層と境界模式層
　　　(B)　年代層序単元にたいする境界模式層：一連の層序中のポイントはB階の下限境界を規定するものである

するべきである（§4B.7参照）．

　低次の階層の構成要素単元の組合せで形成された高次の階層の層序単元の模式層もまた複合模式層である．層群の模式層はそれを構成する層の模式層の複合ということになる．このような場合，最下部を構成する層の下限の境界模式層は層群の下限の境界模式層でもある．もし複合模式層の構成要素のそれぞれがすでに公式層序単元として設定されているならば，そのひとつを完模式層としたり，ほかを副模式層としたりして区別する必要はない．

## 4B.5. 模式地

　層状の層序単元もしくは層状の層序単元間の境界の**模式地**とは，単元模式層あるいは境界模式層が位置している特定の地理的な場所である．あるいは模式

層の設定がなかった場合，層序単元や境界が最初に定義され，あるいは命名された場所である．模式地は模式層とことなり，層状の層序単元の特定の層序断面ではなく地理的な場所をしめしている．

塊状の火成岩体または変成岩体からなる層序単元の場合には，模式地は層序単元が最初に定義・命名されて定義の基準となった特定の地理的場所である．

4 B.6. 模式地域

層序単元または層序単元境界の模式層もしくは模式地をふくむその周辺地域．

4 B.7. 完模式層・副模式層・後模式層・新模式層・参照模式層

以下の用語が層状の層序単元の模式層を設定するさいに一般的に使用される．

　　a. 完模式層

層序単元あるいは層序単元境界の提案時に原著者によって設定されたもともとの模式層．

　　b. 副模式層

定義された層序単元の多様性あるいは異質性をしめすために，または完模式層で明瞭でなかったり露出していなかったりするいくつかの重要な性質をしめすために，原記載で原著者によって設定された補助的な模式層．

　　c. 後模式層

すでに記述されている層序単元にもともとの模式層（完模式層）の設定がない場合，あとで適切に設定された模式層．

　　d. 新模式層

破壊されたり，おおわれたり，到達できなくなったりした古い模式層に代えてかわりに設定されたあたらしい模式層．

　　e. 参照模式層

**参照断面・補助参照断面**ともよばれる．完模式層（と副模式層）がもともと設定されたのちに，ほかの地域にまで層序単元あるいは層序単元境界を拡張するために提案された模式層．これはつねに完模式層に従属する．

このように完模式層と副模式層は，もともと設定される第1次的のものであ

る．また後模式層と新模式層はのちに設定される第1次的なものである．そして参照模式層はのちに設定される第2次的な（参照的あるいは補助的な）もので，つねにほかの模式層に従属する．

完模式層と副模式層は一般的に模式地域内に位置する．新模式層と後模式層はなるべく原模式地域の範囲内で設定される．参照模式層は原模式地域の範囲外で設定されてもよい．

塊状の火成岩体や変成岩体にたいしても，同様な規定が模式地・参照模式地の設定と記載に適用される．

原則として模式層や模式地は変更あるいは修正するべきではない．ある地域に模式層・模式地になるようなものが複数存在しても，模式層や模式地はただ1つでなければならない．

## 4C．模式層への要請

層状の層序単元の個々のちがうカテゴリ——岩相層序単元・磁場極性層序単元・年代層序単元など——の模式層については，個別に考察する必要があるので，それぞれの層序単元をあつかう章で論ずる．つぎの要件は模式層一般に要請されるものである．

### 4C.1．概念の表現

もっとも重要な模式層の必要条件は，模式層が構成物質上の模式であるという概念を充分にあらわしていることである．ある層序単元のすべての岩石が，下限から上限まで，また側方すべての範囲にまたがって完全に露出しているならば，それは理想的な単元模式層であろう．しかし，このような包括的な模式層を見出したり設定したりすることは不可能なため，最良の露出をもつ単一の層序断面や地域がたよりとなる．連続的な露出が欠如している場合，あるいは構造的に複雑な場合，1つの層序単元全体をしめす単一の完全な露頭を見出すことは困難になる．そのようなときには，複合模式層や参照模式層または地域（副模式層・参照模式層）を利用したり，あるいは単元模式層を単に層序単元の下限をあらわす設定された境界模式層からその上限をあらわす境界模式層までの層序区間としたりしてあらわすことが必要になる．

地球規模の年代層序単元(例：系・統・階)の場合，Geological Society of London (1967) や McLaren (1977) は，下限境界の境界模式層の選択を重要視し，上限境界は上位の層序単元の下限境界として設定することを勧告している．"国際境界模式層断面と断面上のポイント (Global boundary Stratotype Section and Point；GSSP) は，国際標準年代層序尺度の層序単元の標準境界模式層のために提案されたものである (Cowie, et al., 1986；Cowie, 1986；§9 H. 2・§9 H. 3・図2 B 参照).

## 4 C.2. 記載

模式層の記載は地理的なものと地質的なもの両者をふくむものである．地理的記載は野外でだれにでも模式層を容易に見つけることを可能にする．それは詳細な位置図をふくんでおり，模式地にたやすく到達する方法を指示している．模式地域における層序単元の地理的な拡がりと境界の地理的位置をしめすために，適切な縮尺の空中写真やほかの写真がふくまれていることがのぞましい．

地質学的記載は，模式層の岩相・層厚・古生物・鉱物・構造，地形的なあらわれ方，そのほかの地質学的特性を網羅するものである．隣接した層序単元との境界と関係はとくに詳細な記載が必要であり，境界の設定理由も付記する．記載には断面図・柱状断面図・構造図・写真をつける．模式層をふくむ地域の地質図は必要不可欠である（§3 B. 1 参照）.

## 4 C.3. 同定と標識

模式層にたいする重要な要請は，模式層そのものが明確に表示されることである．境界模式層は設定された地層内の層序範囲のなかの単一のポイントにもとづくべきであり，ある場所での境界層準の位置をしめすのに役立つ．境界層準の側方への拡張はこのポイントからどの方向にも層序対比で検討することができる．単元模式層は，下限と上限が境界模式層によって明確に限定されなければならない．なるべくならば境界模式層または模式単元の境界は，恒久的な人工的標識によってしめされるべきである．しかしどのような場合でも，境界のポイントはその正確な位置に疑いがありえないような詳しさで，地理的および地質的に記述されるべきである．

## 4 C.4. 到達の容易性と保存の確実性

模式層が参照標準の役割をはたすということであるからには，政治的および

そのほかの要因に無関係に，関心をもつすべての人たちにとって地理的に到達できる地域に位置しているべきである．また長期保存の充分な保証が与えられるべきである．

4C.5. 地下の模式層

地表で適当な層序断面がなく，適切な地下の試料と検層記録類が入手できるならば，地下に模式層を設定することができる．また地下の模式層を定義することは，地下層序断面で構成物質が地表の側方相当断面とことなるところ，あるいは地下層序断面と地表層序断面との側方相当関係が疑わしいところでは，正当と見なされる．

4C.6. 受容性

地球規模の層序単元の模式層の有用性は，その層序単元が**参照標準**としてどの程度一般的に受けいれられているかに直接的に関係している．そのため，どのような場合でも，模式層の設定は承認を求めるべく最高位の地位の地質関係の組織・機関に提案されることがのぞましいし，そうすることが期待される．

地球規模で適用する年代層序単元の境界模式層は，国際的に最高位の地質学的地位にある適切な組織，現在ではIUGSのICSによる承認をうけることが必要である（Cowie, 1986；Cowie, et al., 1986）．しかし単に地域的な拡がりや関心の対象となる層序単元の模式層は，地域的あるいは国家ごとの地質調査機関・組織や委員会の承認をえるだけでよい．

## 4D. 塊状の火成岩体または変成岩体の模式地への要請

塊状の火成岩体および変成岩体の模式地と参照模式地を適切に設定するための要請は，層状の層序単元の模式層の設定にさいし適用されるものと同様である．たとえば模式地や参照模式地は，層序単元の概念をあらわし，地理的および地質的に注意深く記述されなければならず，容易に到達できる場所でなければならない（§4C参照）．

# 第5章　岩相層序単元

## 5A．岩相層序単元の性格

　岩相層序単元は，観察された岩相上の特性にもとづいて定義され特徴づけられた層状岩体または塊状岩体である．すべての層序単元は岩石から構成され，それぞれの岩石がもつ諸属性をそなえているが，岩相層序単元のみは，石灰岩・砂岩・砂・凝灰岩・粘土岩・玄武岩・花崗岩・結晶片岩・大理石など岩石の種類にもとづいて区分される．このような単元の認定は，岩石の物質的構成を明確にし，岩石の累重を解明し，地域的あるいは広域的な構造を決定し，天然資源を調査・開発し，また岩石の起源を決定するうえで役立つ．

　岩相層序単元は地質図作製の基本的な単元であり，地域の層序学の必要不可欠な要素である．岩相層序区分はつねに，いかなるあたらしい地域でも研究の第1段階であり，化石や同位体年代測定から年代をえられないような場合にでも，地質学的歴史にたいする重要な鍵である（図3）．

　岩相層序単元とほかの層序単元との関係は第10章でのべる．

## 5B．定義

### 5B.1．岩相層序学

　地殻の岩石を岩相特性とその層序関係をもとに，記載し系統的に整理することで命名された個々の単元に区分する層序学の一分野．

### 5B.2．岩相層序区分

　すべての岩体をそれらの岩相特性にもとづいて岩相層序単元に編成するこ

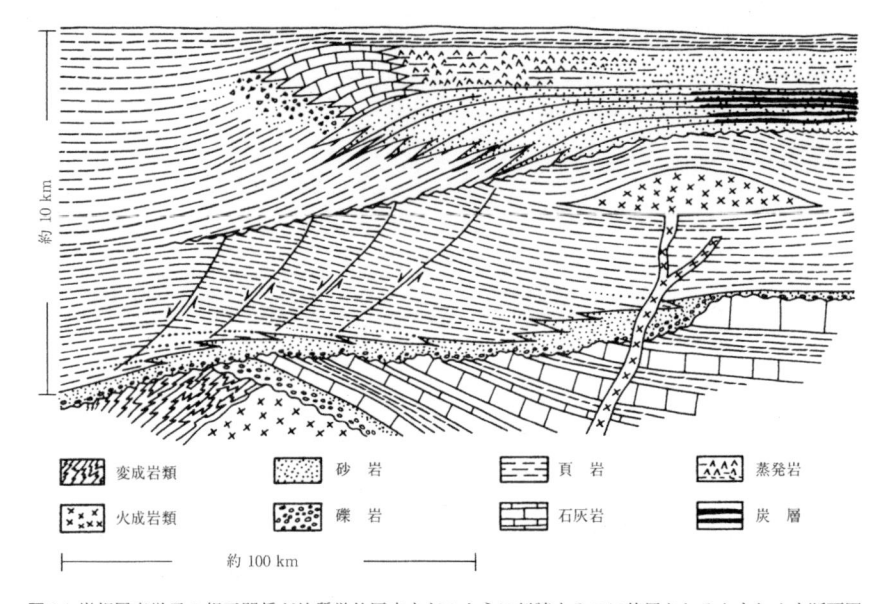

図3 岩相層序単元の相互関係が地質学的歴史をどのように判読するのに使用されるかをしめす断面図
　この断面図中にしめされているさまざまな層序単元（岩体）が形成された順序は，諸単元の年代が知られていない場合でも，それらの層序関係にもとづいて明確化できる

と．

## 5 B.3. 岩相層序単元

　観察しうる明確な岩相特性あるいはそれらの組合せと層序関係にもとづいて定義され認定される岩体．

　岩相層序単元は堆積岩類・火成岩類・変成岩類またはこれらの2つ以上の組合せから構成される．岩相層序単元の構成岩石は固結岩または非固結岩である．その重要な要件は，かなりの程度全体的に岩相が均質なことである（詳細な点で多様性がある場合でも，そのこと自身全体的な岩相的同一性の1つの型をあらわしているとしてよい）．岩相層序単元は観察可能な物質的特性にもとづいて認定され定義されるもので，推定される年代，堆積期間，推定される地史，形成様式によるものではない．岩相層序単元の定義と認定は，地球物理学的な特性（電気的・放射性・密度・音響的，そのほかの推定あるいは計測される物理的特性）でなく，実際の岩石物質の岩相構成の記載にもとづかなければなら

ない.

　化石は岩石の微小部分を構成しているが明確な物質的構成要素として，あるいは石灰質生物遺骸・珪藻土・炭層などのような岩石の主要部分を構成する特性のゆえに，岩相層序単元を認定するうえで重要となろう．岩相層序単元の地理的拡がりは，それらの特徴的な岩相の連続性と拡がりにのみ依存する．野外で認定されうる岩相特性のみが岩相層序単元の基礎として使用されるべきである.

　岩体自身は側方に不連続であるが岩相特性と層序的位置がほとんど一致している一連の岩体は，単一の岩相層序単元として考えてもよい．一例は Gila Conglomerate である．これはギラ川上流部の峡谷にそって不連続に分布する一連の河成層である．同様に，一連の，成因的には関連するが不連続な火成岩体，あるいはほぼ同一の層序的位置に横たわる一連の不連続的な礁成石灰岩あるいは石炭のレンズも，もしそれらの大きさと間隔がそれぞれ個別に命名するのに充分でないときには，すべて同一名の単元に帰属させてよいであろう．このような事例はテキサス西部のペルム紀の断片的なサンゴ礁やカナダのリダックサンゴ礁に適用できよう．公式岩相層序単元として認定されるとき，サンゴ礁系は層のなかの部層，あるいはそれ自身で層を構成することになろう．

## 5C. 岩相層序単元の種類

### 5C.1. 公式岩相層序単元

　公式岩相層序単元は，明確に設定されているか従来からおこなわれて定式化された層序区分・命名体系にしたがって定義・命名された岩相層序単元である（表1と§3A.5参照）．公式岩相層序単元用語の定式的な階層はつぎのとおりである．

```
高次    層群(group)：2つまたはそれ以上の層
 ↑       層(formation)：第1義的な岩相層序単元
 │         部層(member)：層のなかの命名された岩相部分
 ↓           単層(bed)：部層あるいは層のなかの命名された明確に区別できる層
低次           流(flow)：火山成層体中の明確に区別できる最小の層
```

## 5C.2. 層

**層**は，ある地域の地質について地質図をつくり，記述し，解釈するのに使用される岩相層序区分での第 1 義的な公式単元である．層は，岩相層序単元の階層では中間的な階層の岩体であり，岩相特性と層序的位置にもとづいて認定される．層というのは，場所をとわず層序断面を岩相にもとづいて完全に層序区分すべきときの唯一の公式岩相層序単元である．

層は，堆積岩類・火成岩類・変成岩類のどの種類の岩石から構成されてもよいし，いくつかの場合には 2 つ以上の種類の岩石の組合せから構成されてもよい．

ある層（またはほかの岩相層序単元）の設定を正当化するために必要な岩相変化の程度は，厳密で一律な規則にしたがうものではない．それは地域の地質の複雑性や，その岩石構成を充分に描き地史を解明するうえでの必要な詳細さなどで変化する．

層の厚さに基準はない．層の厚さは，地域の岩相上の分布状況を説明するのに必要なその規模により，1 m 以下から数千 m までの幅がある．

層の設定にあたっては，それが地質図に表現できるかどうか，また断面図上に描写できるかどうかの実用性を考えることが重要である．地質図作製の縮尺で表現できない層は正当でなく有用でもない．線で地質図上や断面図上に表現された層は正当であるかもしれないが，このような薄い層序単元を多数作りだすことはのぞましいものではない．

## 5C.3. 部層

**部層**は層のすぐ低次の階層の公式岩相層序単元であり，つねに層の一部を構成する．部層は，それが設定されている層のなかの隣接する部分から区別される岩相上の特性をもっているため，層のなかの命名された部分として認定される．部層の拡がりと層厚については定まった基準はない．

有用な目的がない場合には層を部層に細区分する必要はない．層は，ある場合には完全に部層に細区分され，ほかの場合にはそのなかのある部分だけが部層として設定されてもよい．さらに部層をもたない層もあってよい．部層が 1 つの層からほかの層にかけて存在してもよい．

**レンズと舌状体**は，しばしば独立の岩相層序単元の階層用語として使用され

5 C. 岩相層序単元の種類　37

てきたが，より正しくは，部層や層の単に特別な形態のものである．**レンズ**はそれを取り巻く岩相層序単元とことなった岩相をしめすレンズ状の岩体である．**舌状体**は，岩相層序単元の主岩体からその外側にはみでた部分である．これらの岩体の認定は部分的に知られている産状の状況にかかっている．すなわちレンズに見える岩体が狭小な舌状体の一部分ということがあるかもしれないので，レンズと命名されるかもしれないし，舌状体と命名されるかもしれないのである．

## 5 C.4. 単層

　**単層**は，堆積岩類の岩相層序単元の階層のなかで最小の公式単元である．それは成層した岩体中の 1 つの層であり，多かれすくなかれ明確な層理面で上下の層から区分できる岩相的に識別可能なものである．たとえば Baker Coal Bed をあげることができる．隣接して同様な岩相をしめす単層群もまた，いっしょになって公式岩相層序単元を構成する．たとえば Marcus Limestone Beds である．

　"単層" という用語は，慣例的には 1 cm から数 m までの厚さの層に適用され，それ以下のものは**葉層**とよばれる．"成層している" ということと "分離しうる特性をもつ" ということとはかならずしも一致しない．これら 2 つを混同すべきでない．

　命名された 1 つの単層または一連の単層群は部層や層を構成してよい．この場合には，単層名あるいは単層群名は部層名や層名にも使用される．たとえば "Bracklesham Beds" は Bracklesham Formation のように，"Drusberg-Schichten" は Drusberg Formation のようになる．特定の単層が 1 つの部層や層からほかの部層や層に存在することも考えられるが，その場合，なお同一名称を保持しつづけてよい．

　対比や参照などの層序学的な目的のために非常に有効で特徴的な単層（一般に**鍵層**や**指標層**として知られている）だけ，慣例的に固有の名称が与えられ，公式岩相層序単元と認定される．あいだにあるほかの単層は，未命名のまま残されることになる．

## 5 C.5. 流

　**流**は，火山の流下岩石の最小の公式岩相層序単元である．流は組織・組成，

累重の順序あるいはほかの物質的な基準をもとにして識別されうる個々の噴出起源の火山体構成物質である．これは階層上，堆積岩類の岩相層序単元の単層に相当するものである．多くの流は非公式層序単元である．流を公式岩相層序単元として設定・命名する場合は，特徴的で広域に分布するものに限定すべきである．

## 5C.6. 層群

**層群**は，層より高次の公式岩相層序単元である．この用語は，顕著で特徴的な岩相特性が共通している2つ以上の隣接したり関連したりしている層の集合体にたいしてもっとも一般的に適用される．層群の模式層あるいは参照模式層は構成する複数の層の模式層あるいは参照模式層である．層群として承認を求める提案にあたっては，その層群を特徴づける特性や構成する層の概要を明確にのべなければならない．層はかならずしも層群にまとめられる必要はない．将来の研究者による研究の可能性を期待して，それを構成する層がないのに層群を設定することはさけなければならない．最初にある層が層序単元として設定され，のちの研究者がそれを細区分して構成する層を設定したときは，名称内の地理的要素を残したまま，はじめの層の階層を変更して層群とすることがのぞましいことと考えられる（§3B.5参照）．ある一連の地層を層ではなく層群とする場合，層厚は有効な理由にはならない．

いくつかの層を1つの層群にまとめることは，ある地域やある年代範囲について，層への区分の複雑な詳しさを必要としなかったりあるいはさけようとしたりする人たちにとって，層序区分を単純化し一般化するのに有用な手段となる．層群はまた，小縮尺の地質図作製と広域的な層序解析にも有用である．

1つの層群中の層の構成がどこでも同一である必要はない．たとえばイラン西部の一部でFars層群は単にGach Saran層とAgha Jari層からなるのにたいして，イラン南部のFars地方ではRazak層・Mishan層・Agha Jari層からなる．また，ある層群からほかの層群へ側方に連続している層もある．

層群を構成する層あるいは複数の層が尖滅する場合，同一名称で層群から層の階層に格下げしてもよい．

## 5C.7. 超層群・亜層群

**超層群**は，共通に重要な岩相上の特性をもついくつかの層群の集合やいくつ

かの層群といくつかの層の集合体に使用される．超層群は，それを設定することが明確な目的にかなうところでのみ設定すべきである．例外的に層群を**亜層群**に細区分してもよい．

## 5 C.8. 複合岩体

**複合岩体**はことなった型の岩石種（堆積岩類・火成岩類・変成岩類）のいくつかの組合せからなる岩相層序単元であり，不規則にまじりあった岩相や，もともとの構成岩石の順序が不明瞭になり，個々の岩石あるいは一連の岩石群が地質図上で容易には表現できないほどに高度に複雑化した構造関係で特徴づけられる．この用語は，たとえば Akkajaure 複合岩体や Franciscan 複合岩体のように，岩相用語または階層用語のかわりに公式単元用語の一部として使用してもよい．

## 5 C.9. 岩相層序層準——岩相層準

**岩相層準**は岩相層序学的な変換面であり，一般には岩相層序単元の境界，または岩相層序単元中の非常に薄い特有な岩相をもつ指標層である．岩相層準は対比のさいにたいへん役立つ（かならずしも年代対比ではない）．

## 5 C.10. 非公式岩相層序単元

ある層序単元に命名する価値があるということは，適切な定義・記載の価値があるということである．このような定義と記載は，文献中での混乱をもたらす不合理な層序単元を設定する危険性をすくなくすることにつながる．先頭文字を大文字化していない岩相名や層序単元名をもつ非公式の名称が出版されたとしても，かならず遅かれ早かれそれらは頭文字を大文字にして再出版されるであろう．こうなると，元の著者の意図は失われることになる．さらに会話や口頭発表では層序単元名が大文字化されているかどうかはわからない．また非公式岩相層序単元に地理的名称を使用することは，その名称を公式岩相層序単元にたいして使用することを無効とするものである．それゆえ，いずれは公式層序単元として取りあつかわれる可能性のある非公式層序単元名を設定したり使用したりすることは，可能なかぎりさけたほうがよい（§3 A.5.b 参照）．

"岩相帯"あるいは"帯"という用語は岩相上の特性で識別可能な岩体をふくむ岩相層序単元に非公式に使用されてきた．それらはときたま引用される

が，公式層序単元としての正当な名称としての根拠はもっていない．"measures"という用語は非公式的に一連の炭層に使用されてきた（例：The Mara coal measures）．しかし"The Coal Measures"もまた，歴史的に石炭系の統の1つとして使用されてきたのである．

岩相の単一性よりは利用目的別に認定された岩相層序体は，命名されても非公式的なものであると考えられる．たとえば帯水層（aquifers）・含油砂岩（oil sands）・採石層（quarry layers）・炭層（coal seams）・鉱体"礁"（orebearing reefs）などである．しかし，これらの層序単元のなかには，地域層序の解釈のために重要ならば，単層・部層あるいは層として公式に認定されてよいものもある．

## 5D．岩相層序単元の設定手順

### 5D.1．定義の基準としての模式層と模式地

命名された岩相層序単元は，どのような階層・岩相構成であろうと，側方変化と上下方向の変化を最大限に知ったうえで明確かつ正確に基準の定義がなされなければならない．**模式層**あるいは**模式地**の設定は，岩相層序単元を定義するさいにぜひとも必要なことである．

層状の岩相層序単元にたいする理想的基準は，層序単元の定義のもとになっている明確に設定された一連の地層（**模式層**）である．

塊状の岩相層序単元（貫入火成岩体または起源不明の塊状変成岩体）の場合，定義の基準は層序単元が定義され，かつ研究されうる特定の場所であるべきである．そのような場所が層序単元の**模式地**となる．

層状の岩相層序単元の模式層と塊状の岩相層序単元の模式地は，なるべく層序単元の名称が由来する場所での特定の露頭あるいは掘削地・鉱山・試錐孔などで設定する（§4参照）．一度模式層や模式地が設定されたのちは，設定が不充分であったりその限界が充分に定められていなかったりした場合にのみ変更してよい．もともと特定された模式層（完模式層）あるいは模式地が，露出不充分であったり，構造的に複雑であったり，到達が困難であったり，あるいは層序単元を代表していなかったりしたような場合には，1つの主参照模式層あるいは参照模式地，複数の参照模式層あるいは模式地を補助として設定して

もよい．ただし，それらは完模式層や模式地に取って代るものではない．参照模式層と参照模式地は，もともとの模式層や模式地の補助であるということをつねに考慮しておかなければならない．

　1つ以上の補助的な参照模式層あるいは追加の模式地の設定は，もともと設定された模式層（完模式層）や模式地が良好な露出条件にあり到達しやすく層序単元を代表しているときでも，岩相層序単元の定義をおぎなうのに有用であろう．

　層またはより低次の階層の岩相層序単元の模式層は一般に単元模式層である．層より高次の岩相層序単元（例：層群）の模式層は一般に複合模式層，すなわち層群中の各層の模式層の複合である．

　地層がほぼ水平な地域あるいは露出が不充分で，あるかぎられた範囲に層序単元の完全な層序断面が露出していない地域などでは，特定の完全かつ連続な層序断面を単元模式層とすることは実質的にできない．このようなときには，模式層というよりは，模式地域あるいは模式地だけを設定できる．また層序単元の上下の層序単元への変化が観察されうる特定の層序断面で下限と上限の境界模式層を明確に決定することが重要である．この場合の単元模式層は，模式地や模式地域に露出している下限と上限の境界模式層のあいだに層序的にはさまれる層からなる．

　層状の岩相層序単元の模式層は，特定の断面または地域での特定の範囲の地層である．しかし，ほかの場所では，その層序単元が模式層より厚い地層であったり薄い地層であったり，年代範囲が長かったり短かったりすることがあろう．ほかの場所で，その層序単元を同定するさいに唯一の決定的な要件は，それが模式層と同様な岩相組成と相対的な層序的位置をもっているということである．

## 5D.2. 境界

　岩相層序単元の境界は岩石の岩相が変化する位置に設定される．それらは通常，ことなる岩相の岩石の明確な接触面に設定されるが，岩相が漸移している場合には人為的に設定してもよい．上下方向にも側方にも，境界は岩相層序の状況をもっとも有効に表現するように設定しなければならない．

　ある単元が2種類以上の岩石が漸移したり複雑に指交していたりして，上下方向あるいは側方に別の単元に変化するところでは，その境界は必然的に人為

的とならざるをえないが，単元がもっとも実用的に認定されるように選択すべきである．たとえば石灰岩から頁岩と石灰岩の互層をへて頁岩へと上方に漸移するようなところでは，境界は互層中の最上位の容易に側方に連続を確認できる石灰岩の単層の上限，または最下位の顕著な頁岩の下限に人為的に設定されてよい．地下地質の調査ではボーリング孔内に崩落が発生することがあるため，人為的境界の位置は岩石の出現する下限に設定するのではなく上限に設定することが一般的にはもっともよい．砂岩の単元からしだいに頁岩質が優勢になって頁岩の単元に側方に漸移するようなところでは，それらの境界は砂岩優勢が途切れると思われる限界に人為的に設定されることになろう．ある単元がいちじるしくことなる岩石に側方に急激に漸移したり指交して変化したりするところでは，あたらしい層序単元をその岩石種にたいして提案すべきである．側方の2つの等価な単元のあいだに人為的境界が設定されることになる（"arbitrary cutoff"：Wheeler・Mallory, 1953）．

もし，2つの単元のあいだで上下あるいは側方に漸移したり指交したりする部分が相当広範囲にわたって存在する場合には，その中間的あるいは混合的岩相をしめす岩石は第3の独立な単元の設定・命名の対象となるであろう．一般に単元は最大の実用性を保持しながら数を最小としておくべきである．

岩体には大きな岩相の多様性があって，岩相層序単元の境界を設定するうえで広い選択の幅がある．それゆえ境界の設定は，岩相の均質性がかなりの程度に保持されている条件のもとで，当然，側方への連続性，地文的な表現，含有化石・検層記録上の特性のような岩相以外の要因に適宜影響されることになろう．

岩相層序単元の境界は一般に，時間面を横切ったり化石帯の境界を切ったり，そのほか諸種の層序単元の境界と斜交するものである．

## 5 D.3. 不整合と堆積間隙

非常に似かよった岩相をもつが局地的あるいは小さい堆積間隙，非整合あるいは不整合をふくんだ一連の岩石は，境界を定義するための適切な岩相上のちがいがない場合，ただ単にこれらの中断があるからということで，2つ以上の岩相層序単元に細区分するべきではない．一方，区分に値するようなわずかな岩相のちがいも発見されなかったとしても，広域的な不整合あるいは大きな堆積間隙で区分された上下の地層を，単一の岩相層序単元にまとめることはなる

べくさけるべきである.

## 5E. 岩相層序単元の拡張手順——岩相層序対比

岩相層序単元とその境界は,その層序単元の模式層あるいは模式地で見られる特徴的な岩相特性の存在が確認されるか,あるいは間接的な証拠ながら特性の存在を自信をもって推定できるかぎり,模式層あるいは模式地以外に拡張されるべきである.

### 5E.1. 岩相層序単元および境界同定のための間接的根拠の使用

岩相が同一であると想定されるが露出が不充分であったり欠落していたりするために確実でないところでは,岩相層序単元およびその境界は岩相組成を間接的にしめす基準にもとづいて同定でき対比できる.このようなとき,地形上の特徴,岩相成因論的な証拠,電気検層上の特性,地震反射波,特殊な植生が利用されている.特徴的な化石の産出もまた,岩相層序単元の存在を確証するために有用である.しかし,このような手段による岩相層序単元の同定は,岩相特性を推定させるような根拠にもとづいているだけで,岩相層序学的基準に直接もとづいたものではないことを理解しておかなければならない.

岩相層序単元の地形への現われ方は地質図作製上で重要である.したがって,ほかの要素が不充分なところでは,地形にあらわれる岩相変化に一致するように岩相層序単元の境界を決定することが得策である.

### 5E.2. 境界として使用される指標層

岩相の上下方向の変化が認定可能な位置,あるいはそのちかくに指標層が出現する場所では,指標層の上限あるいは下限を公式岩相層序単元の境界として使用してよい.2つの境界指標層にはさまれた岩石が模式層の岩石とかなりことなっているところでは,それをあたらしい層序単元として認定するべきである.その場合,境界となっている指標層が模式層から連続しているとしても,模式地の岩相層序単元の地理的拡張は正当化できない.

## 5F. 岩相層序単元の命名

### 5F.1. 概要

　岩相層序単元の名称は，層序単元命名の一般的な規則にしたがわなければならない（§3B.3参照）．さらに若干の補足的な規則が岩相層序単元に特別に適用される．

　岩相層序単元の名称は，適切な地域的な地理的名称と階層（層群・層・部層・単層）をしめす適切な層序単元名，あるいはその層序単元を構成する主要岩石種をしめす単一な岩相名との組合せで構成されなければならない（例：Gafsa Formation, Spiti Shale, Manhattan Schist, Concord Granite）．あとで議論するが，堆積岩類の岩相層序単元名としては，地理用語との組合せで岩相用語を使用するより，単元用語を使用するほうがこのましい（§5F.3参照）．岩相用語と単元用語の併用（Victoria Limestone Formation など）はこのましくない．いかなる場合にも，公式岩相層序単元名を作るさいには，すべての用語の頭文字には大文字を使用するべきである．

　岩相層序単元の名称の岩相用語には，軟（soft）・硬（hard），褶曲した（folded）・角礫化した（brecciated）のような説明的形容詞をふくめるべきではない．

　"-ian・-an" で終わる形容詞も，岩相層序単元に使用すべきでない．それらは年代層序単元で，慣用的に使用されているからである．

　"下部（lower）・中部（middle）・上部（upper）" の用語は，公式岩相層序単元の細区分に使用してはならない．

### 5F.2. 名称の地理的要素

　層序単元命名にあたっての地理用語の使用に関する勧告は§3B.3.aにふくめた．岩相層序単元に特別に適用される勧告事項をいくつか追加する．

　岩相層序単元で，堆積学的理由や変成作用・続成作用のために岩相特性が側方に変化するところで地理的名称を変更する必要があるかどうかは，変化の度合い，変化の保持性，対比と連続性がいかに保証されるかによる．広域的な変化がある場合には名称の変更がのぞましい．しかし，そのさい，小規模な岩相変化にたいしてあたらしい名称を無差別につけることで生じる多様な名称がひ

きおこす混乱は考慮すべきである．とくに境界を人為的に設定しなければならないような微妙な側方変化の場合には，2つ以上の名称を使用するよりも1つの名称を広義に使用するほうがのぞましいであろう．

多くの地域における海洋ボーリングで，掘削した岩相層序単元に公式の地理的名称を適用することには問題がある．ある場合には，それらの岩相層序単元は，隣接沿岸部の地表層序単元と対比ができない．そして，あたらしい層にたいして地域的名称を見つけることがたいへんむずかしいであろう．海洋掘削井であたらしい岩相層序単元が沿岸の特徴や海洋学的特徴あるいはほかの特徴にもとづいて命名される場合，この名称が§3B.2での要請にしたがっているかぎり，地下層序単元として有効である．しかし海洋の地下層序単元にたいしては純粋に人為的に命名する必要がしばしば生じるであろう．同様な規則が，海底の地質図作製にあたって認定される層序単元についても適用される．

## 5F.3. 名称の岩相的要素

岩相用語が岩相層序単元の名称に使用されるとき，それはその層序単元の優勢な，あるいは特徴的な岩相をしめし一般に受けいれられているもっとも単純なものでなければならない（例：石灰岩・砂岩・頁岩・凝灰岩・花崗岩・石英岩・結晶片岩・蛇紋岩）．"粘土質頁岩"あるいは"砂質石灰岩"のような合成語や，"頁岩・砂岩"のような複合語は，岩相層序単元名の岩相的要素の表現に使用してはならない．また"Chattanooga Black Shale"や"Biwabik Iron-Bearing Formation"のように，地理用語と岩相用語のあいだに形容詞をいれてはいけない．

"タービダイト"や"フリッシュ"のような岩相の成因的用語も公式岩相層序単元名としては，さけるべきである．

堆積岩類の岩相層序単元名として，地理用語と組みあわせて岩相用語を使用することは許されており，実際よく導入されているが，一方では多くの不便を生じる．まず第一に，堆積学的理由あるいは変成作用・続成作用などのために層序単元の岩相特性が側方に変化し，もはや岩相用語が層序単元の岩相特性をしめさなくなったようなときに問題が生じる．もし，単元用語として"層"あるいは"部層"を使用すれば，より弾力的となる．また岩相用語は，岩相層序単元の階層のなかでの層序単元の位置をしめすものではない．さらに岩相用語を使用することが，公式岩相層序単元名のなかで論争のもとになったり，ある

いはまちがった岩相の同定にもとづく問題を生じたりすることになるかもしれない．

層群の場合には，よく似たいくつかの層からなっているような特異な場合以外，名称でその岩相を特徴づけることはほとんど不可能である．

そのほかの非常に多くの層序学的問題と同様に，岩相層序単元名にたいする岩相用語の使用に関しては，厳格な固定的な規則は存在せず，その決定は一般常識・明確さ・正確さを考慮してなされるべきである．

## 5F.4. 火成岩類と変成岩類に関するいくつかの特別な面

堆積起源や火山噴出起源と認定することのできる層状の火山岩類と変成岩類の岩体は，あらゆる面において非変成の堆積性の岩相層序単元としてあつかうことができる．なぜなら，これらの特徴的な岩相，初生的な成層・層序関係が容易に識別できるからである．

塊状の貫入岩体や，初生的な成層構造や層序順序が確認できないほどに変形したり再結晶したりした変成岩体は，前述のケースとはことなる．しかし，これらの貫入火成岩体と起源不明の塊状の変成岩体は，定義づけられ，層序区分され，明確な岩相特性と層序関係にもとづいて作図され，岩相層序単元と考えられるのである．多くの場合にこれらは，正確な層序的位置が知られていないとはいえ，層序を明確に決定するのに効果的に役立ちうるものである．なぜならば，それらは同位体年代測定法もしくはほかの方法により決定される地質年代の情報源であり，また，ともなっている層状岩体や塊状岩体との切断関係と境界関係を決定することで層序に関する情報を提供するからである．

起源不明の貫入火成岩体と塊状変成岩体の岩相層序単元としての名称は，適切な局地的地理用語と階層をしめす層序単元名または優勢な岩型をしめす単純な野外での岩相名との組合せで構成されるべきである．名称のすべての用語（地理用語と単元用語，または簡単な野外での岩相名）は大文字で始めなければならない．しかし多くの地質学者は，"層群・層・部層" という用語を，初生的な成層をしめす一連の地層なかでの層序的位置という意味で使用しているので，貫入火成岩体と塊状変成岩体にたいしては，"花崗岩・片麻岩・片岩" などの簡単な野外での岩相用語を使用するほうがより適切であろう．

"複合岩体" という用語は，強く変形したり変成したりしているかどうかにかかわらず，多様で不規則にまざりあっている岩石からなる火成岩体や変成岩

体に使用してよい．この用語は，岩体を構成している個々の岩石の層序関係があまりよく知られていなかったり，あるいは決定されていなかったりすることをしめしている．また，それゆえ，岩体が層序学的基礎に立って細区分できないこともしめしている．"複合岩体"は，堆積岩体にたいしても堆積岩類と火成岩類とを組みあわせたものにたいしても使用してよい（§5C.8参照）．

"メランジ"あるいは"オフィオライト"のような用語も，とくに使用されている意味が明確に定義された場合は，火成岩体と変成岩体の命名に取りいれてもよいであろう．一方，塊状の火成岩体と変成岩体にたいしては，"スーツ (suite)"の使用は推奨できないであろう．この用語は，類似した岩相あるいは関連した岩相をもち，しかも時間的・空間的に，そして起源的にも密接にむすびついている同源の貫入火成岩体の組合せにたいして通常使用されてきた．また，かつてのソビエト連邦といくつかの東欧諸国で，層にほとんどあるいは正確に対応する地域的な層序単元にたいして広く使用されていた．

"深成の (plutonic)・火成の (igneous)・貫入した (intrusive)・噴出した (extrusive)"といった形容詞修飾語句の使用は，公式岩相層序単元の命名では最小限におさえなければならない．これらの語は，層序単元の名称を長くおもおもしいものにし，そして本来の使用目的をうしないながら時間とともに忘れられるのはさけられないであろう．しかし，それらが層序単元の特性を明確にし，あるいは価値のある記載的情報を提供することに役立つ場合には使用されてもよい．たとえば"火成岩複合体・変成岩複合体・火山岩複合体"のように，複合体の特性を明確にするために，"火成の (igneous)・変成の (metamorphic)・火山性の (volcanic)"というような語を使用するのが便利であろう．

"volcanics・metamorphics・intrusives・extrusives"などのような名詞として使用される形容詞は，火成岩体や変成岩体の命名には使用しないのがのぞましい．しかし，これらは広く地球上の多くのところで使用されてきており，有用と判断される場合には，公式岩相層序単元の命名法に取りいれることもやむをえないであろう．

火成岩体と変成岩体の岩相層序単元名には，"岩脈・岩床・バソリス・プルトン・ダイアピル・岩株・パイプ・岩頸"，あるいはより一般的な"貫入"のように，形状や構造を表現する用語をふくむべきではない．これらは岩体の岩相をさししめすものでないうえに，岩相層序単元の階層における単元用語でもないため，岩相層序に関する用語にはならない．これらは非層序学的意味で，

火成岩体や変成岩体の幾何学的形態を特徴づけるのに使用できる有用な地質用語である．"岩脈"は岩相より形態をしめしているという点で，おそらく"ドレライト"より多くの情報を与えてくれるが岩相層序の用語とはいえない．"Deltaville Dolerite Dike"は，層序単元ではなく火成岩体の特徴をあらわす名称である．形状をあらわす用語は形状をしめすさいに，構造をあらわす用語は構造をしめすさいに使用されるべきである．層序学的特性・属性と層序関係および層序的位置は層序用語を使用して表現すべきである．

堆積岩体と層状の噴出火成岩体の命名と同一の規則が，塊状の火成岩体・変成岩体に適用される．あたらしい層序単元の設定，あるいはすでに設定されている層序単元の再定義には，層序単元の包括的で明確な記載がふくまれるべきであり，あたらしい層序単元を導入したり既存の層序単元を改定したりする意図がしめされるべきである．また模式地（もし適切ならば参照模式地も）を設定し，層序単元の名称を導入したり，由来する地理的特徴に言及したりするべきである．

## 5 G. 岩相層序単元の改定

設定されている公式岩相層序単元を，その名称を変更せずに改定または再定義する場合には，あたらしい名称の提唱時と同様な理由づけと同様な種類の情報を必要とする．また一般に同様な手順も必要とする（§3B.5参照）．名称の地理用語の変更に関しては§5F.2を，名称の岩相用語の変更に関しては§5F.3を，階層の変更に関しては§3B.5参照されたい．

# 第6章 不整合境界単元

## 6A. 不整合境界単元の性格

　不整合境界単元は，上限・下限を顕著な不整合で区切られた岩体である．

　不整合境界単元は，一般的にはさまざまな種類の岩石（堆積岩類・火成岩類・変成岩類），もしくはこれらの2種以上の組合せからなっている．不整合境界単元は，地質図で区別・表現できる層序単元で，上位と下位の単元から層序学的な不連続境界でのみ区分できるものである．境界不整合の上位と下位両側の地層の岩相特性・含有化石・年代層序学的期間は，境界不整合認定に役立つかぎり，不整合境界単元の設定のために重要である．

　層序学的研究では岩相層序単元・生層序単元・年代層序単元がこれからも頻繁に利用されつづけるであろう．しかし，ある場所とある目的にとっては不整合境界単元は，"本質的"な単元ともいえるほどの非常に価値のある層序単元であり，層序学者が明確な実用的な手法で層序解析をすることや記載的で明快な地史の解釈に利用することができるものであろう．不整合境界単元は，たとえば地球の地質学的発達史のなかでの造山運動の出来事，造陸運動の周期や海水準変化の周期性を表現するうえで有用である．これらの地質学的出来事は，層序学的に一連に累重した地層のうちで一般に不整合として記録されている．不整合境界単元は，この理由からしばしば"堆積サイクル"もしくは造構支配層序単元；stratotectonic units, tectostratigraphic units, tectonostratigraphic units, tectogenic units；tectonic cycle；tectosomes；structural stages, tectonic stages などと同義のものと考えられてきた．しかし，その種の単元はすべて，明確な**成因的**な意味をもち，そしてそれらの認定には観察された層序関係の**解釈**を必要とする．不整合境界単元はそれとはちがって，このような成因的な解釈を必要としない客観的な記載的層序単元である．たとえば tectonic stage単元の場合は，層序単元を区切る不整合が造構運動の結果つくられたことを意味している．それにたいして不整合境界単元は，それらの境界不整合の成因が造山運動・造陸運動の出来事，海水準変化のいずれかやその複合の結果であるかどうかに関係なく，設定され認定されるものである．

不整合境界単元は，それらの境界不連続面が地理的に広範であり，さらにそれらの不連続がしめす層序的中断が，その地域における地史の解読に大きな意義をもつような安定クラトン地域で有用であり広く使用されてきた．しかし，造山帯とほかの構造的に不安定な地域でも，不整合境界単元が適切に設定されており，それが岩相層序単元・造構支配層序単元もしくは年代層序単元と対応しない場合でも，同様に有効となりうるものである．

層序断面内の不整合・非整合と大きな堆積間隙は，層序単元の境界としてこれまで長く使用されてきた．これは驚くべきことではない．なぜならば，このような層序上の不連続で一般的におこる突然の岩相変化，動物群の"急激な変化"と構造上の斜交関係は，どんな一連の層序のなかでも認知されうるもっとも顕著なはっきりした特徴だからである．実際，境界不整合は初期の多くの層序単元の設定のための基礎であった．現在受けいれられている国際標準年代層序尺度中の系の多くは，もともとは不整合境界単元であった．

しかし不整合境界単元を層序単元の明確な独立的なカテゴリとして認定する努力は長いあいだにわたってなされてこなかった．この状況が変化したのは，地質学者が不整合で区切られた岩体が層序学上で有用な意義をもちそれらの岩体を認定しほかの層序単元から区別ができるような用語の必要性を実感してからである（ISSC，1987 a）．

不整合境界単元とほかの層序単元との関係は第10章で議論する．

## 6 B．定義

### 6 B.1．不整合境界単元

不整合境界単元は，層序体のなかで上限・下限が特別に設定された明確な不連続（斜交不整合・非整合など）で区切られた岩体で，この不連続は広域的もしくは地域を越えてさらに広域的な拡がりをもつことがのぞましい．この層序単元を設定し認定するのに用いられる判断基準となるものは上限・下限の2つ

の指定された境界不整合である.

　不整合境界単元は，上下方向にも側方にも多くのほかの層序単元（岩相層序・生層序・年代層序・磁気層序単元など）を2,3あるいは数多く，いくつでもふくんでいてよい（図4）.

## 6B.2. 不整合

　不整合境界単元を設定し認定する目的のために，不整合は層序体のなかの大きな堆積間隙あるいは堆積の中断をあらわしている岩体間の侵食面と定義される."大きな"とはもちろん定量化がむずかしい主観的な用語である（§6E参照）.不整合はその下位の古い地層の陸上あるいは水中での露出と侵食による一部の欠如から生じる.いくつかの種類の不整合が一般的に知られている.

### a. 斜交不整合
　不整合の上下の地層の層理面がたがいに斜交し，侵食前の傾動ないし褶曲活動と，そののちの堆積あるいは顕著なオンラップをしめすものである.

### b. 非整合
　層序的中断の上下の地層の層理面が本質的に平行である不整合.しかし見かけの平行性はほとんどの場合地域的な拡がりが限定される.非整合においても，広域的な規模ではある程度の斜交関係（下位の削剥もしくは上位のオンラップ）が一般的に存在する.斜交関係が発見できない場合でも，非整合下に直接横たわる地層の上面はしばしば，不規則あるいは凹凸のある侵食面あるいは風化の痕跡のような侵食や堆積の不連続をしめしている.非整合は層序体のなかでの大きな堆積間隙によってもしめされることもあろう.

### c. ダイアステム
　堆積の短い断絶で，堆積の再開のまえにほとんどもしくはまったく侵食のないもの.このような短い堆積間隙は側方にはあまり拡がっていないのが一般的で，不整合境界単元を設定するための適切な基準とはならない.

## 6C. 不整合境界単元の種類

　不整合境界単元の基本は"シンセム（synthem）"（ギリシア語起源で"syn"は"いっしょに"，"them"は"〜の堆積物"という意味）である.必要があり有用であるときには，シンセムは2つ以上の**亜シンセム**に細区分でき，さら

52  第6章　不整合境界単元

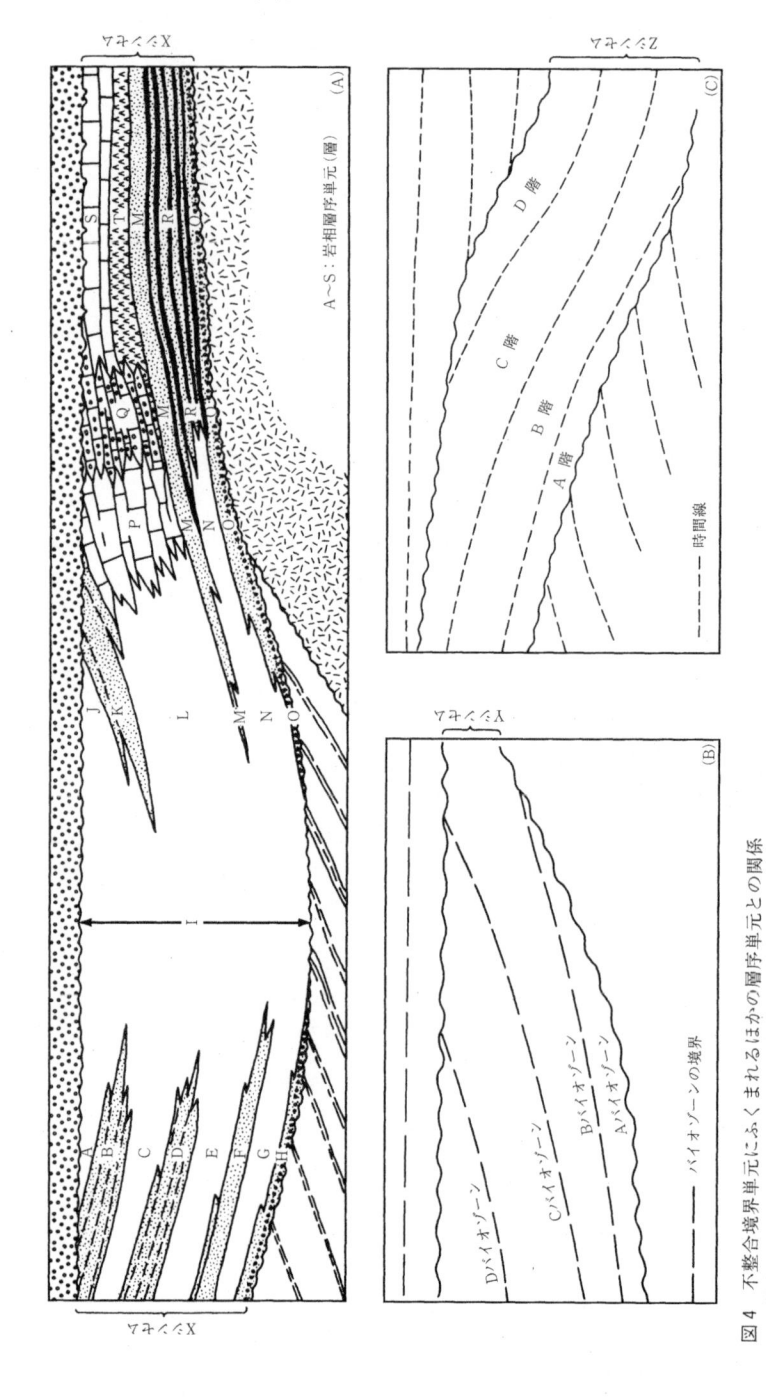

**図4** 不整合境界単元にふくまれるほかの層序単元との関係
不整合境界単元は岩相層序単元 (A)・生層序単元 (B)・年代層序単元 (C) などのほかの層序単元をいくつもふくむことがある．不整合境界単元の境界は平行でありうるし，あるいはもっとも一般的にはそれらがふくむ層序単元の境界と斜交しうるものである

に2つ以上のシンセムは**超シンセム**にまとめてよい.

## 6D. 不整合境界単元の階層性

　不整合境界単元の有用な階層, すなわち亜シンセム・シンセム・超シンセム, を設定するためのいくつかの問題を以下にしめす. この種の層序単元を定義し認定するための判断基準は層序上の不連続が存在するかしないかのみであり, どの階層にぞくするかについては不連続の規模あるいは重要性のみが基準となりえよう. このような規模あるいは重要性は, すくなくとも3つの視点, すなわち構造的斜交性の度合, 不連続でしめされる層序学的空白, 不連続の地理的拡がりから判断できるものである. これら3つの基準すべては, しばしばおたがいに独立的である. 場合によってはそれらの1つがもっとも特徴的でありえよう. たとえば構造的斜交性は変動帯でより重要となろう. それにたいして地質学的時間の空白の規模は, 安定クラトン地域でより重要であろう. このようなことから階層区分は便利かもしれないが, 矛盾し不調和な区分となるおそれのあることは明白である. したがって超シンセムや亜シンセムの設定は可能なかぎり控えるべきである.

## 6E. 不整合境界単元の設定手順

　不整合境界単元設定のための手順は, すべての層序単元で求められている一般的手順(§3B参照)にしたがうべきである. ほかの層序単元の場合と同様, あらたな不整合境界単元を設定するためには, 認知された科学情報媒体でこのようなあらたな層序単元を設定したいという意志表明を適切な記載をつけて出版しなければならない.

　境界不連続面の存在もしくは欠如が, 不整合境界単元の設定・定義・認定・拡張のためのただ1つの判断基準である. したがって, これらの層序単元の定義と記載では, その不連続の性質・位置・特徴を強調すべきである. すなわち, 言語による記載, 地図・断面図・写真などによる模式層と参照模式層の地質・地理的特徴; 地理的拡がりと模式地もしくは模式層と参照模式層から離れたところでの属性の変化などである. もしくは隣接する層序単元との広域的な層序関係などである.

下位の境界不整合をふくむ模式層と上位の境界不整合をふくむ模式層は，同一断面になくてもよい．

層序単元内部の属性は不整合境界単元を定義し認定するさいの判別の基準とはならない．しかし分布域全体を通じての層序単元の岩相・層厚・含有化石，地形上の表現と年代は，不整合境界単元の認定のためには必要である．

記載にはまた，その層序単元ととくにその境界不整合の成因に関する議論——それらの構造運動や海水準変化との関係——，これらの原因となる地質過程のその地域の地史における意義もふくまれる．

不整合境界単元は，ほかの層序単元が適応できない層序学的概念の表現が可能な場所・時にのみ，ある地域の層序と地史の理解に貢献することができるところ，堆積盆の広域的な層序解析の枠組みを提供できるところ，そして不整合境界単元にもとづいて地質図作製が可能となるところだけに設定するべきである．

層序体中のすべての不整合の対ごとに不整合境界単元を設定・同定し，命名する必要はない．とくに堆積盆の縁辺部にむかっては不整合が層序断面の多くの位置に形成されるようになる．もし，不整合境界単元がこれらの多くの不整合のすべての対にたいして設定されたなら，層序単元の数は取りあつかい不可能となるほどにふえてしまうであろう．このような不整合のほとんどは地理的な拡がりに限界があり，広域的・広域間といった視点で見ると有意義で有用な不整合境界単元の設定には役立たない（この事情は，岩相層序単元や生層序単元の場合と同様である）．原理的には，これらの種類の層序単元の境界は，岩相特性の側方変化と上下方向の変化ごと，もしくは特定の化石の出現もしくは消滅するそれぞれのところに設定されうる．しかし必要以上に複雑な細区分と用語とを回避することはほとんどおこなわれていない．

層序学者は，それゆえ，いつ，どこで不整合境界単元を設定するかを決定しなければならない．過剰な設定がされるかもしれないが，それらの使用（あるいは不使用）は時の経過にしたがって改定されてゆくであろう．層序学者は岩相層序単元もしくは生層序単元の設定・命名に一般的にそうであるように，不整合境界単元の設定と命名に慎重であるべきであろう．不整合境界単元は，層序記録の複雑さからもたらされるいろいろな可能性のなかで必要で有用な岩相層序単元と生層序単元のみが認定され命名されるのとまさに同様に，必要で有用な場合のみに設定すべきである．

## 6F. 不整合境界単元の拡張手順

　不整合境界単元は，その上下の境界不整合の**両者**が認定可能なかぎりは側方に拡張すべきである．

## 6G. 不整合境界単元の命名

　不整合境界単元は，その層序単元がよく分布している地域もしくはちかくの場所の適切な地理的名称に"シンセム"（もしくは"亜シンセム""超シンセム"）という語をあわせて命名されなければならない．

　名称の地理的要素の選択は，§3B.3.aでのべられた規則と手順にしたがわなければならない．

　『当ガイド』のシンセムと類似の層序単元は，『北米地層命名規約』（North American stratigraphic code, 1983, p.865-867；付録B参照）の**アロ層序単元（アロ層群・アロ層・アロ部層）**である．"シーケンス"という用語は，Sloss, et al.(1949)；Krumbein・Sloss (1951)；Sloss (1963) とそののちの著者たちが不整合を境界とする単元に使用したが，さらに近年，不整合もしくはそれに対比される整合面を上限と下限の境界とする，相対的に整合的な成因的に関連した地層体と再定義された（Mitchum, et al., 1977, p.53）．これらの再定義された"シーケンス"はシーケンス層序学とよばれるものの基本層序単元である（付録A：層序用語集参照）．

## 6H. 不整合境界単元の改定

　すでに設定されている公式の不整合境界単元を，その名称を変更せずに改定または再定義する場合には，あたらしい名称の提唱時と同様な理由づけと同様な種類の情報を必要とする．また一般に同様の手順も必要とする（§3B.5参照）．

# 第7章　生層序単元

## 7A. 生層序単元の性格

　生層序単元は，ふくまれている化石にもとづいて定義，または特徴づけられる地層である．

　生層序単元は，生層序学的な特性や属性が基礎となっており，その認定に役立つそれらが認定された場合にのみ存在する．したがって生層序単元はいくつかの化石タクソンの同定にもとづいた記載的層序単元である．生層序単元の認定は，タクソンそのものの定義あるいは性質の同定にかかっている．生層序単元は，あらたな追加資料がえられた場合には，最初に定義されたものよりさらに多くの層序記録をふくむものとして，上下方向と地理的両面で拡張されてゆく．さらに，これらは分類学的な研究をもとにしているために，分類学的な基礎が変化すると，特定の生層序単元にふくまれる地層が拡大したり縮小したりする．生層序単元は，それらを定義づける特徴的ないくつかのタクソン（タクサ）と同様な地理的拡がりをもつ．

　生層序単元は単一のタクソンやいくつかのタクソンの組合せ，相対的産出頻度，あるいは特異な形態的特徴にもとづく．あるいは地層中の化石の分布とその内容に関連したほかの多くの特徴のどれかの変化にも依存するであろう．ある地層の同一区間であっても，上記のどの基準あるいはどんな化石を選択するかで，ことなる分帯がなされるであろう．したがって何種類もの生層序単元が存在する．

　このように設定可能な生層序単元は数多くあるので，種類がことなったバイオゾーンや化石がことなったバイオゾーンでは上下あるいは側方に生層序単元に空白や重複が生じてしまう．たとえ同種のバイオゾーンあるいは同種の化石にもとづいたバイオゾーンであってもそれはさけられない．

ほかの層序単元と生層序単元が明瞭にことなるのは，層序単元を定義する化石としてのこる生物体の存在であり，その生物体は地質時代のなかで層序記録としてけっして反復することのない進化的変化をしめしていることである．かつて生活していた環境にその産出と分布が規制された生物群からなる化石群集は，多少は環境のくりかえしをともないながらも短期間に形成された層序のなかではほとんど大きな変化することなくくりかえして記録されている．しかし，かなりの年代範囲をとってみると，進化的変化によってある年代の化石群集はほかの年代のものとは明確にことなるものとなっている．

生層序単元とほかの層序単元との関係は第10章で議論する．

## 7 B. 化石

### 7 B.1. 化石の価値

化石は，形態的特異性をもち局地的に多産するがゆえに，地層中できわだった岩相上の特徴として重要である．そのうえ化石は過去に生存した生物の遺骸として，過去の堆積環境の鋭敏な指示者であり，古生態・古水深・古生物地理・古海洋学の解釈に不可欠なものである．そしてさらに生物進化の不可逆性のゆえに，化石は地層の年代の対比をするうえで，また地層の相対年代を適切に決定するうえでとくに貴重なものである．

### 7 B.2. 化石群集

化石は通常，地層中で分散的に存在し，その微少部分を構成しているのみである．含化石層序体のなかでも，化石は単層や層中にまれにしか見られず，またこれらのどこにでも見られるわけではない．すべての層序体のなかには化石の無産出部あるいは無産出区間がある．堆積層中に存在する化石は，ある地域に生活したまま堆積物におおわれた生物の遺骸（**生体群集**）か，死後にさまざまな手段である地域に運搬されてきた生物の遺骸（**遺骸群集**）である．あるいは生物が生きながらにして正常な生活環境より運搬されたその遺骸である．化石は一般にこの3つの部類の混合したものである．この3つすべてが生層序的分帯を考える基礎となるであろう．

## 7B.3. 誘導化石

ある地質年代の岩石中の化石は洗いだされ運搬されてより若い地質年代の堆積物中に再堆積することがある．こうして形成された誘導化石は，それゆえ若い地質年代の堆積物の固有の化石と混在するか，またはその堆積物中に存在する唯一の化石となりうる．誘導化石ははいりこんだ堆積物中の固有の化石と区別できる場合もあるしできない場合もある．後者は微化石やナンノ化石の場合にとくにいえることで，この場合，微小な化石の個体が堆積物の粒子と同様な挙動をしてほとんど磨耗することなく堆積サイクルを一度ならず二度三度と経験する．すべての化石は固有のものか再移動したものにかかわらず，堆積物の構成要素として明瞭な特徴をしめし，そして生層序的分帯の基礎として役立つことになろう．しかし再移動したと認定されうる化石は，年代と環境に関して意義がことなるがゆえに，それがはいりこんだ地層に固有と考えられる化石とは区別して取りあつかうべきである．

## 7B.4. 導入化石または侵入化石

ある状況下では，岩石はそれを構成する物質より若い地質年代の化石をふくむことがある．ある地層からその下位の地層の間隙や割れ目に侵入した流体（液体）が微小な化石を運搬することに起因する場合もあるし，より古い岩石中の空洞を若い堆積物が充填することに起因する場合もある．また地層の下方にのびる動物の巣穴や植物の根などによる空洞が，上位の地層由来の化石で埋積されることもおこりうる．同様に堆積性の岩脈やダイアピルが，地層中でより若い化石やより古い化石を混合させることもある．生層序的分帯をおこなうにあたっては，このような導入（侵入）化石を地層固有の化石と明瞭に区別すべきである．

## 7B.5. 層序学的な凝縮作用の影響

堆積速度が非常に遅い場合，非常に薄い層序範囲のなか（ときには1枚の単層のなか）に，年代や環境のことなる化石が混在したり，非常に密接に共存したりすることがある．

## 7C. 定義

### 7C.1. 生層序学

層序記録のなかの化石の分布を取りあつかい，ふくまれる化石にもとづいて地層を層序単元に編成する層序学の一分野.

### 7C.2. 生層序区分

化石の内容にもとづいて，層序断面を命名された層序単元へと系統的に細区分・編成すること．岩石記録に化石をふくまない層序断面は生層序的に意味をもっていないので，生層序区分を適用できない．

### 7C.3. バイオゾーン

すべての種類の生層序単元にたいする一般的な用語. バイオゾーン (biozone) は biostratigraphic zone の短縮語である．混乱のおそれがある場合はつねに，ほかの類似した帯（zone）からバイオゾーンそのものを区別するために，zone（帯）のまえに bio をつけて使用すべきである（§3A. 7参照）．しかし zone（帯）の用語は，それを使用する効果を明白にするような文章のあとや，議論しようとしている問題の文脈からその意味が明白であるならば，biozone 名を完記するかわりに，自由に使用してよい．同様な表現法がバイオゾーンの種類をしめす場合にも適用されよう：すなわちバイオゾーンの種類を明確にしたあとでは（例：タクソン区間帯や群集帯など），完全なバイオゾーン名を何度もくりかえして使用する必要はない．たとえば *Globigerina brevis* タクソン区間帯（Taxon-range Biozone）を一度明示したあとでは，これを単に *Globigerina brevis* 帯（Zone）としてもよい．

バイオゾーンの厚さと地理的拡がりは非常にさまざまである．それは局地的な1つの薄い単層から広い地理的範囲にわたる数千 m の厚さの層になることもある．バイオゾーンがあらわす年代範囲も同様に多様である．

### 7C.4. 生層序層準——生層準

生層序学的特性が大きく明確に変化する層序的な境界面あるいは接触面．こ

れは 2 つのバイオゾーンのあいだの境界面に相当することもあろうし，単一の
バイオゾーン中に認定されることもあろう．ある任意の層序断面のなかで生層
準が一般的にもとづいているものは，産出最下限・産出最上限，めだった産出，
産出量の変化，または個々のタクソンの特徴の変化（例：有孔虫の巻き方の変
化とかサンゴ類の隔壁数の変化など）などである．

　生層準という用語は，1 つの特別に特徴的な化石群集で特徴づけられる薄層
や区間にたいしても適用されてきたものである．しかし，この用語は境界面か
接触面に使用されるべきであって，いかに薄く特徴的であっても単層群や層序
区間に使用するべきではない．

　生層準はいままで，面（surfaces）・層準（horizons），レベル（levels），上
限境界あるいは下限境界（limits, boundaries），バンド（bands）・指標面（markers）・示準面（indexes）・基準面（datums, datum planes, datum levels）や鍵
面（key horizons）とよばれてきた．初産出基準面（first appearance datums）
とか FAD，最終出現面（last appearance datums）とか LAD なども一般に使
用されてきた生層準の 1 種である．

## 7 C.5. 亜バイオゾーン

　より精度の高い詳細な生層序を表現するのに必要あるいは有用である場合に
設定されるバイオゾーンの細区分された層序単元．

## 7 C.6. 超バイオゾーン

　共通的な生層序学的特性をもっているいくつかのバイオゾーンをまとめたもの．

## 7 C.7. ゾニュール

　ゾニュールは現在とはことなった意味で使用されてきた（付録 A：層序用
語集参照）．現在では一般に，バイオゾーンや亜バイオゾーンの細区分した層
序単元として使用されている．この用語の使用はこのましくない．

## 7 C.8. 無産出区間

　層序断面のなかで，累重するバイオゾーンのあいだ，また 1 つのバイオゾー
ンのなかで，化石を産出しない層序区間があることは普通である．それゆえ，

これらの区間は生層序区分の対象外であるにもかかわらず，非公式に**無産出区間**（barren intervals）とよばれ，それに隣接したバイオゾーンやまわりをかこんでいるバイオゾーンと関連して設定されたりする．たとえば *Exus parvus* -*E. magnus* の無産出区間とか，または *Exus albus* 群集帯の上限ちかくの無産出区間などである．通常の場合，これらの無産出区間の設定は，特定の生層序学者が研究中の特定の化石（脊椎動物や有孔虫・コノドント・アンモナイト類など）がふくまれていない区間にたいするものであって，その区間がいかなる化石もふくんでいないということをしめしているわけではない（図1参照）．

## 7 D. 生層序単元の種類

### 7 D.1. 総説

地層は多くのことなる方法で生層序分帯できる．そのため，ことなった種類のバイオゾーンがあり，個々のバイオゾーンはことなる意義をもち，状況に応じた有用性をもつ．それゆえ，どのような種類のバイオゾーンが使用されているのかを明確にしめすため，個々の種類のバイオゾーンにたいしてべつべつな特定の，よく定義された用語を使用することが重要である．

一般にはつぎの5つのバイオゾーンが使用されている：区間帯（range zone）・間隔帯（interval zone）・群集帯（assemblage zone）・多産帯（abundance zone）・系列帯（lineage zone）．これらにはいかなる階層的意味もないし，また相互に排他的なでもない．1つの層序区間は選定した特徴をもとにして，べつべつに区間帯・間隔帯・群集帯・多産帯・系列帯に細区分することができる．

### 7 D.2. 区間帯

**区間帯**は，一連の層序断面に存在する化石群集から**選択された**1つあるいは複数の種類の産出**区間**をあらわす地層体である．"区間"は，層序的拡がりと地理的拡がりの両者を意味するものである．

生層序的な区間帯は，ある1つの分類単元（種・属・科・目など），またはいくつかのタクソンの組合せや古生物学的特徴をもつものであれば何でも，その層序範囲をあらわす．ある1つの区間帯を設定する場合にはつねに，その範

囲について明白な定義をするべきである．

"Range zone"はほかの言語に翻訳するのがむずかしい．"最上限"または"極限"を意味しているギリシア語のアクロス（akros）に由来するアクロゾーン（acrozone）は，古典的原語から直接由来する用語を採用するという目的で区間帯の代用語として提案されたものである（Moore, R.C., 1957 a）．しかしこの用語は区間帯の性格をよくあらわすものではなく，そして誤解さえ生じさせるかもしれない．それゆえ『当ガイド』では，いかなる言語よりも英語の range zone をそのまま使用することを勧告する．

おもな区間帯としては2つの種類，すなわちタクソン区間帯（taxon-range zone）と共存区間帯（concurrent-range zone）がある．

　a．タクソン区間帯

ⅰ．定義　タクソン区間帯（図5）は種・属・科など，ある特定のタクソンの化石が層序的・地理的に産出する範囲をしめす地層体である．これはまた，その特定のタクソンが同定されるすべての個々の層序断面における産出の総体をあらわすものである．

ⅱ．境界　タクソン区間帯の境界は，その帯をあらわすタクソンの化石のそれぞれの地域的な層序断面内での産出区間のもっとも外側の限界をしめす面（生層準）である．どのような層序断面でも，タクソン区間帯の境界は，ある特定のタクソンの断面内の層序的な最下限と最上限の層準である．それゆえ，たとえば *Linoproductus cora* タクソン区間帯は，その種の化石が産出する地層全体のことであり，*Globotruncana* タクソン区間帯は *Globotruncana* のすべての種の化石が産出する地層全体のことである．

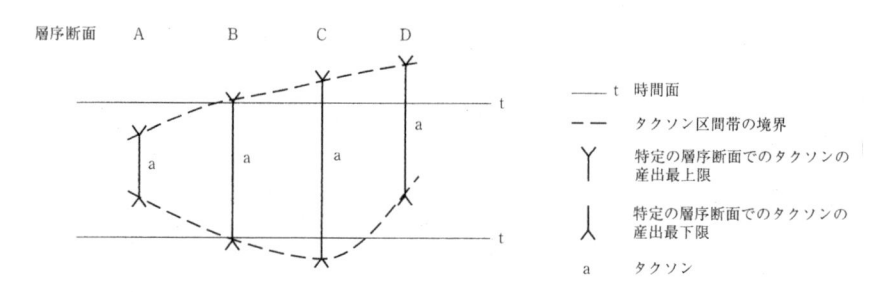

図5　タクソン区間帯
　　　この帯の上下・側方の境界はタクソンaの産出区間にもとづいて決定される

iii. **名称** タクソン区間帯は，たとえば *Didymograpus* タクソン区間帯とか，*Globigerina brevis* タクソン区間帯のように，産出区間をしめすタクソン名にもとづいて命名される．

iv. **タクソンの地域的産出区間** teilzone, local-range zone, topozone などが，あるタクソンの全体的区間帯とは対照的に，ある特定の地域や場所での産出区間をしめすために使用されてきた．しかし地域的な産出区間はその地域の名称をつけなければ意味がない．したがって『当ガイド』では，タクソンの地域的な産出区間を議論する場合はこれらを使用せず，また帯の用語にどのような追加的変更もすることなく，層序断面 X における"タクソン A 区間帯"とか，"Y 孔井におけるタクソン A 区間帯"とか，"地中海地域におけるタクソン A 区間帯"などのようにあらわすことを勧告する．

b. 共存区間帯

i. **定義** 共存区間帯は，一連の地層中にふくまれる全体の化石のなかから選定した2つの特定のタクソンの区間帯が共存したり一致したりする部分をふくむ地層体である（図6）．ほかのタクソンがこの帯の特徴的な要素としてふくまれていたり，あるいはその帯のなかで出現したり消滅したりしても，2つのタクソンだけがその境界を定義するために使用されうる．そのことから累重している共存区間帯による生層序区分は，生層序的に分帯されていない空白をふくんでいたり，あるいは同一地層を複数の共存区間帯に重複してふくんでいたりする．

ii. **境界** 共存区間帯の上下の境界は，ある特定の層序断面間で2つのタクソンのなかの，より上位まで産出するものの層序的な最下限と，より下位まで産

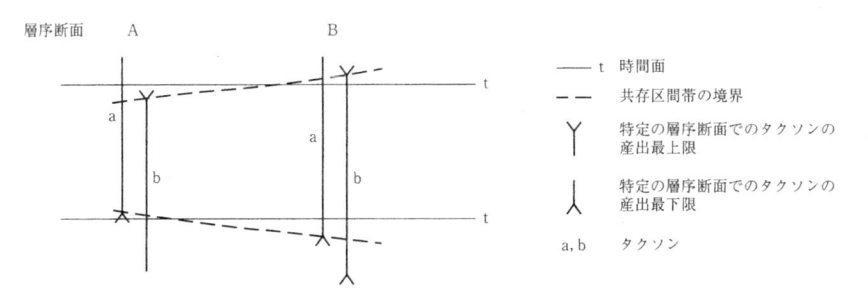

図6 共存区間帯
この帯の上下・側方の境界はタクソン a とタクソン b の産出区間で決定される

出するものの層序的な最上限で定められる．

iii. **名称** 共存区間帯は，たとえば *Globigerina selli* - *Pseudohastigerina barbadoensis* 共存区間帯のように，それを特徴づける両タクソンをもとに命名される．

Concurrent-range zone は英語からほかの言語への翻訳がむずかしいかもしれないが，この帯の意味を充分に表現している．共存区間帯は従来，オーバーラップ帯とかレンジオーバーラップ帯ともされてきた．

## 7 D. 3. 間隔帯

### a. 定義

**間隔帯**（図7・図8）は，2つの特定の生層準間の，**化石をふくむ地層体**である．このような帯はそれ自身，かならずしもタクソン区間帯や共存区間帯ではない．この帯は境界となる生層準のみにもとづいて定義・設定される．2つの明瞭な生層準間の無産出区間は間隔帯ではない．

間隔帯の下限と上限はつぎのような基準でしめされる．

① 任意の層序断面での特定のタクソンの産出最下限の層準
② 任意の層序断面での特定のタクソンの産出最上限の層準
③ ほかの明白な生層序学的特性（生層準）

地表下での層序学的研究において，層序断面が最上部から基底まで掘削され，かつ古生物学的同定が一般にボーリングの掘り屑についておこなわれ，それらがしばしば以前の掘削時の堆積物と孔井の壁から抜け落ちた物質などの再循環により混合汚染されているような場合がある．このような場合，間隔帯は2つの特定のタクソンの最上限の産出層準（下方にむかってはじめて出現する位置）のあいだを層序断面として設定するのが有効である（図8）．このような間隔帯は**最終産出帯**（last-occurrence zone）とよばれてきたが，**最上限産出帯**（highest-occurrence zone）とよぶほうがのぞましい．

2つの特定のタクソンの産出の最下限のあいだの層序断面（**最下限産出帯**；lowest-occurrence zone）として定義された間隔帯もまた有用なバイオゾーンである．

あるタクソンの区間を，産出区間が重複しないほかの2つのタクソンの産出状況にもとづいて細区分することによって，いいかえれば，あるタクソンの区間のなかをほかの1つのタクソンの産出の最上限とそれとはことなるタクソン

7 D. 生層序単元の種類　65

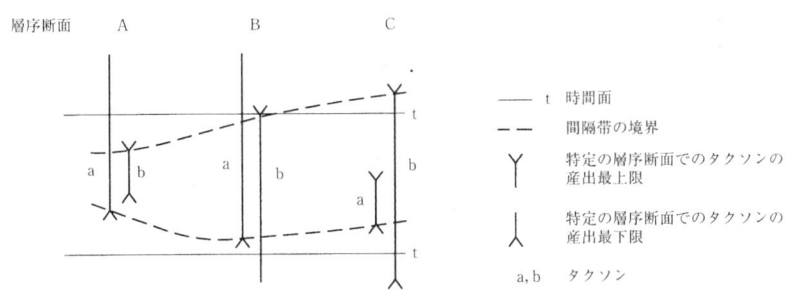

図7　間隔帯
ここ例では，この帯の下限はタクソンaの産出の最下限，その上限はタクソンbの産出の最上限である．この帯は生層準が認定できる側方に拡張される

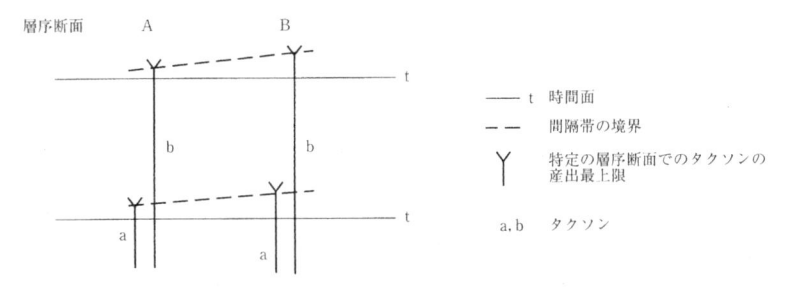

図8　間隔帯（最上限産出帯）
この種の間隔帯は地下の研究にとくに便利である

の最下限にはさまれた部分を細区分することによって設定された間隔帯は**部分区間帯**（partial-range zone）とよばれてきた（層序規定委員会報告；Geological Society of London, 1967, p. 85）．1つの例は，*Globigerina ciperoensis* 部分区間帯である．これは定義によれば *Paraglobotalia opima opima* の産出最上限と *Globorotalia kugleri* の産出最下限のあいだの間隔帯であり，*Globigerina ciperoensis* の産出区間の一部に相当しているものである．

　b. 境界

　間隔帯の境界は，それを定義するために選定された生層準である．

　c. 名称

　間隔帯は，たとえば *Globigerinoides sicanus*-*Orbulina sturalis* 間隔帯のように，境界生層準のタクソン名にもとづき，下位の境界名を上位の境界名に先行して命名される．しかし，このような名称は，命名されたタクソンが帯の境

界が出現するのか消滅するのかについて，あるいは，ほかの基準（例：産出量・小型化・巨大化・巻き方向など）がふくまれるかどうかに関して何の情報も与えてくれない．

これにかわって，ある間隔帯によくふくまれている単一のタクソン（**かならずしも産出がその帯に限定されている必要はない**）の名称が，帯の境界がほかのタクソンの産出にもとづいて設定されていても，帯の名称として使用してよい．

## 7D.4. 系列帯

系列帯（図9）は『旧ガイド』では，区間帯のうちの特殊な種類として取りあつかわれた．また，系列帯は間隔帯のうちの1つとして考えたほうがよいとか，系列帯はその性格上生層序的というより年代層序的であるから，年代帯の1つの種類としてあつかうべきであるといった議論もなされてきた．系列帯はほかの生層序単元とはことなっている．なぜなら，これらを定義するさい，定義するために選定されたタクソンがある進化系列の継続的な部分部分を代表しているという合理的な保証が要求されるからである．これは多くの場合に，古生物学的な推論を意味するものとなる．

それゆえ系列帯は，『当ガイド』では生層序単元のうちの1つとして議論する．

### a. 定義

**系列帯**は，進化系列の特定区間を代表する化石をふくむ地層体である．これ

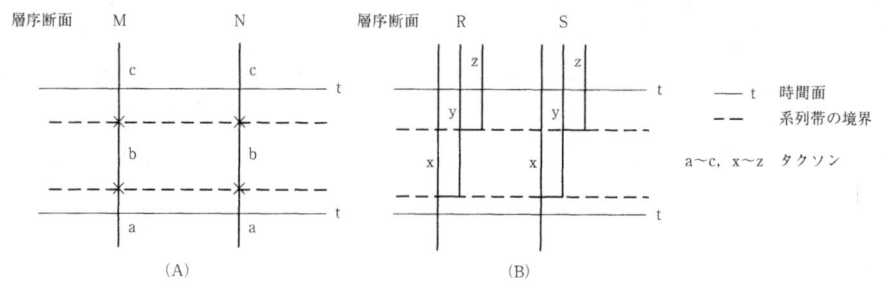

図9 系列帯
　左側のAでの系列帯はタクソンbの全区間，すなわちその先祖aの産出最上限から子孫のタクソンcの産出最下限までをあらわしている．右側のBでは，系列帯はタクソンyの区間の一部，すなわちタクソンyの最下限と子孫のタクソンzの産出最下限とのあいだをあらわしている

は，ある進化系列内のあるタクソンの全区間を代表してもよいし（図9A），タクソンの区間のうち，枝別れした子孫のタクソン出現直下の，下位の部分だけを代表してもよい（図9B）．

分布地域全体にわたって進化系列における継続的なものの出現の最下限が基本的に同時的であると考えられるときにはいつでも，系列帯はつよい時間的意味をもち，年代層序単元にちかい性格をもつ．しかしながら系列帯と年代帯にはつぎのような相違点がある．すなわち系列帯はある進化系列のなかの部分部分の実在にもとづきそれに限定されているのであって，その部分の年代範囲中に形成されたあらゆる場所の岩体に適用されるわけではない．

重複する系列からなる系は，生層序学的基礎にたった信頼できる年代対比のよい保証となる．しかし実際にはこの保証は，実際の進化過程の不確実性と進化速度の相違の可能性のために弱められることになろう．

### b. 境界

系列帯の境界は，検討対象の進化系列における継続的要素の最下位の産出をあらわす生層準で決定される．

### c. 名称

系列帯は，たとえば *Miogypsina intermedia* 系列帯とか *Globorotalia foshi foshi* 系列帯のように，区間もしくは部分的区間をあらわす系列中のタクソンについて命名される．このような性格をもつバイオゾーンは，これまで**進化帯**（evolutionary zone）とか，**形態発生帯**（morphogenetic zone）・**系統発生帯**（phylogenetic zone）などともよばれてきた．

**系統帯**（phylozone）という用語は，語源のうえでは類似しているが，系列帯とはことなる層序単元の1つとして使用されてきた．Van Hinte（1969, p. 271）がもともと定義したように，系統帯は"生物年代（biochron）のあいだに形成された岩石体"である．生物年代は地質年代の単元なので，タクソンの生存した全期間である系統帯は，Van Hinteが定義したように，タクソンが実際に存在していようといまいと，その年代範囲中に形成されたすべての岩石をあらわすものである．したがって，これは年代層序単元であって生層序単元ではない．

## 7 D.5. 群集帯

### a. 定義

**群集帯**（図10）は，3つ以上のタクソンの明確な組合せで特徴づけられ，それにもとづいて上位層・下位層から生層序学的に区別される地層体である．

群集帯は存在するすべての種類の化石にもとづいてもよいし，ある特定の種類だけに限定して設定されてもよい．すなわち，化石**動物**群のみか化石**植物**群のみにもとづく群集帯，サンゴ類の群集帯，有孔虫あるいは貝類の群集帯，あるいは浮遊性生物群・底生生物群の群集帯などが存在することになろう．

群集帯は通常，地理的に非常に大きく変化する生物環境に密接にむすびついているので，かぎられた地域や地方に分布する．しかし海洋浮遊性化石群集は，あるかぎられた緯度範囲内とか温度変化がすくないという条件のもとで，地球規模の拡がりもつといってよいであろう．したがって群集帯は環境指示者としてとくに重要となろう．群集帯はまた地質年代の指示者ともなろう．

ドイツの生層序学者 Albert Oppel の名前にちなんで命名されたオッペル帯（Oppel zone）は，以前は群集帯の1つの種類であるか，多タクソン共存区間帯（multi-taxon concurrent-range zone）として考えられていた．しかしオッペルだけでなく，のちの生層序学者もオッペルが使用したこのバイオゾーンを正確に定義しなかった．そしてどの場合でも，このオッペル帯はバイオゾーンのどんな種類にも一致・対応しないように思われる．そこでオッペル帯は疑問

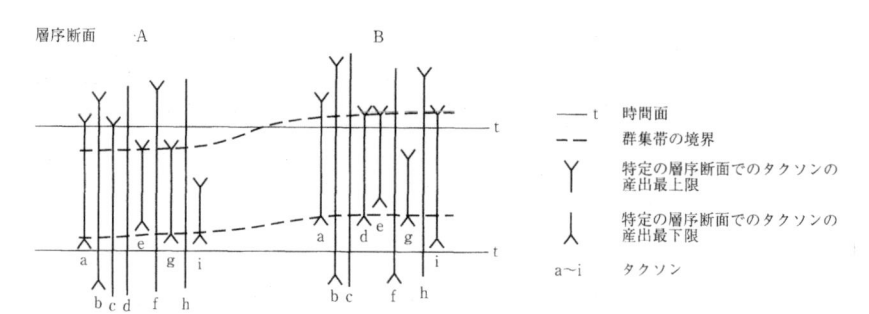

図10 群集帯
　この例では群集帯に特徴的な化石群集は，多様な層序範囲をもつ9つのタクソンをふくんでいる．この群集帯を有用とするためには境界に関する明白な説明が必要である．たとえば最下限はタクソンaとタクソンgの産出する最下限で最上限はタクソンeの産出最上限とするなどである．しかし群集帯を特徴づける化石群集の大部分のタクソンがしめされるべきである

のない種類のバイオゾーンとしては『当ガイド』にはふくめなかった.

### b. 境界

群集帯の境界は，その群集帯を特徴づける化石群集の産出の限界をしめす面（生層準）に設定される．群集帯として認定される層序断面にその特徴づけに選定される群集帯のすべての構成要素がそろって産出する必要はないし，さらに構成要素の全産出区間が群集帯の境界の外にあってもかまわない．群集帯とその境界の設定は特徴的な化石群集をどのようにきめるかにかかっている．群集帯を設定する場合はつねに，それを特徴づける化石群集を明白に規定するべきである．しかし群集帯が多様な層序範囲をもつ多くのタクソンにもとづいて提案される場合は，その境界の認定は困難となる．

### c. 名称

群集帯の名称は化石群集のなかでめだった特徴的な構成要素の1つか，できれば2つまでのタクソンにもとづいて，たとえば *Eponides* 群集帯などと命名すべきである．

"共通"を意味するギリシア語の koinos に由来する**セノゾーン**（cenozone）が，"群集帯"の代用語とされている（Moore, R.C., 1957 a）．セノゾーンは古典語に由来するという優位性をもっていて，ほかの言語への翻訳にむいている．しかし群集帯の意味を充分表現してはいないので，英語の assemblage zone のほうがこのましい．

## 7 D.6. 多産帯

### a. 定義

**多産帯**（図 11）は，組合せや産出区間と無関係に特定のタクソンあるいは特定の複数のタクソンが層序断面の隣接する部分よりも明瞭に豊富に産出する単層あるいは地層体である．

層序的記録のなかであるタクソンあるいはいくつかのタクソンが異常に豊富であることは，局地的な環境条件・生態条件，堆積後の条件などに影響される多数の過程の結果であろう．それゆえ，その豊富さは地理的に離れたところでは，層序的位置が変化したり，関係するタクソンの生層序的産出区間内のなかのどこにでもいくつかの層準にあらわれたりすることになる（図 11）．特定の多産帯を同定する唯一の確実な方法は，その側方に連続性を確認してゆくことである．タクソンの内容を充分に検討しないと，連続性に関するまちがった仮

70　第7章　生層序単元

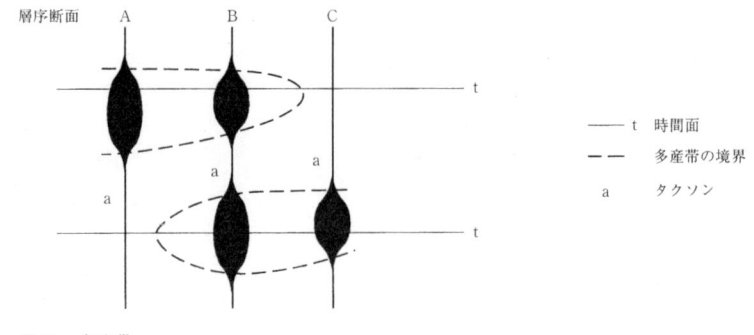

図11　多産帯

説をつくってしまう．多産帯はそれゆえに，一般的には地域的に有用なだけである．

　b．境界

多産帯の境界は，その帯を特徴づけるために選定されたタクソンあるいはいくつかのタクソンの豊富が明瞭に変化する生層準で規定される．

　c．名称

多産帯は，顕著に多産するいくつかのタクソンまたはあるタクソンにもとづいて命名される．

多産帯はアクメ帯（acme zone：『旧ガイド』）・ピーク帯（peak zone）・フラッド帯（flood zone）とよばれてきた．

## 7 E．生層序単元の階層性

いままでのべてきたさまざまな生層序単元は，生層序的な階層のちがいをあらわしているものではない．たとえば区間帯が群集帯に細区分されることはないし，その逆もない．しかしある種のバイオゾーンでは，亜バイオゾーンに細区分したり超バイオゾーン（§7C.5・§7C.6参照）にまとめたりすることが有用なこともある．

ただしタクソン区間帯に関しては，バイオゾーン名の階層性を考慮する必要はない．なぜならある種の区間帯がそれがふくまれる属の区間帯の一部である場合には，生物学的分類の階層的体系を生層序単元にも拡張して考えられるからである．

## 7F. 生層序単元の設定手順

　層序単元設定のための一般的な手順は§3Bで議論した．その生層序単元の設定手順は，ほかの層序単元の設定手順とほとんど同様である．しかし，ここでとくにのべておきたいのは，提案される生層序単元の**種類**と単元の境界を定義する根拠を明示することの必要性についてである．ある層序単元を特徴づけるタクソンの図と記載もつけるべきであり，あるいはそれらが掲載されている文献を引用すべきである．

　あたらしいバイオゾーンを設定するとか，すでに設定されているバイオゾーンを選択する場合，それらの同定と対比に関する実用性を考慮する必要がある．同様に必要なのは，豊富な広範に分布する，層序的に限定され容易に同定されるタクソンにもとづいた層序単元を設定することである．難解な帯の基準はその適用がむずかしいため価値がない．

　生層序単元はしばしば，層序断面の特定の区間に容易には結びつかない概念にもとづいている．なぜなら層序単元の層序範囲が情報の増加とともに大きく変化してゆくからである．それゆえ生層序単元の範囲と特徴は，設定しようとする帯の種類とそれに特有なタクソンなどを注意深く特定することにより決定しなければならない．しかし，とくにつぎのような考慮がのぞまれる．すなわち生層序単元とその境界の定義・記載には，層序単元を特徴づけるタクソンまたはタクソンの産出をしめし，ほかのどの場所でもその認定を可能にする1つ以上の特定の参照模式層の設定がふくまれていることである．1つ以上の参照模式層を設定することにより，文章表現や化石採取の不充分さ，分類学的同定の不確実性がおぎなわれる．

## 7G. 生層序単元の拡張手順——生層序対比

　生層序単元は，生層序対比によりそれが定義された地域や参照模式層から離れて拡大適用される．生層序対比とは，化石の内容にもとづいて地理的に離れた層序断面あるいは露頭間での生層序学的な特徴と位置を確実に対応させることである．生層序対比はかならずしも年代対比ではない．おおむね年代対比であることもあろうし，非同時的同一生物相の同定にすぎないこともあろう（同

—生物相はつねに同時性を意味するとはかぎらない)．

## 7H．生層序単元の命名

　生層序単元の公式名称は，適切な層序単元の種類名と1つ，またはなるべく2つ適切な化石名を組みあわせて命名すべきである．

　2つ以上のタクソンにもとづく命名の不都合さはそのわずらわしい長さである．このことはバイオゾーンの命名にあたって，その区間を特別に特徴づけるものではない単一のタクソンを使用することによって一般的には回避されてきた．このように選択されたタクソンが命名上の役目をはたしている．そのタクソンは化石群集の構成要素中で一般的であるかもしれないし，そうでないかもしれない．また化石群集のなかでとくによい特徴的な化石（guide fossil）であるかもしれないし，そうでないかもしれない．このような単一のタクソン名は，もしそれらの導入が適切に提案され，さらに帯の境界がきちんと設定されているならば，公式なものと考えてよいであろう．

　同一の名称はことなる種類の生層序単元にたいして使用するべきではないし，たとえ階層がことなっている生層序単元にも使用してはならない．

　生層序単元に使用する化石名の表記は，**国際動物命名規約**と**国際植物命名規約**にしめされている規則にしたがうべきである．つまり，属名の先頭文字は大文字とすべきであり，種名の先頭文字は小文字とすべきであり，属・種の分類的名称はイタリック体とすべきなどである．層序単元名(Biozone, Zone, Assemblage Zone など)の先頭文字は，たとえば *Exus albus* Assemblage Zone などのように大文字とすべきである．

　バイオゾーンを設定するために選択された化石名は，もし1つであるなら属名と種名および亜種名を連記すべきである．*Exus albus* Assemblage Zone とするのは正しい．一度このように表現したならば，頭文字が同一のほかの属と混乱する危険がない場合は，たとえば *Exus albus* を *E.albus* とするように，属名は頭文字だけにしてよい．一方，*albus* Assemblage zone, *Albus* Assemblage zone, albus Assemblage zone, Albus Assemblage zone など，小文字にせよ大文字にせよ，イタリック体にせよそうでないにせよ，種名だけを使用することはすすめられないことである．なぜなら多用される種名の場合に混乱をきたすからである．しかし一度名称を完記したあとは，もし種名だけを使用して

も確実に伝達されるならば，*uniformis* Zone のようにバイオゾーンの種名を小文字のイタリック体で表記してもよい．

　バイオゾーンを数字や文字記号，あるいはそれら両者の組合せによりコード化することが一般的になっている．このようなコード化は，もし一貫性と妥当性があれば有用性が非常に高い．それらは短く，バイオゾーンの長い公式名称をくりかえさないでよいし，書くにも話すのにも有用である．さらにそれらは帯のなかでの配列順番と相対的位置を自動的にしめすことになる（公式名称ではそうはいかない）．そして生層序学者・地質学者や技術者のようなほかの専門家のあいだでの意志疎通を容易にする．その一方コード化は，それが出版されたあとでは，順番に配置された帯への挿入・統合・破棄または改定などをむずかしくする．数字・文字記号は固有の意味をもっているわけではなく，もし2人以上の層序学者が数字や文字記号をほとんど同一分野でそれぞれことなった意味に使用したとすると混乱するはずである．生層序単元のコード化はもし簡潔さのために使用するなら，非公式な命名として考えるべきである．これらのコード化は，それを使用した出版物のなかで説明されなければならない．あるいは，それが設定された文献を引用すべきである．

## 7 I．生層序単元の改定

　生層序単元の改定一般については§3 B.5 で，先取権の基本的な規則は§3 B.4 で議論した．先取権は名称の安定性と伝達の容易さのためには守られるべきである．しかし生層序単元の場合にはつぎのことに留意しなければならない．すなわち，ほとんど無限な数の多様な重複するバイオゾーンが設定可能であり，そのなかで最初に記述され命名されたものがもっとも有効であるとはかぎらないことである．このことは研究者がつねに自由にあたらしく帯を設定したり，以前に提唱されたバイオゾーンの種類や名称を改善したりできることを意味している．あたらしくバイオゾーンを提唱するとき，あるいはすでに存在しているバイオゾーンを改定するときに考慮すべき重要なことは，記載の適切性，厳密性，適用性の範囲，そしてもちろん，あたらしいバイオゾーンがまえに提案されたものと同義ではないということである．

　タクソンの名称が**国際動物命名規約**と**国際植物命名規約**にしたがって変更されるときには，生層序単元の名称もそれに準拠して変更すべきである．さらに，

すでに命名されている生層序単元名でも，層序単元の命名後に認定されたタクソンそのものの変化にしたがって自動的に変更される．あるバイオゾーンにたいして一度使用された化石名を，のちの著者がことなったバイオゾーンに使用することはできない．もし分類用語が無効であってもそれをつづけて使用することがのぞましい場合には，"*Rotalia*" *beccardii* Zone などのように，引用符つきで使用するべきである．

# 第8章　磁場極性層序単元

## 8A. 磁場極性層序単元の性格

　帯磁率と自然残留磁気の強度・方向のような計測しうる岩石の磁気特性は層序区分に使用することができる．自然残留磁気は，地球磁場についての多くの有用な特性，たとえば磁場極性逆転，双極子磁場の磁極の位置（プレート運動に起因する見かけの極移動をしめす），非双極子成分（永年変化），磁場強度の変化などをしめしている．これらの特性のどのようなものでも層序のなかで変化していれば，それらは**磁気層序単元（磁気帯）**とされている関連してはいるが相互にことなる種類の層序単元設定の基礎となる．

　層序学の研究でもっとも有用な磁気特性は，地球磁場の極性の逆転に起因する岩石の残留磁気方向の変化である．この極性の逆転は地球史のなかで頻繁におこってきた．岩石はその形成時に地球磁場の方向に磁化するので，これらが岩石中に記録される．測定された岩石の残留磁気がのちの再磁化によるものでなく岩石形成時に獲得されたものであることが解明されれば，一連の地層中に記録された磁場極性の変化はそれを磁場極性によって特徴づけられる層序単元に細区分する基礎として使用できる．このような層序単元は**磁場極性層序単元**とよばれる．磁場極性層序単元は磁場極性が測定できる岩石についてのみ設定される．

　岩石の正方向の磁化とは，現在の磁北極の方向をむく"北向き磁化"と定義されており，正方向の磁化をもつ岩石は"正磁化"している，あるいは"正磁極性"をもつといわれる．逆に，磁化の方向が磁南極の方向をむく場合には，岩石は"逆磁化"している，あるいは"逆磁極性"をもつといわれる．それゆえ，磁場極性層序単元は正か逆のどちらかである．

　磁場極性の判定は不確かになることがある．プレートの運動に起因して，古

生代の大部分を通じて北米プレートの場合がそうであったように，古磁北極はかつて南半球に存在していた．このようなとき，個々のプレートにたいする見かけの極移動曲線（APWP）に対応させて極性を判定しなければならない．もし岩石単元の磁気方向が現在の北極を端点とする見かけの極移動曲線の上にのる古磁北極をしめすならば，その岩石単元は**正磁極性**をもつ．磁気方向がこれと180°ことなっている場合は**逆磁極性**をもつことになる．付加地塊の場合には古地磁気資料のみから磁場極性を判定することは困難であろう．

　磁場極性層序単元はつぎの2つの主要な，そしてことなる方法で確立されてきた

① 露頭あるいは掘削試料の堆積岩類や火山岩類の残留磁気方向と同位体年代測定法や生層序学的方法にもとづく年代の組合せ

② 海洋底拡大過程で海洋底の溶岩に地球磁場極性逆転史が記録されたと解釈される縞状地磁気異常を船上磁力計で同定し対比する方法である．

　2つのこれらのことなる方法でえられた磁場極性逆転のパターンはよく対応しており，同一の成因過程を記録しているものであることが多くの例でしめされてきた．

　最初の方法は通常の層序学の手法を使用する．しかし，2番目の方法による層序単元は，一般に縞状地磁気異常番号で設定されており，従来の定式化された層序区分の手順からは満足すべきものとはいいがたい．というのは，この層序単元は岩石の磁場極性の系統的変化によるものであるとはいえ，岩石そのものについて直接測定したものではないからである．すなわち，地球磁場極性の変化について海底面あるいは海底面下の直接見えない岩石の遠隔測定記録から導かれたものである．このような理由から，縞状地磁気異常はほんとうの意味での従来型の層序単元ではない．しかし，プレート運動の復元や海洋の地史を知るために貴重であり，きわめて有用な層序単元となっている．また，縞状地磁気異常は過去1億5千万年間の地球磁場極性逆転史のもっとも完全な記録を提供してくれる．

　磁場極性層序単元とほかの層序単元との関係については第10章でのべる．

## 8B. 定義

### 8B.1. 磁気層序学

岩体の磁気特性をあつかう層序学の一分野.

### 8B.2. 磁気層序区分

岩体を磁気特性の相違にもとづいて区分体系化すること.

### 8B.3. 磁気層序単元——磁気帯

磁気特性（磁場極性にかぎらない）が類似していて周囲の岩体から区別できる岩体.

### 8B.4. 磁場極性層序区分

岩体を地球磁場の極性の逆転に関連した残留磁気の極性変化にもとづく層序単元に区分体系化すること. このような極性変化は地球史のなかで頻繁におこってきたように思われる.

### 8B.5. 磁場極性層序単元

磁場極性の特徴で上下の岩体から区分できる岩体.

### 8B.6. 磁場極性逆転層準と磁場極性遷移帯

反対の磁場極性をもつ一連の岩体を分離する境界面あるいは非常に薄い遷移部を**磁場極性逆転層準**とよぶ. 岩体のなかで磁場極性がしだいに変化する厚さ1m程度の層序範囲については**磁場極性遷移帯**という用語が使用されるべきである. **磁場極性逆転層準**・**磁場極性遷移帯**は, 磁場極性逆転についてのべられていることが明瞭な場合には, 単に逆転層準・遷移帯とよんでもよい. 逆転層準と遷移帯は磁場極性層序単元の**境界**となる.

## 8C. 磁場極性層序単元の種類

　磁場極性層序区分における基本的な公式層序単元は**磁場極性層序帯**（magnetostratigraphic polarity zone）である．磁場極性層序帯は磁場極性をあつかっていることが明瞭な場合には**磁極帯**とよんでもよい．磁極帯は**亜磁極帯**に細区分でき，**超磁極帯**にまとめることができる．超磁極帯をさらにまとめたり，亜磁極帯に細区分する必要がある場合には，**超磁極帯群・微磁極帯**を使用できる．磁場極性層序単元の階層は適当と見なされるときには変更してよい．

　磁場極性層序単元は以下のものからなる．
① 極性が一定している岩体
② 正逆の極性がいりくんだ岩体（混合極性）
③ 正あるいは逆のどちらかの極性が優勢な岩体で，その反対の極性の岩体を一部ふくむもの（正磁極性優勢の磁場極性層序単元は逆磁極性の低次の階層の単元をふくんでもよい）

## 8D. 磁場極性層序単元の設定手順

　層序単元の一般的な設定手順については§3Bにのべている．磁場極性層序単元のための手順はほかの層序単元のものとほとんど同様である．あらたな磁場極性層序単元の提唱や既存の磁場極性層序単元の改定のさいには，ほかの層序単元の場合と同様に，目的と包括的な定義を提示しなければならない．

　磁場極性層序単元の参照標準や模式層の問題についてはそれらの性質と由来のゆえに特別の取りあつかいを必要とする．

　過去1億5千万年間の地球磁場極性逆転のもっともよい系統的な記録は，海洋底拡大にともなう縞状地磁気異常として残されている．この磁場極性逆転のパターンの年代は同位体および古生物の証拠を内挿あるいは外挿して決定されてきた．露頭の岩石で測定された逆転のパターンは海洋底拡大にともなう地磁気異常のパターンと対比されてきた．しかしながら，番号づけされた海洋底の縞状地磁気異常は，磁場極性層序単元の基礎として有用であることがしめされているにもかかわらず，それらの性質上，模式区間あるいは境界模式層（通常の模式層）を設定することができない．海洋底地磁気異常の参照標準は地磁気

異常変化曲線であり，層序単元の境界はモデル計算で決定されるからである．

　理想的には，磁場極性層序単元の定義および設定のための参照標準は，連続する一連の層状岩体中に明確に設定された模式層でなければならない．すなわち，層序単元全体の磁場極性パターンがしめされ，その上限と下限が境界模式層にもとづいて明確に定義されるべきである．この手順は磁場極性層序単元を既存の層序断面と明確に関係づけるとともに，この層序単元を地理的に拡張することを可能にし，他の研究者がその極性層序区分の基本概念にさかのぼって再検討するための基礎となる．このような模式層は，地表の露頭，掘削坑井のどちらの層序断面でも，すべての磁場極性層序単元について設定されるべきである．

　さらに，磁場極性層序単元の模式層は**上限境界模式層**と**下限境界模式層**をふくむことが理想的である．2つの磁極帯のあいだに遷移帯が存在する場合は，その遷移帯のどこかに人為的に境界を設定してもよいし，2つの磁極帯のあいだの遷移帯そのものを境界として公式に設定・定義してもよい．この問題は岩相層序単元の場合とほぼ同様である．しかし，くわしい野外調査と室内測定をしないかぎり磁場極性層序単元の境界模式層を同定することは困難であるので，提唱のさいに恒久的な人工的標識などで境界模式層を明示することが強くのぞまれる．

## 8E. 磁場極性層序単元の拡張手順

　磁場極性層序単元とその境界は，その層序単元の明確な磁気特性と層序的位置が確実に同定できるかぎり，その模式層あるいは模式地から拡張されてゆくべきである．

## 8F. 磁場極性層序単元の命名

　磁場極性層序単元の命名は層序単元命名の一般的な規則（§3B．3参照）にしたがわなければならない．正・逆あるいは混合の磁場極性によって特徴づけられ，周囲の岩体から区別でき，特別に設定され充分な記述がなされている岩体の公式名称は，適切な局地的地名と磁場極性層序区分の適切な階層用語——**超磁極帯・磁極帯・亜磁極帯**など——の組合せからなっていなければならな

い．磁場極性層序単元の極性を明確にしめすことができるところでは，公式層序単元名の一部として正・逆・混合の語を挿入することは有用である：たとえば Jaramillo 正亜磁極帯である．古地磁気学の過去の著名な功労者（例：Brunhes, Gauss, Matuyama の名前）に由来する一般によく使用されている名称は変更すべきでない．また，ほかの公式層序単元にたいして適正に設定されている名称は先取権があり，磁場極性層序単元に適用できないと考えるべきである．そして，その逆もなりたつ．

現在，大部分の磁場極性層序単元は命名されていないか，あるいは数字や文字記号が与えられている．一般的な例としては海洋底の縞状地磁気異常番号であり，設定時に若いほうから古いほうにむかって番号づけされたものである．この用法は，文献のなかでかわらずに堅持されており，便利に使用されている．それゆえ前述のように縞状地磁気異常は従来型の定式化された層序単元とこととなっており，公式層序単元命名の規則に厳密にはしたがっていないが，この用法を捨て去るべきではない．

磁場極性層序単元の名称に地名が与えられていないのは，いくつかの場合には地名を見つけることが困難であること，また，ほかの場合にはすでに多くの層序学的名称が存在しているのにさらにあらたな名称を導入することを回避したかったためであろう．磁場極性層序単元命名に使用される数字と文字記号は，暫定的設定として有用ではあろうが，非公式の名称と考えるべきである．層序単元の公式名称にたいして数字と文字記号をさけるという一般的規則は，混乱防止のために，ほかの層序単元と同様に磁場極性層序単元でも守られるべきである（§7H の最後の文節参照）．

"epoch", "event", "interval" の用語は以前には磁場極性層序単元に使用されていたが，これらは不適当でのぞましくなく，使用を控えるべきである．"epoch" はこれまで，長いあいだ**国際標準年代層序（地質年代）**尺度のなかで公式の地質年代単元として，中新世の世のように使用されてきた．"event" は，出来事をあらわし，年代範囲・層序範囲のどちらもあらわさない．"interval" を磁場極性層序単元に対応する年代単元の公式名称として使用することは，この用語が一般に年代範囲や層序範囲，つまり時間と空間のいずれにも使用されていることから混乱をまねく．磁気層序用語としては，すでにつぎのような適切のものがある．epoch にかわるものとして磁極期(chron または polarity chron) が使用される．event にかわるものとしては，年代学的および年代

層序学的意味で使用されていれば，それぞれ磁極期（chron）あるいは磁極節（chronozone または polarity chronozone）が使用される．interval にかわるものとして chronozone が使用される．

磁場極性層序帯に対応する**年代範囲**は，地質年代単元用語の**磁極期**（必要に応じて**超磁極期**あるいは**亜磁極期**）である．たとえば Gauss 磁極期（Gauss Chron）である．ある磁場極性層序帯と同年代の岩体にたいしては**地球上のどの場所**であろうと，年代層序単元用語である**磁極節**あるいは**亜磁極節**を使用する；たとえば Gauss 磁極節（Gauss Chronozone）である．これらの例で"Gauss"という名称が磁場極性層序単元から由来したことを明確にしめす必要がある場合には，Gauss 磁場極性期（Gauss Polarity Chron）と Gauss 磁場極性節（Gauss Polarity Chronozone）とすればよい（§9 参照）．

磁場時間（magnetic time）のような特別の用語をつくるべきではない．磁場時間などというものは，生物時間（biologic time）や同位体時間（isotopic time）と同様に存在しない．層序学では，**地層の時間を決定したり，時間に対応する位置を決定する多数の方法**（古生物学的・磁気的・同位体年代測定法など）はあるが，ただ 1 種類の時間があるのみである．したがって，すべての年代決定法における地質時間については，唯一の基準となる用語群だけがあるべきである．

磁場極性層序単元とそれに対応する年代層序単元・地質年代単元について勧告する単元用語を，表 2 にまとめてしめす．磁場極性層序単元用語を地球の過去 350 万年間に適用した例を図 12 にしめす．

## 8 G. 磁場極性層序単元の改定

すでに設定されている磁場極性層序単元を名称を変更せずに改定または再定義する場合には，あたらしい名称の提唱時と同様な理由づけと同様な種類の情報を必要とする．また，一般に同様な手順も必要とする（§3 B.5 参照）．

表 2 勧告する磁場極性層序単元

| 磁場極性層序単元 | 年代層序学的対応 | 地質年代学的対応 |
| --- | --- | --- |
| 超磁極帯 | 超磁極節 | 超磁極期 |
| 磁極帯 | 磁極節 | 磁極期 |
| 亜磁極帯 | 亜磁極節 | 亜磁極期 |

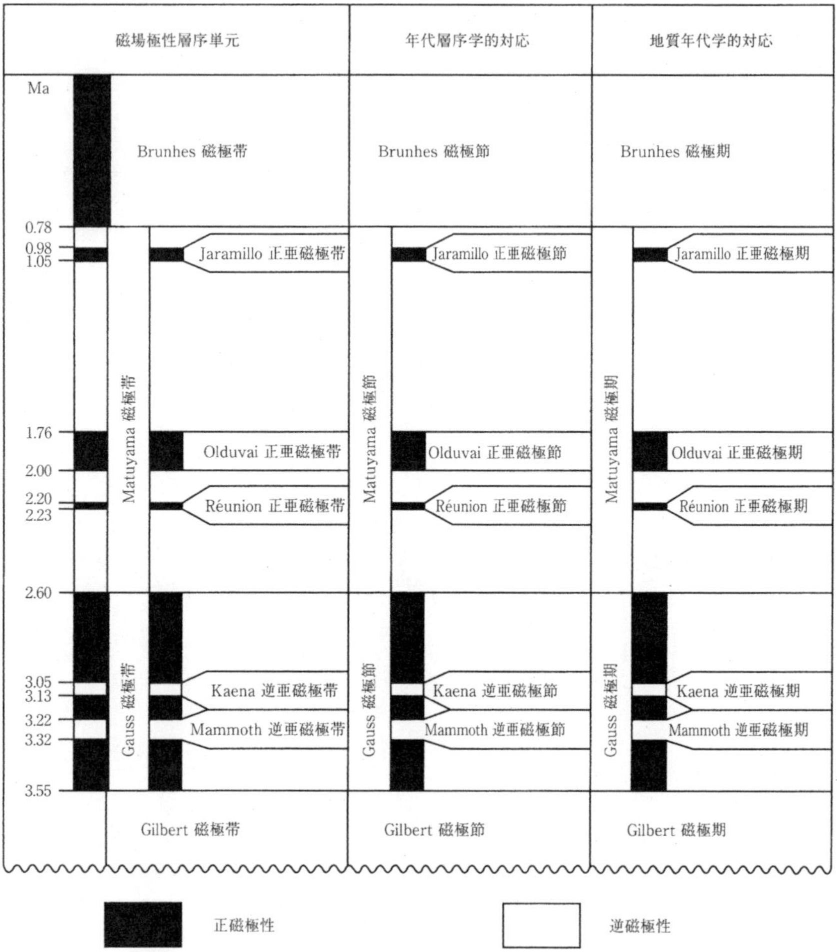

## 82 第8章 磁場極性層序単元

| 磁場極性層序単元 | 年代層序学的対応 | 地質年代学的対応 |
|---|---|---|
| Ma | | |
| Brunhes 磁極帯 | Brunhes 磁極節 | Brunhes 磁極期 |
| 0.78 | | |
| 0.98 Jaramillo 正亜磁極帯 | Jaramillo 正亜磁極節 | Jaramillo 正亜磁極期 |
| 1.05 | | |
| Matuyama 磁極帯 | Matuyama 磁極節 | Matuyama 磁極期 |
| 1.76 Olduvai 正亜磁極帯 | Olduvai 正亜磁極節 | Olduvai 正亜磁極期 |
| 2.00 | | |
| 2.20 Réunion 正亜磁極帯 | Réunion 正亜磁極節 | Réunion 正亜磁極期 |
| 2.23 | | |
| 2.60 | | |
| Gauss 磁極帯 | Gauss 磁極節 | Gauss 磁極期 |
| 3.05 Kaena 逆亜磁極帯 | Kaena 逆亜磁極節 | Kaena 逆亜磁極期 |
| 3.13 | | |
| 3.22 Mammoth 逆亜磁極帯 | Mammoth 逆亜磁極節 | Mammoth 逆亜磁極期 |
| 3.32 | | |
| 3.55 | | |
| Gilbert 磁極帯 | Gilbert 磁極節 | Gilbert 磁極期 |

■ 正磁極性  □ 逆磁極性

図12 磁場極性層序単元を地球の過去350万年間に適用した例
　　数字でしめした年代は Cande・Kent（1992）による

# 第9章　年代層序単元

## 9A．年代層序単元の性格

　年代層序単元とは，成層しているかどうかにかかわらず，地質年代のある特定の期間に形成された岩体である．年代層序単元が形成されたあいだの地質年代の単元は**地質年代単元**とよばれる．

　年代層序単元とほかの層序単元との関係は第10章で論じる．

## 9B．定義

### 9B.1．年代層序学

　岩体の相対的な年代関係と岩体そのものの年代をあつかう層序学の一分野．

### 9B.2．年代層序区分

　地殻の岩石をその形成年代にもとづいて層序単元へ区分体系化すること．

　年代層序区分の目的は，年代対比の基礎および地史上の出来事を記録する基準となる枠組みとして役にたつように，地殻を構成する岩石を地質年代の区間（地質年代単元）に対応する命名された層序単元（年代層序単元）に系統的に組織化することである．目的はつぎのようなものに特定される．

　　a. 局地的な年代関係を決定すること

　地層の局地的な年代対比および局地的な層序断面あるいは地域の地層の相対年代のたんなる決定は，地層の地球規模で適用できる命名された年代層序単元への組織化のどんな試みとも関係なく，地域地質学・広域地質学への重要な貢献である．

### b. 国際標準年代層序尺度を設定すること

この尺度は，広域的にも地球規模でも適用できる定義・命名された年代層序単元を，系統的に配列した完全な層序区分体系である．そのような層序区分体系は，岩体の年代をあらわしたり，すべての岩石を地球史に関連づけたりするための標準的な枠組みとして役立つ．この国際標準年代層序尺度の各階層を構成している命名された単元は，全体として年代層序学的な空白も重複もなく全層序体を包含している．

### 9 B.3. 年代層序単元

地質年代のある特定の期間に形成されたすべての岩石をふくみ，そしてそれらのみからなる岩体．年代層序単元は同一年代層準で区切られる．年代層序の区分体系における層序単元の階層と相対的規模は，それらの岩石の厚さよりもむしろ形成された年代範囲の長さの関数である．

### 9 B.4. 年代層序層準——年代層準

どこでも同一年代をしめす同時的な層序面または境界面．年代層準には理論的には厚さがないが，この用語は一般に分布域全体にわたって本質的に同時的な，そして時間的にすぐれた参照標準，すなわち年代対比層準を構成している非常に薄い特徴的な区間にたいしても適用されてきた．年代層準はまた**指標**（markers）・**指標層準**（marker horizons）・**指標層**（marker beds）・**鍵層**（key beds）・**鍵層準**（key horizons）・**データム**（datums）・**レベル**（levels）・**時間面**（time-surfaces）などともよばれている．強い時間的な意味をもつ層準の例としては，多くの生層準，火山灰の降下に由来するベントナイト層，トンシュタイン（tonsteins；訳編者：欧州の石炭紀の炭層にはさまれる泥質岩の一種），リン灰土層，磁場極性逆転層準，炭層，電気検層の指標層，地震波反射面などがあるが，これらは年代層準ではない．年代層準の地質年代学的な対応語は**モーメント**（moment；または，もし地質学的尺度で分解できない年代範囲であるならば**インスタント**：instant）である．

表3 公式の年代層序単元用語・地質年代単元用語の一般的に使用されている階層

| 年代層序 | 地質年代 |
| --- | --- |
| 累界 (eonothem) | 累代 (eon) |
| 界 (erathem) | 代 (era) |
| 系 (system)[*1] | 紀 (period)[*1] |
| 統 (series)[*1] | 世 (epoch)[*1] |
| 階 (stage)[*2] | 期 (age) |
| 亜階 (substage) | 亜期 (subage) または期 (age) |

\*1: 補助的な階層の必要があるときには，亜および超をこれらの語のまえにつける
\*2: いくつかの隣接する階は超階としてまとめることができる (§9C.3参照).

## 9C. 年代層序単元の種類

### 9C.1. 公式の年代層序単元用語・地質年代単元用語の階層

『当ガイド』はことなる階層あるいは年代範囲をあらわすつぎの公式の年代層序単元用語および対応する地質年代単元用語を勧告する（表3）．

**年代層序単元内の位置**は，最下部・下部・中部・上部・最上部のような位置をしめす形容表現でしめし，一方**地質年代単元内の位置**は，最前期・前期・中期・後期・最後期のような時間的な形容表現であらわすべきである．

### 9C.2. 階（および期）

階は年代層序学の基本的な実用単元とよばれている．なぜならば，それは規模と階層で，地域内での年代層序区分の実用的必要性と目的に適しているからである．さらに，それは地球規模で認定できる標準的な年代層序学的体系内で最小の単元である．

#### a. 定義

階は公式年代層序単元の用語の一般的に使用されている体系のなかの，みじかい地質学的時間の範囲をあらわしている比較的低次の階層の単元である．対応する地質年代単元用語は**期**である．

階は亜階に細区分してもよく，また階は統を細区分した単位である（§9C.3参照）．

#### b. 境界と境界模式層

階はその境界模式層にもとづいて定義される（Cowie, et al., 1986のGSSP；§9H.3参照）．

階の境界模式層は本質的に一連の堆積層のなかにあるべきで，海成層である

ことがのぞましい（非海成第三系の地域での哺乳動物群にもとづく階，あるいは第四系のなかの氷河階のような場合をのぞく）．上下の境界模式層は，容易に認定できてかつ広域にわたって年代的に重要な層準として分布するバイオゾーンの境界あるいは磁場極性逆転のような顕著な指標となる層準をともなっているべきである．階の境界は境界模式層から拡張されるとき，原理的に同時的である．そのような同一時間面を決定し拡張しようとするとき，できるだけ多数の年代対比の指示者を使用することがこのましい．たとえば1つではなくいくつかのバイオゾーンを使用することがこのましいといえよう．

もし地球史のなかの大きな出来事が一連の堆積層中のいくつかの特定の個所にみとめられるならば，これらは階の境界模式層のためののぞましいポイントとなるであろう．国際標準年代層序尺度の階の境界選定はとくに重要である．なぜならば，このような境界は階を定義するために使用されるだけではなく，階からなる統と系のようなより高次の階層の年代層序単元を定義するためにも使用されるからである．

### c. 年代範囲

階の上下の境界模式層は地質年代のある特定の瞬間をあらわしている．そして，それらのあいだはその階の年代範囲であらわされている．一般に承認されている階は年代範囲がさまざまであるが，同位体年代測定でしめされているように多くは200万年から1,000万年にわたっている．厚さはどのような階でも，地域的な岩石の形成速度と保存度のちがいに依存して場所ごとにことなり，2〜3mから数千mにも及ぶであろう．

### d. 名称

階の名称はその模式層または模式地の近辺の地名に由来することがこのましい．従来から伝統的にほとんどの階には地名が与えられてきた．多くの現在使用されている階の名称は，階の基礎となっている模式地での岩相層序単元名に由来している．そのほかのものにはほかの層序単元とは重複しないべつの名称が与えられてきた．英語では地名の語尾に-ian または-an をつけた形容詞的な形が使用されている．たとえば Burdigalian 階・Cenomanian 階・Famennian 階・Zanclean 階である．期には対応する階と同一の名称を使用する．

## 9C.3. 亜階および超階

亜階は階の細区分である．階は公式に命名された亜階に完全に細区分されて

いるものもあるし，一部分のみに亜階が設定されているものもある．亜階に対応する地質年代単元用語は**亜期**としてもよいかもしれないが，単に**期**とよぶほうがこのましい．**亜階**は境界模式層にもとづいて定義される．

いくつかの隣接した階は**超階**にまとめてもよい．しかし命名を不必要に複雑化することをさけるために，亜階および超階のいずれもあたらしくつくることをひかえるよう勧告する．適切な国際的承認のもとに，もともとの階を2つ以上のあたらしい階に細区分し，そしてもともとの層序単元を残す必要性があれば，細区分されたあたらしい階をふくむ統とすることもときにはのぞましい．

亜階と超階の名称は階のそれと同一の規則にしたがう．

## 9C.4. 統（および世）

### a. 定義

統は年代層序体系中で階より高次の階層で，系より低次の層序単元である．統に対応する地質年代単元用語は世である．

統はつねに系の細区分である．統はつねにではないが通常，階に細区分されている．多くの系は3つの統に細区分されているが，その数は2～6にわたっている．統は一般に2つないし6つの階をふくんでいる．**超統**および**亜統**という用語はまれにしか使用されていない．たとえば上部白亜統のセノニアン亜統（または超階）がそれに相当する．大部分の統は地球規模の拡がりで認定できるが，はるかに限定された範囲にしか適用できなものもある．

### b. 境界と境界模式層

統は境界模式層（§9H参照）にもとづいて定義される．統が完全に階に細区分される場合には，統の境界はその最下部の階の下限境界と最上部の階の上限境界，または上位の統の最下部の階の下限境界であるべきである（§9H.2参照）．階に細区分されていない場合には，統はそれ自身の境界模式層にもとづいて独立に定義されることになる．

### c. 年代範囲

現在認めれられている大部分の統は年代範囲が1,300万年から3,500万年のあいだにある．統の年代範囲は，もし完全に階に細区分されているならば，統を構成する個々の階の年代範囲の合計である．

### d. 名称

あたらしい統の名称は，その模式層または模式地近辺の地名に由来すること

がこのましい．現在認定されている統の名称はほかの起源に由来するものであっても変更すべきではない．大部分の統の名称は系のなかでの位置（下部・中部・上部）に由来している——たとえばデボン系中部統・白亜系上部統．ほかの名称はギリシア語に由来している——たとえば中新統（Miocene）．地理的由来をもっているものもある——たとえばトールネーシアン統．現在認定されている地理的起源の統の名称の多くは語尾に-anかまたは-ianがつけられている．たとえばビゼアン統（Visean Series）・チェステリアン統（Chesterian Series）．

統に対応する世には統と同一の名称が使用される．たとえば下部・上部が世の場合には前期・後期におきかえられる．どちらの場合も単元のことをいうときにはこれらの用語は大文字で書き始める——たとえばデボン系下部統（Lower Devonian），デボン紀前期（Early Devonian）．しかし年代層序単元中あるいは地質年代単元中の位置に関する非公式の表示にたいしてはそうではない——たとえば"デボン系の下部で（in the lower part of the Devonian）""デボン紀の初期に（early in Devonian time）"．

### e. 統の誤用

統は，ほぼ層群に相当する岩相用語や，さまざまな岩石構成の互層からなるものにたいして頻繁に誤用されてきた．この使用はやめなければならない．

## 9C.5. 系（および紀）

### a. 定義

**系**は通常の年代層序体系のなかの主要な階層の単元であり，統より高次で界より低次である．系に対応する地質年代単元用語は**紀**である．

特別な場合には，**亜系**と**超系**が必要に応じて設定されてきた．たとえば石炭系のミシシッピアン亜系とペンシルベニアン亜系である．

### b. 境界と境界模式層

階および統の場合と同様，系の境界は境界模式層にもとづいて定義される（§9H参照）．もし系が統と階に細区分されているならば，その下限の境界模式層はその最下部の統または階のそれであり，その上限の境界模式層は上位の系の下限のそれである（§9H.2参照）．

現在認定されている多くの系の境界は，かつて不適切に定義され，不確かで，さまざまな議論があった．このことはもともとの定義が不正確であったり，以前には隣接する系との境界と考えられた層準に層序学的な空白や重複が発見さ

れたり，そしてまた系とは何かということとその境界はどのように定義されるべきかについての普遍的に受けいれられた概念がなかったりしたことに起因している．過去30年間，IUGS・ICSの**特別作業部会**は国際標準年代層序尺度の系およびそれらを構成する統と階の境界模式層の選択に取りくんできた．いくつかは選定され，委員会に提出され，承認された．残りはなお検討中である（§9D・§9H参照）．

系の定義を精確にする第1歩は，どの階および統がその系にふくまれるのかを決定することである．これらの系を構成する階と統の定義が系とその境界を自動的に定義することになる．

系の境界をその模式地から地理的に拡張する手順は，ほかの年代層準の場合と同様である（§9I参照）．

### c. 年代範囲

系の年代範囲は，それを構成する統または階の総計の年代範囲としてきわめて容易にきめることができる．現在認定されている顕生累代の系の年代範囲は3,000万年から8,000万年にわたっている．例外は年代範囲が160万年ないし164万年の第四系である．

一般に認定されている系はすべて年代範囲が充分に大きいので，それらは地球規模の年代層序的な参照単元として役立つ．実際，年代層序学的尺度の全単元のうちで，おそらく系はもっとも広く認定され，全般的な年代層序的位置をしめすためにもっとも広く使用されている．

### d. 名称

現在認定されている系の名称は起源が多様である．いくつかは年代学的位置をしめしている（例：第三系と第四系）．岩相的な意味をもっているものもある（例：石炭系・白亜系）．部族名に由来するものもある（例：オルドビス系・シルル系）．さらに地理的名称に由来するものもある（例：ペルム系・デボン系）．それらは，-an, -ic, -ous など，さまざまな語尾をもっている．系の名称の由来や綴りを標準化する必要性はない．紀にはそれに対応する系と同一の名称を使用する．

西欧から遠く離れた地域に分布する層序単元には，局地的に"系"とよばれているものがある．しかし，これらはいわゆる標準的な地球規模の系と一致せず，その範囲がやや大きい．このような例は，南アフリカのカルー"系"（現在はカルーシーケンスとよばれている），およびインドのゴンドワナ"系"である．

## 9C.6. 界（および代）

界（erathem：ギリシア語のeraとthemを語源とし"代の堆積物"の意）は年代層序体系のなかで系より高次の層序単元である．界に対応する地質年代区間は**代**である．

界は伝統的に地球の生物の進化のなかの主要な変化を反映するように命名されてきた：古生界（古い生物）・中生界（中間の生物）・新生界（あたらしい生物）．代は対応する界と同一の名称をもつ．

## 9C.7. 累界（および累代）

**累代**は代よりも階層がすぐ高次の地質年代単元にたいして使用されてきた．論理的に，年代層序学的に対応するのは**累界**ということになる．3つの累界が今日一般に認められている（表4参照）．1つは，古生界・中生界・新生界をふくむ顕生累界（明白な生物の時代）である．ほかの2つの累界は古いほうから始生界・原生界である．それらは普通"先カンブリア"とよばれてきたものに対応する．累代には対応する累界と同一の名称を使用する．

## 9C.8. 階層体系外の公式年代層序単元――年代帯

### a. 定義

**年代帯**は，年代層序単元の階層体系（累界・界・系・統・階・亜階）にはぞくさない，階層が特定されていない公式年代層序単元である．年代帯は地球上のどこであれ，ある設定された層序単元または地質体の年代範囲に形成された岩体である．対応する地質年代単元用語は**クロン**（chron）である．

### b. 年代範囲

年代帯の年代範囲は，岩相層序単元・生層序単元・磁場極性層序単元，あるいはそのほかの岩体のような以前に設定された層序単元または区間である．たとえば，あるバイオゾーンの年代範囲にもとづく公式の年代帯は，そのバイオゾーンの特徴的な化石の有無に関係なく，そのバイオゾーンの全最大年代範囲に同一年代の全地層をふくんでいる（図13）．

しかし，あるタクソンの産出区間にもとづく年代帯は，同一タクソンの産出区間にもとづくバイオゾーン（タクソン区間帯）からは明瞭に区別されるべき

9 C. 年代層序単元の種類　91

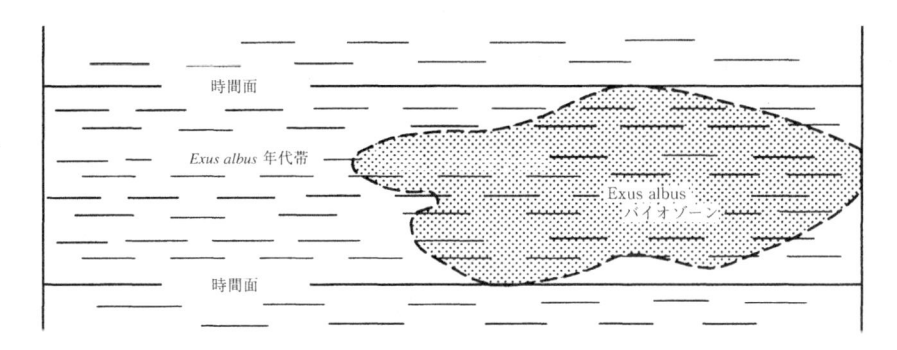

図13　*Exus albus* 年代帯と *Exus albus* バイオゾーン間の関係（*Exus albus* の化石の分布は点をうった部分としてしめされている）

である．両者にたいして不適切な"帯"という用語をあいまいに使用したため，多くの混乱が発生してきた．バイオゾーンと年代帯の概念のちがいは図13にしめされている．*Exus albus* バイオゾーン（区間帯）は，その範囲が *Exus albus* の化石が産出する地層に限定されている．*Exus albus* 年代帯（年代層序単元）は，*Exus albus* の化石の有無に無関係にどこであれ，*Exus albus* の上下方向の全産出区間でしめされる範囲と同一年代の全地層をふくんでいる．

　年代帯は長短さまざまな年代範囲にわたってよい．すなわちアンモナイト年代帯ということがあるが，この年代帯はある地層がアンモナイトをふくんでいるかどうかに無関係に，アンモナイトが存在していた長い時間のあいだに形成されたすべての地層をふくむものである．あるいは非常にかぎられた年代範囲の種である *Exus albus* 年代帯ということもあろう．あるいは São Tomé 火山岩類年代帯ということもあろう．この火山岩類はきわめて局地的にしか分布していないが，新生代の比較的に長い期間をしめしている層序単元であり，São Tomé 火山岩類年代帯というときには，この火山岩類が存在するかどうかにかかわらずどこであれこの時間のあいだに形成されたすべての地層がふくまれている．

　年代帯は層序単元をもとにしているが，その層序単元がもし設定された模式層（たとえば岩相層序単元）をもつようなものならば，年代帯の年代範囲はつぎの2つの方法のいずれかによって決定してよい．第1に，それは**その模式層の年代範囲**に対応させて決定してよい．この場合，年代帯の年代範囲は恒久的に固定されることになる．第2に，年代帯の年代範囲はその**層序単元の全年代**

範囲(それは模式層の年代範囲よりも長いかもしれない)に対応させて定義してもよい.この場合,その年代帯の知られている年代範囲はその層序単元についての知識の増加にともなって変化することになろう.模式層における層序単元の年代範囲とその層序単元の知られている全年代範囲とのあいだに相当のちがいがあるときには,その年代帯の定義は両者のいずれであるかをしめすことで明確にすべきである.たとえば**模式**バレット層の年代帯なのかあるいはバレット層の年代帯なのか,これはつぎのような事情から重要である.層序単元の模式層にもとづいた年代帯の上下の境界の1つは階または亜階の境界の1つと一致するかもしれないが,ある層序単元の全年代範囲にもとづいた年代帯の境界はその層序単元の年代範囲や異時性についての情報の変化にともなってその位置が変化するであろう,そしてそれゆえ階または亜階の境界と一致するように定義されていても,のちにかならずしも一致しつづけるとはかぎらない.

公式の年代帯のもとになる層序単元が設定された模式層を適切にもつことができない模式層序単元(たとえばタクソン区間帯・共存区間帯のような生層序的な区間帯)であるならば,その年代範囲は恒久的には決定できない.なぜなら参照標準となる模式層序単元の年代範囲は,その層序単元がもとづいている特徴的なタクソンの年代範囲についての情報が増加するとともに変化するかもしれないからである.

### c. 地理的拡がり

年代帯の地理的拡がりは理論的には地球規模である.しかしその適用可能性はその年代範囲が地層中に認定できる地域に限定されており,通常はそんなに広くはない.

### d. 名称

年代帯はそれがもとづいている層序単元名をもとに命名される.たとえば *Exus albus* 年代帯は *Exus albus* 区間帯に由来し,バレット年代帯はバレット層に由来している.クロンはその年代帯と同一名称にする.

## 9D. 国際標準年代層序(地質年代)尺度

### 9D.1. 概念

年代層序区分の主要な目標は地球規模での年代層序単元の体系の確立であ

る．それはあらゆる場所におけるすべての岩石の年代決定にさいして参照標準となる尺度として役立ち，あらゆる場所におけるすべての岩石を地球史に関係づけるための助けとなろう（§9B.2参照）．

標準年代層序の体系のすべての層序単元は，理論上はその拡がりがその対応する年代範囲と同様に，地球規模である．しかし実際に年代層序単元とその境界を認定することは，長距離間における年代対比の分解能に制約があることから，その模式層ないし定義した地域からの距離が増大するにつれて困難になる．

## 9D.2. 現状

表4は，現在一般的に使用されている国際標準年代層序（地質年代）尺度に，最近よく使用されている3種類の地質年代表（Palmer, 1983 ; Snelling, 1987 ; Harland, et al., 1990）による数値年代をくわえたものである．見解が一般に一致している主要な単元のみをしめした．表4にしめされているよりも低次の単元──統（世）・階（期）については，年代層序単元および地質年代単元の名称が統一されるまでにはいたっていない．もっとも，1976年に『旧ガイド』が出版されて以来，この問題については非常に大きな進歩があった．これはIUGSのICSのなかにつくられたISSCおよび境界に関する作業部会の活動によるところが大きかったというべきであろう．しかし，なお多くの問題が解決されなければならない．たとえば，いくつかの系の境界については論争がつづいている．またある系については，一方の研究者たちは統に細区分すべきと考えているのにたいして，別の研究者たちは階に細区分すべきと考えている．さらに先カンブリア時代（始生代および原生代）は，顕生累代全体よりもはるかに長い期間であるにもかかわらず，いまだに地球規模の年代層序単元に細区分されていない．

## 9E. 広域的な年代層序尺度

国際標準年代層序（地質年代）尺度の層序単元は，確実で詳細な局地的・広域的な層序にもとづいているときのみ有効である．したがって統一的な地球規模の層序単元を認定するためには，とくに階および統についての局地的ないし広域的な層序尺度に依存することになる．さらにこの階層の広域的な層序単元は，それらが国際標準年代層序尺度の層序単元にきちんとあてはまるかどうか

表4 国際標準年代層序（地質年代）尺度の主要単元

| 累界<br>(累代) | 界<br>(代) | 系および亜系<br>(紀および亜紀) | | 統<br>(世) | 数値年代 (Ma) | | |
|---|---|---|---|---|---|---|---|
| | | | | | (2) | (3) | (4) |
| 顕生累界 (累代) | 新生界 (代) | 第四系 (紀) | | 完新統 (世)<br>更新統 (世) | 1.6 | | 1.64 |
| | | 第三系 (紀) | 新第三系 (紀) | 鮮新統 (世)<br>中新統 (世) | 23.7 | 23 | 23.3 |
| | | | 古第三系 (紀) | 漸新統 (世)<br>始新統 (世)<br>暁新統 (世) | | | |
| | | | | | 66.4 | 65 | 65 |
| | 中生界 (代) | 白亜系 (紀) | | 上部 (後期)<br>下部 (前期) | 144 | 135 | 145.8 |
| | | ジュラ系 (紀) | | 上部 (後期)<br>中部 (中期)<br>下部 (前期) | 208 | 205 | 208 |
| | | 三畳系 (紀) | | 上部 (後期)<br>中部 (中期)<br>下部 (前期) | 245 | 250 | 245 |
| | 古生界 (代) | ペルム系 (紀) | | 上部 (後期)<br>下部 (前期) | 286 | 300 | 290 |
| | | 石炭系 (紀)(5) | | | 360 | 355 | 362.5 |
| | | デボン系 (紀) | | 上部 (後期)<br>中部 (中期)<br>下部 (前期) | 408 | 410 | 408.5 |
| | | シルル系 (紀) | | | 438 | 438 | 439 |
| | | オルドビス系 (紀) | | 上部 (後期)<br>中部 (中期)<br>下部 (前期) | 505 | 510 | 510 |
| | | カンブリア系 (紀) | | | 570 | 570 | 570 |
| 先カンブリア累界 (累代) | 原生界 (代) | | | | 2500 | | 2500 |
| | 始生界 (代) | | | | | | |

(1) 過去 10～15 年のあいだに，以下のような多くのより詳細な年代層序尺度ないし地質年代尺度が公表されている．
Palmer (1983)；Harland, *et al*.(1982, 1990)，下記の文献，1989 Global Stratigraphic Chart of the International Commission on Stratigraphy (*Episodes*, 12, no. 2)
(2) Palmer, A.R., 1983, The decade of North American Geology 1983；Geologic Time Scale：*Geology*, 11, no. 9, p. 503-504.
(3) Snelling, N., 1987, Measurement of geological time and the geological time scale：*Modern Geology*, 11, p. 365-374.
(4) Harland, W.B., *et al*., 1990, A geologic time scale 1989：Cambridge Univ. Press, 163 p.
(5) 北米では石炭系のかわりに 2 つの系が認定されている．ミシシッピアン系（古期）とペンシルベニアン系（新期）である．これらはまた，ときには石炭系の亜系としても知られている．

を検討することが，つねに必要とされよう．地層を現在の年代対比の制約条件からはみだして無理に国際標準年代層序尺度の単元にあてはめるよりは，正確に局地的ないし広域的な層序単元にあてはめておくほうがのぞましい．局地的あるいは広域的な年代層序単元は，国際標準年代層序尺度の層序単元にたいして設定されているのと同様の規則によるべきである．

## 9F. 先カンブリア時代の細区分

　先カンブリア時代は，本来は参照されるべき対応する岩相層序単元がないままに，地質年代の直接的な細分化である人為的な地質年代測定単元に細区分されてきた (Plumb, 1991)．しかし，それはまだ地球規模で認知されるような年代層序単元への細区分ではない．

　これらの地質年代測定単元のうちでもっとも大きなものは古いほうから若いほうにむかって，始生代と原生代であり，その境界は通常 2,500 Ma におかれている．これらの代は確立されており，諸岩体はさまざまな数値年代測定法，とくに同位体年代測定法をもとにしてそれぞれの代にふりわけられている．始生代と原生代の細区分については，あまり意見の一致がない．Plumb (1991) によれば，表4では始生代と原生代は顕生累代と同等の階層である累代としてしめされている．先カンブリア時代は，カンブリア紀に先立つ地質年代およびその時代に形成された岩体にたいする一般的な用語と考えられている．先カンブリア (Precambrian) の名称は，"先‐カンブリア (pre-Cambrian)" ということがくりかえし使用されてきたあいだにできた用語のように思われる．そのような理由で，あまり適当な用語とはいえない．しかしながら先カンブリアは，これまでカンブリア紀より古い年代名・岩体名として，もっとも広く使用されてきた．

　先カンブリア時代の多くの部分に関しての年代層序学的細区分は，最終的には同位体年代測定・岩相層序・ストロマトライト・古地磁気学的特性，火山活動ないし深成岩活動の出来事，造山周期，主要な気候変化，地球化学的出来事，主要な不整合などを通してなされてゆくことが予想される．先カンブリア時代を主要な年代層序単元に細区分するさいに採用されるべき基本的な原理は，年代対比のさいに使用されるさまざまな方法のどれに重点がおかれるかはことなるとしても，顕生累代の岩石にたいするものとおなじであるべきである．

顕生累代におけると同様に，先カンブリア時代の年代層序単元を岩体における設定されたポイント間の区間（境界模式層）として定義すると，あらゆる種類の年代対比法を使用することが可能になる．また先カンブリア時代では同位体年代測定法に大きく依存するにしても，それらを定義するための固定された基準を**岩体中**に残すべきである．これによって層序単元を拡張し同定するために，現在知られているあらゆる方法ばかりでなく，あたらしく導入されるような方法も使用することができるようになる．

先カンブリア時代については顕生累代と同様に，論理的な進め方としては，まずあらゆる助けを借りて局所的な年代対比をし，適当な地域における局地的な年代層序を築くことである．それから，さらには手段や証拠が許すかぎり局地から広域，地球規模にまで進めてゆくのである．局地的な年代帯はどんな階層のものでも境界模式層で定義されていれば，地球規模の年代層序区分とは無関係に，局地的な先カンブリア時代の地史にたいして有効な層序単元を提供するであろう．またそれらの年代帯は，もし合理的な保証のもとで設定されれば，地域的・大陸内あるいは大陸間規模の層序単元にたいして最良の基礎資料ともなりえるであろう．

このような先カンブリア時代の年代層序的な細区分は同位体年代にもとづいた地質年代測定単元の体系によって有効に補強される．しかし地質年代測定単元は，同位体年代の改定ないし変更，およびあたらしい地質年代測定技術の進歩とともに変化するかもしれないので，岩体中に設定された境界模式層にもとづいて定義された年代層序単元ほどには安定なものとは考えられない．

## 9G. 第四紀年代層序単元

第四系を年代層序単元に細区分するために使用される基本的な原理は，より古い顕生累代の岩石にたいするものとおなじであるべきである．もっとも年代対比に関するさまざまな方法（気候・地磁気・同位体など）の使用というようなことなった面が強調されるであろう．炭素14年代測定は，地球史における最近の5～7万年の後期第四紀について，とくに有効に使用されてきている．

第四紀年代層序単元は，ほかの顕生累代の年代層序単元と同様に，設定された境界模式層間の区間としてもっともよく定義され特徴づけられる．

## 9H. 年代層序単元の設定手順

§3Bも参照のこと.

### 9H.1. 基準としての境界模式層

　年代層序単元を定義するさいに重要なのは記述される層序単元が形成された年代範囲である．地質年代の記録と地史の出来事の記録は岩石それ自身にのみ残されているので，年代層序単元の最良の基準は地質年代の2つの特定の時期のあいだに形成された岩体である．

　このような岩体はその層序単元全体を通じてかなりの完全さをもった特定の露頭，すなわち単元模式層にもとづいて定義され特徴づけられるであろう．あいにく，このような完全な岩石の露頭は，階や亜階のような低次の階層の年代層序単元にたいしてすらまれにしか存在しない．さらに現在のところ年代対比という手法は，地理的に離れた上下に重なる年代層序単元の単元模式層のあいだに，層序学的な空白や重複がないということを確認するためには充分ではない．

　一例をあげよう．ある階がある地域にその模式地をもち，その下位あるいは上位に隣接する階はほかの地域に模式地もつとする（図14の左側の場合）．このような場合，ある階の単元模式層の上限境界が，それより若いつぎの階の単元模式層の下限境界と正確に対応するかどうかを確認することについて問題が生じる．それぞれの模式地での上下の境界のあいだに層序学的な空白や重複がないという保証はないのである．

　このような理由で，いかなる階層の年代層序単元も，岩体中に設定した2つの基準点，すなわちその層序単元の下限および上限の境界模式層にもとづいて定義し，特徴づけたほうがよい（図14の右側）．

　年代層序単元のこの2つの境界模式層は，1つの層序断面にある必要はなく，またそれらが同一場所にある必要もない．しかし，そのことがそれぞれの地層のなかにこれらを設定することを意味するとしても，両方とももともとは連続して堆積した一連の層序体のなかで選定されるべきであろう．なぜなら境界にたいする基準点は，年代に関して可能なかぎり特定されたポイントを代表すべきだからである（§9H.3参照）．

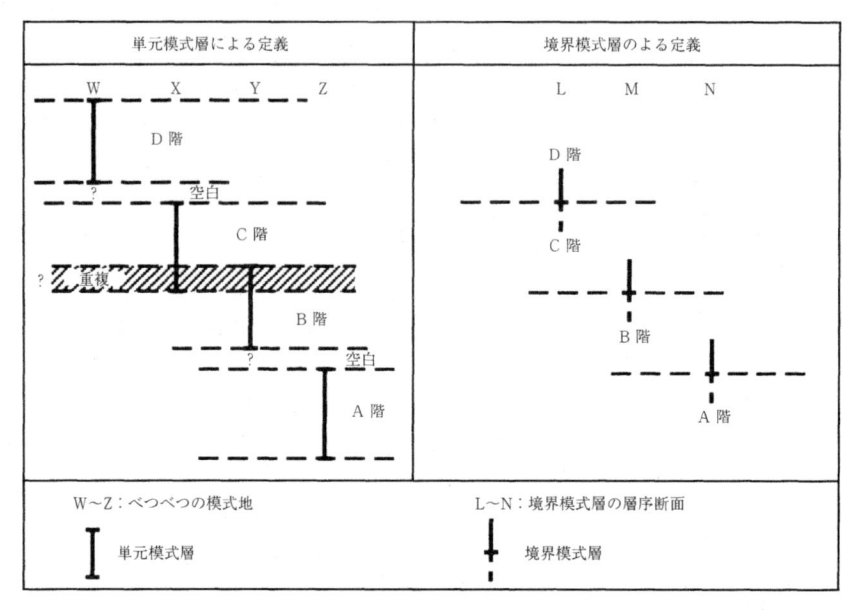

図14 模式地が遠く離れているところで，階を単元模式層によって定義するよりは下限境界模式層で定義することの利点

階のあいだの境界模式層は，それらのうちのあるものがより高次の層序単元（統・系など）のあいだの境界模式層としても使用されるように選定する．その手順により，層序学的な空白や重複がない年代層序区分の体系をつくることになる．

## 9H.2. 下限境界模式層により年代層序単元を定義することの利点

もし2つの年代層序単元のあいだの境界模式層が，もともと連続した堆積層のなかで確実に選定することができたとしたならば，1つの相互に共通な境界模式層が，下位の年代層序単元の上限とその上位の年代層序単元の下限の基準として使用できる．

しかし，ふつう連続した堆積が保証されることはないので，年代層序単元の定義はその下限境界模式層の選択に重点がおかれるべきで，その上限境界は上位に連続した単元の下限境界として定義するよう勧告されている（ロンドン地質学会；Geological Society of London, 1967；McLaren, 1977）．"選択した層準の層序断面の堆積物中に，はっきりしない検知されなかった時間的な空白あ

るいは堆積間隙があることが選択後にわかった場合は，その失われている空白は定義により選択した層準の**下位の単元にぞくす**"ということが指摘されている（McLaren, 1977）．それゆえ上下に重なる年代層序単元の下限境界模式層は，明確にそれらの単元の年代範囲を定義することになる．

## 9 H. 3. 年代層序単元の境界模式層の選定にたいする要請

年代層序単元は，それらが堆積あるいは形成された年代という普遍的な特性にもとづいて定義されているために地球規模で認知され，受けいれられ，使用され，それゆえ国際的な情報交換・理解の基盤となることが最大限保証されるのである．もっとも重要なのは国際標準年代層序（地質年代）尺度である．

これまでに検討してきたように，年代層序単元はその下限境界の境界模式層を選定することで最適な定義ができる．このような境界模式層は地質年代のある特定の時点の記録であって，ほかと区別できる特定のポイントをふくみ特定の地理的な場所に分布する，特定かつ代表的な一連の地層である．それはほかの地層と対比しうる明確な標準を決定する．GSSPの用語は，国際標準年代層序尺度の層序単元間の標準境界模式層にたいして提唱されたものである（Cowie, et al., 1986；Cowie, 1986）．それらはIUGSのICSで，現在たいへん注意深く選定され，記載がなされつつある．

年代層序単元の境界模式層は，模式層の選択と記載に関する一般的な要請（§4C参照）にくわえ，つぎのような要請を満足しなければならない．

① 境界模式層は本質的に連続して堆積している断面で選定されなければならない．年代層序単元の境界模式層に関しておこりうる最悪なことは，不整合のところでの選択である．それは年代上の明確な点をしめさないばかりでなく，年代そのものも側方にずらせてゆきがちである．

② 国際標準年代層序尺度の層序単元の境界模式層は岩相あるいは生物相が上下方向に大きく変化しない海成で化石をふくむ層序断面に存在すべきである．しかし局地的に適用される年代層序単元の境界模式層については非海成の層序断面で選定する必要が生じるかもしれない．

③ 化石含有量はなるべく，豊富で特徴があり，保存がよく，できるだけ広範囲に分布し，多様性に富んでいる動物相あるいは植物相を代表しているべきである．

④ 層序断面は露出がよく，構造的変形，あるいは表層の乱れ，変成作用・続

成変質作用（例：いちじるしいドロマイト化）などが最小の地域にあるべきである．選定された境界模式層の上下方向および側方の地層は充分な厚さをもっていることがのぞましい．
⑤ 国際標準年代層序（地質年代）尺度の層序単元の境界模式層は，自由に調査・試料採集ができ，長期間にわたって保存できることが充分に保証されていて，容易に到達できるような層序断面で選定されるべきである．また野外において，できれば恒久的な性質の標識を設置できることがのぞましい．
⑥ 選定された層序断面は，調査・試料採集がなるべくよくなされており，研究成果が公表されていることがのぞましい．またその断面から採集された化石が充分な管理のもとに置かれていて，容易に研究に利用することができるような状態になっていることがのぞましい．
⑦ 国際標準年代層序尺度における年代層序単元の境界模式層の選択には，可能ならば歴史的な先取権と使用を考慮し，伝統的に使用されている境界にちかづけるようにすべきである．
⑧ 境界模式層は，その受けいれと，可能ならば地球規模の広域での使用を保証するために，できるだけ多くの特定のよい指標層準あるいは遠隔地の年代対比に有益なほかの特徴をふくむように選択されるべきである．たとえば海に広く分布していた特定の化石で特徴づけられた重要な生層準・磁場極性逆転・同位体年代測定法ないしほかの地質年代測定法により正確な数値年代測定ができるような層序区間などである．ことなった岩相および生物相を代表している断面との確実な関係を解明することもまた有益である．そのためには境界模式層をふくむ断面から離れた場所での年代対比をしめす広域的な参照模式層の選定と設定をすることがよいであろう．

　IUGS の ICS が，現在，国際標準年代層序（地質年代）尺度の層序単元の GSSP の選定と承認の責任をおっている．ICS への境界模式層提案申請にたいする必要条件については，Cowie, et al.(1986)；Cowie (1986) が言及している．

## 9.1. 年代層序単元の拡張手順——年代層序対比

　年代層序単元は，その境界が境界模式層で設定されたあとでのみ，模式層から地理的に拡張して使用することができる．年代層序単元はその境界が定義により同一時間面をあらわすので，いたるところで同一年代範囲の岩石をふくむ

ことになる．実際には，その境界は現在の年代対比の分解能の範囲でのみ同時ということになる．一般に年代層序境界の同時性の確実度は，地理的に離れるとともに減少してしまう．それゆえ年代対比のためにはあらゆる可能な証拠を使用するべきである．すなわち多種類の化石の分布，地層の側方連続性・地層の重なり，岩相，同位体年代，電気検層上の標識，不整合，海進および海退，火山活動，構造的な出来事，古気候学的データ，古地磁気学的特性などである．とはいえ年代層序単元の同時的境界というのは，本来ほかのあらゆる種類の層序境界からこれらが年代対比のための局地的な指標として役立つ場合をのぞき，独立しているものである．

## 9I.1. 地層の物理的な相互関係

地層の相対年代あるいは年代層序的位置関係を解明するためのもっとも簡単でもっとも明白な手がかりは，その物理的な相互関係にある．古典的な地層累重の法則は，乱されていない一連の堆積層では上位の地層はそれをのせている地層より年代が若いことをのべている．

地層の累重の順序は，相対的な年代関係を解明するために利用できるもっとも決定的な指標を提供する．相対年代および数値年代をもとめるほかの年代測定法では，すべて実際に観察される物理的な地層の順序にもとづいて直接的あるいは間接的に年代の妥当性をチェックし確認される．非常にみじかい距離の範囲では，層理は同時性のもっともよい指標である．

しかしつぎのような場合には，年代関係を明らかにするときに困難が生じる．
① 地層が非常に乱されていたり，逆転していたり，押かぶせ断層で変形したりしている場合
② 古い地層中に若い火成岩類が貫入している場合
③ 相対的に移動しやすい頁岩や岩塩・石膏などのような堆積岩類がダイアピルとして若い地層中に貫入，あるいはそれらのうえに流出した場合
④ おそらくもっとも重要なのは，連続した露出面が欠落していたり，側方変化・オーバーラップ・不整合・断層・貫入などの要因で不連続がおこっていたりした場合など

このような困難な場合でも，地層の物理的な相互関係とその層序的な順序による対比は相対年代を決定するさいにしばしば役立つ．

9I.2. 岩相

　かつて系およびその細区分の多くは，本来的に岩相層序区分であった．そしてその特有の岩相は地質年代のある期間に形成された岩石をどこにおいても特徴づけているものと仮定されていた．しかしまもなく，岩相特性は普通には年代よりも環境の影響をより強くうけ，すべての岩相層序単元の境界は必然的に同一時間面と交差するかその逆がおこっており，岩相特性は層序のなかで何回もくりかえされることが認識されるようになった．そうではあっても，層のような岩相層序単元はつねに年代層序単元的な意味をふくんでおり，すくなくとも局地的には年代層序的位置にたいする近似的な指標として有効である．個々のベントナイト・火山灰層・トンシュタイン・石灰岩層あるいはリン酸塩層は，広域にわたる近似的な年代対比をおこなうために非常にすぐれた指標になるであろう．広い範囲に分布する特徴的な岩相層序単元もまた，全般的な年代層序的位置を特徴づけるであろう．

9I.3. 古生物学

　化石は，いくつかの堆積層の側方的拡がりを明確にし対比し，それらの相対年代を決定するための最上で広く使用される方法の１つである．化石はまた，動植物進化の規則的な進化過程が地質年代を通じて不可逆的であり，生物の遺骸が広範囲にわたっていて特徴的なものであるゆえに，顕生累代を通じて地球規模で相対年代を決定し遠く離れた場所のあいだの近似的な年代対比をするのに最良の方法となっており，顕生累代の地層にたいする国際標準年代層序尺度をおおいに発展させることを可能にしてきた．

　生層序対比はかならずしも年代対比そのものではない．しかし，もし充分な慎重さと見識をもって使用されるかぎり，年代対比のためにもっとも有効な手段の１つとなってきており，また今後もなりつづけるものである．生層序学的な方法はたえず精緻化され，ますます効果的なものになっている．遠く離れた場所の地層の含化石区間では，一般的にはその岩相も変化しているのでふくまれる化石にも大きなちがいのあることがあろう．しかし微妙な古生物学的識別の結果，それらが年代的に対比されることがわかることもありうるであろう．一方一見すると類似した２つの化石群集が，まったくことなった年代であることがしめされることもあろう．

個々のバイオゾーンは，その上限境界にせよ，下限境界にせよ，どこでもまったく同一の年代をもっているわけではない．しかし側方で指交したり互いに置換されたりしているいくつかのかみあわさったバイオゾーンを使用することにより，充分に正確な年代対比をしばしばすることができる．かみあわさったバイオゾーンの系は，堆積環境の大きな側方変化を横断して連結する1本のひもを効果的に提供してくれる．一例は，陸成堆積物と海成堆積物とを対比するさいにおける，陸生動植物・花粉から海生底生生物・海生浮遊性生物へという陸から海へという変化の利用である．もう1つの例は，熱帯―温帯―極地の年代対比での重複する動物の帯と植物の帯の使用である．

長期間を対象とした年代対比をするのに効果的な古生物学的な別の鍵は，化石の形態進化系列の解釈にある．この目的のために多くの統計的な手法が開発されてきた．

古生物学的な年代対比に関して直面する問題点は，現在の地球における生物環境の多様性と現在の生物群のきわめて大きな側方的な変化を考えれば実感されるであろう．過去の変動する環境，大陸移動，地層の続成変化や変成作用，化石保存の気まぐれ，移動に必要な時間，試料採集の偶然性，およびほかの要素（図15）などでより複雑さが増加するので，長期間を対象とした古生物学的な年代対比には高い価値があるが，重大な制約をももっていることが理解できる．さらに地殻の大部分を占め，地質年代の85％に相当する先カンブリア時代の岩石は通常有用な化石をふくまず，顕生累代ですらすべての地層が化石をふくむわけではない．また化石が存在してもそれは相対年代をしめすのみであり，年という単位で測定された正確な年代ではない．

## 91.4. 同位体年代測定

一定で，しかも地質年代測定に適合した壊変速度をもつ親核種の放射性壊変をもとにした同位体年代測定法は，年代層序学にたいしてもう1つの鍵を与える．もっとも一般的に使用される方法（U-Pb・Rb-Sr・K-Ar・Ar-Ar）は，高精度のデータを提供する．分析誤差は一般的には0.1～2％の範囲にある．

同位体年代測定法は，その年代値にたいして年，百万年，あるいは10億年（$10^9$）年の形で表現できるほとんど唯一のものである．それは地質年代の長さにたいして，はじめて定量的な証拠を与え，現在知られている地殻の最古の岩石の年代はすくなくとも3,960 Maであることをしめしている．同位体年代測

104　第9章　年代層序単元

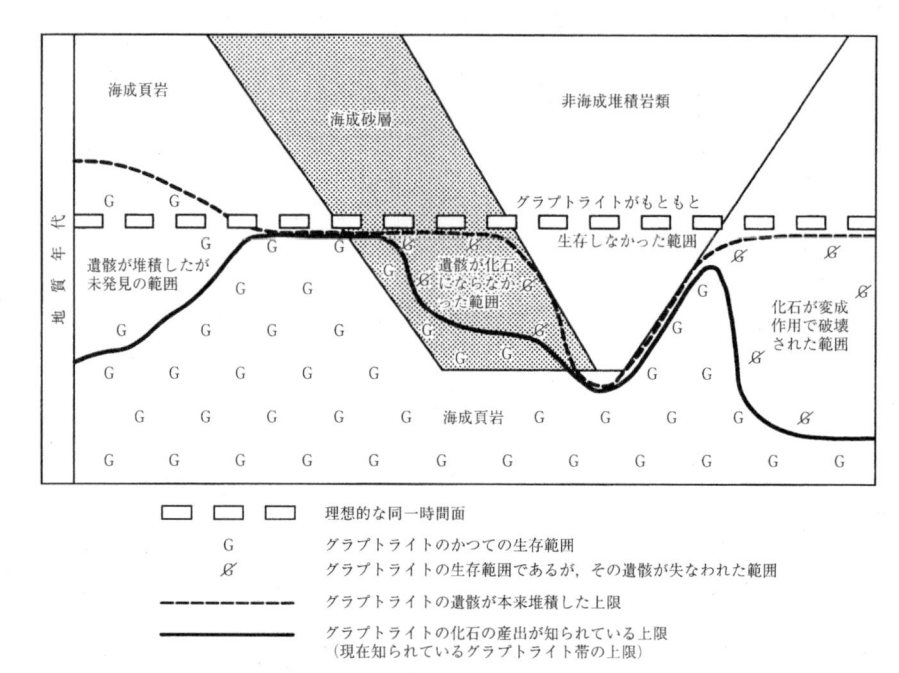

図15　筆石類のタクソンの本来の生存上限と現在知られているその産出の上限の同時間層準（年代層準）にたいする関係に局地的な変化がおこりうる原因

定はまた，先カンブリア時代の大量の岩石の年代と年代関係をある程度まで解明できるという希望を与えている．先カンブリア時代について化石は年代決定にはほとんど使用できず，構造的な複雑さや変成作用によりしばしば本来の地層の順序を直接観察することをができない．現在では，ジルコンを使用したU-Pb年代で1Ma程度の精度で表現されているのを見るのはまれなことではない．同様に顕生累代の岩石にたいしても，同位体年代測定は年数であらわした年代および継続期間に関する有効なデータを与えており，同様にほかの方法により決定された相対年代の貴重なチェックの手段となっている．ある状況下では，貫入あるいは噴出した火成岩類の同位体年代測定は，堆積層の年代決定と年代層序的位置にたいして最良の，あるいは唯一でさえある基礎を提供するであろう．

　ことなった壊変定数の使用は，年代の測定結果にくいちがいを生じさせることになるかもしれない．それゆえ地質年代測定を比較するためには，年代計算

のさいに同一の壊変定数を使用することが重要である.現在普通に使用されているのは,1976年にIUGSの地質年代小委員会が勧告したものである.

同位体年代測定法は,全岩試料および岩石から分離された鉱物の両方に適用される.同位体年代測定法によるデータの地質年代としての意味づけは地質学的な諸要因に左右され,年代層序学に使用するには,一般的には地質学的な解釈を必要とする.ことなった鉱物・岩石試料にたいする各種の同位体系は,ことなった圧力・温度,あるいはそれら試料がうけたほかの変化などのさまざまな条件にたいする特別の反応を反映しているかもしれない.それゆえ,えられた年代が,その岩石が形成された本来の年代というよりは変成作用のそれをさすのか,あるいはのちの変質によるものかどうかを決定することが必要となるであろう.同様に,より古い岩石から由来した砕屑性鉱物にたいして決定された年代は岩石層の形成年代に関して誤った結論をみちびくことになるであろう.さらに使用上の重要な制約は,すべての岩石に同位体年代測定が適用できるわけではないことである.

上記とことなる放射性同位体を使用する年代決定法としては,堆積物中の有機物における放射性炭素同位体($^{14}C$)と通常の炭素との比にもとづく方法がある.この方法はきわめて有用であるが,上部第四系の地層の年代決定にしか適用できない.

## 91.5. 磁場極性逆転

磁場極性の周期的な逆転は,年代層序学で,とくにより詳細な磁場極性年代尺度がえられている後期中生代から新生代の岩石にたいして,重要なものとして利用されている.また磁場極性年代尺度は,海洋地域の岩石の年代層序を決定するうえで重要な役割をはたしている.しかし磁場極性逆転はその性質として正か逆かの2元的なものなので,特定の逆転は生層序あるいは同位体年代測定のようなほかの方法の助けを借りなければ同定できない.

## 91.6. 古気候学的変化

気候変化は,地質記録のうちに氷河堆積物・蒸発岩・赤色層・炭層・古生物学的変化などの形ではっきりと痕跡を残している.多くの気候変化は広域的か地球規模であったように思われるので,その岩石への影響は年代対比にたいして価値のある情報を提供する.しかし,それらの影響の及ぶ範囲は,緯度・高

度・海洋循環・プレート運動やほかの要因による気候変化によって複雑となっている．

9I.7. 古地理および海水準変化

くりかえし生じる海進および海退とそれにより生じる不整合は，古典的に堆積層の局地的および広域的な層序区分の基礎となってきた．西欧の年代層序単元の多くはこのようにして生まれた．大陸地塊の造陸運動あるいは海水準の上昇・低下の結果として，地球史のある期間が，海水準にたいして大陸が一般的に高かったか低い状態にあったかということで特徴づけられていたように思われる．このような海水準変化の地層中の証拠は，地球規模の"本質的な"年代層序学的枠組みを確立するためのすばらしい基盤を提供することができる．しかし地殻の局地的な垂直的運動は非常に大きく，また地理的にも非常に変化に富んでいるので，ある地域の地層中の記録を解釈することはむずかしいことになろう．

9I.8. 不整合

年代層序区分の系の多くは，いくつかの大きな不整合のあいだに存在する岩石を代表するものとして，もともと定義されたものである．それらの不整合は，岩相・古生物やそのほかの諸側面の自然界における断絶をしめしているからである．不整合面は必然的に場所から場所に年代が変化するものであり，またけっして広い範囲にわたっているものではないことが知られている．そのうえ不整合はしばしば地質年代の長い期間にわたる非常にゆっくりした造陸運動で生じる．それゆえ不整合は，だいたいの年代層序の単元境界を決定するのに有効な指標としてしばしば使用されるのであるが，それら自体は年代層序の単元境界としての要請を満足させることはできない（§9H.3参照）．

不整合面は同一時間面ではなく頻繁に時間面を横切っているとはいうものの，主要な広域的な不整合はおおよそではあるが非常に重要な時間的意義もっていることは明白である．同様に，不整合境界単元——シンセム——は，年代層序単元ではないが，年代層序学で非常に大きな意義をもつ層序単元の1つの階層となっている（§6参照）．

## 9I.9. 造山運動

　地史学の，古典的なしかし現在では信じられていない考え方がある．それは周期的な地球規模の造山運動が，地球史のなかに"自然の"地球規模の区分線を与え，それらが堆積・侵食・火成活動・岩石変形に及ぼす効果として岩石中に同定できるというのである．このことは，ある地域にのみ有効であり，カレドニア造山運動・ヘルシニア造山運動・ララミー造山運動およびアルプス造山運動というような用語の使用に反映されている．先カンブリア時代にたいしては，年代層序区分を地球規模の造山運動の周期や地殻の変成作用の周期的期間にもとづいておこなうことが試みられてきた．しかし，多くの造山運動は非常に長くつづき，地球規模というより局地的な性質をもち，古典的な系や統の境界とは一致せず，きちんとそれらを同定することが困難であることなどから，それらは一般的には地球規模の年代層序対比のためには不充分な指標となっている．

## 9I.10. そのほかの指標

　限定的状況下では，多くのほかの方面からの証拠が年代対比における指標や年代層序的位置の指標として有効であろう．たとえば，ある種の無脊椎動物が年代層序的位置について価値ある手がかりを提供するかもしれない．なぜなら，それらは地球の回転速度が潮汐摩擦により遅くなることで生じた年間の日成長縞数の減少をしめしているからである．

　岩石層におけるさまざまな鉱物学的・地球化学的・地球物理学的な特性は，非常に離れた距離にあっても近似的な年代対比のための方法を与えている．砕屑性の重鉱物の組合せは，年代対比やそれらの相対的な形成年代を決定するのに非常に貴重である．堆積物中の年縞と季節帯は，層序区間の年代と期間の指標となる．推定された堆積速度は堆積層の形成にかかった時間の指標となる．地震波断面や掘削孔内での電気検層および中性子検層は，年代対比のための非常に有効な方法と，相対的な年代層序的位置に関する詳細な証拠を提供する．

　ここではのべていないが，いくつかの特別な数値年代測定法が非常に年代の若い堆積物の年代測定のために開発されてきた．熱蛍光・フィッション・トラック・多色ハローやほかの形の放射損傷などを利用したいろいろな年代測定法が試みられてきている．多くのほかの方法にも言及することができる．そして，

また多くのまったくあたらしい方法が開発されることが期待されている．
　上述した年代対比に貢献できる多くの方法は，正確とはいえないものの，適切な環境下においては地層の年代関係を築きあげるのに有効利用できる．あるものはほかのものにくらべて多く使用される．しかしどんな方法でもその使用を拒否するべきものはない．年代層序単元の境界を，その境界模式層から地理的に離れた場所に拡げるための年代対比は，どんな助けをかりたとしてもけっして完全な同時性はえられないのである．

## 9J. 年代層序単元の命名

　公式年代層序単元は，固有名に単元用語を組みあわせて，2名法で命名されるべきであり，両者の先頭文字は大文字で書かれるべきである．たとえば Cretaceous System（白亜系）のようにである．年代層序単元に対応する地質年代単元用語としては，同一の固有名に対応する地質年代単元用語を結びつけて使用するべきである．たとえば Cretaceous Period（白亜紀）のごとくである．混同する危険性がない場合にのみ，年代層序単元では固有名のみで使用することが許される．たとえば "the Aquitanian Stage"（アキタニアン階）のかわりに，"the Aquitanian"（アキタニアン）とする．
　年代層序単元のそれぞれの種類の名称や階層についての取り決めについては，"年代層序単元の種類"（§9C）にのべられている．年代層序単元の命名法は，§3B.3・§3B.4 の層序単元に関する命名法の一般的な規則にしたがう．

## 9K. 年代層序単元の改定

　いくつかの特定の年代層序単元の適用範囲については，提案時に不適切な層序単元の定義にもとづいていたため，多くの混乱が生じている．これらの層序単元をもっと有効なものにするためには，現在一般的に使用されている層序単元でありながらもともと不適切な定義にもとづいているものは，勧告されている手順に合うように改定されることを強くうながしたい．また公式に認知されることをのぞむあたらしい年代層序単元については，§3B・§9H で概要がのべられている手順にしたがって適切に提案され，また定義されることを勧告する．

# 第10章 ことなる種類の層序単元間の関係

 層序区分に関するすべての層序単元は密接に関係しあっている．それらの層序単元は，地殻の岩石や，層構造をもつ現在の地球そのもの，そして岩石からわかる地球史をあつかっている．しかし，それぞれの単元は岩石のことなった特性や属性，地球史のことなった面と関連しているのである．種々の単元の相対的な重要性は状況に応じて変化し，またそれぞれ固有の目的にとって重要となる．

 **岩相層序単元**は地表地質図や地下地質図作製上の基本層序単元であり，岩相層序区分はどのようなあたらしい地域の層序学的研究でもつねに最初の研究法である．ほかの層序学的手法が適用できない場所であっても，その場所に岩石さえ存在すれば岩相層序区分は可能である．

 岩相層序単元は，主として岩石（堆積岩類・火成岩類・変成岩類）の岩相特性にもとづいている．ときには岩相層序単元にふくまれている化石が，化石の年代にたいしての重要性からではなく，その層序単元の設定に役立つ岩相的（物質的）特性から，層序単元の識別上で重要な要素となることがある．コキナ・藻礁・放散虫岩・カキ層・炭層はそのよい例である．

 それぞれの岩相層序単元は地質年代の特定の期間に形成されたため，岩相的重要性のみならず年代層序学的重要性ももっている．しかし時間の概念は，当然のことながら岩相層序単元とその境界を設定したり同定したりするさいにほとんど有効とはならない．岩相特性は一般的にそれが形成された年代よりも，形成の条件に強く左右される．似通った種類の岩石は一連の層序断面のなかでくりかえしあらわれる．そして，ほとんどすべての岩相層序単元の境界は分布域全体にわたって同一時間面を切っている．

 **生層序区分**もまた，ある地域の層序を作りあげるさいの初期の手段である．しかし化石をふくまない岩体をあつかうときには，岩相層序学が層序区分の最初の主要な研究手段となる．

生層序単元は岩石の含有化石にもとづいている．化石の有無や存在している化石の種類がそれらをふくむ岩相に関連している場合をのぞけば，生層序単元の選定と設定は，地層の岩相にもとづいてなされることはない．

岩相層序単元と生層序単元は基本的にことなる種類の層序単元であり，ことなった識別基準にもとづいている．両者の境界は局地的に一致することもあるし，ことなる層準になったり，たがいに斜交したりすることもある．岩相層序単元と生層序単元とはほかにも相違点がある．前述したように，すべての岩体（堆積岩体・火成岩体・変成岩体）は岩相層序単元に細区分されるが，生層序単元は化石をふくんだ岩石中でのみ設定される．

岩相層序単元と生層序単元の両者はともに堆積環境を反映しているが，生層序単元は地質年代によってより左右され，またそれをしめすものである．生層序単元はまたその特性上，より反復性にとぼしい．なぜなら生層序単元は植物と動物の進化にもとづいているからである．

岩相層序学と生層序学はある地域における岩石の相対的な層序を組みたてるうえで貴重な初期の手段であり，それら自身が重要で持続的な層序学の分野でもある．そして，それらは層序区分の基礎的な，地域によっては唯一の手段である．岩相層序単元と生層序単元は必要不可欠の物質的な層序単元であり，地殻の岩石の岩相の構成や幾何学的な配置，地球の生物や過去の環境の進化発展過程を描くうえに，ぜひ必要である．

**不整合境界単元**と**磁場極性層序単元**は，生層序単元と同様に，層序記録中の境界をなす不連続や残留磁気といった，層序単元の基本となりそれらを特徴づけている特性が岩石中に存在しているときにのみ設定することができる．両者は物質的層序単元であり，それらを認定できるときには層序区分と対比のすぐれた手段となる．

**不整合境界単元**は，上下方向にも側方にも，ほかの多くの種類の層序単元（岩相層序単元・生層序単元・磁場極性層序単元など）をふくんでよい（図4参照）．同様に，いくつかの年代層序単元をふくんでよい．この層序単元の年代範囲は，亜階から1つあるいは複数の系までの範囲にわたってよい．不整合境界単元を構成する岩体はある場所で，あるいはある地域全体にわたって，全体的に均一の岩相をしめしていたり，1つの生層序単元に相当していたりすることもある．その場合，不整合境界単元は，岩相層序単元あるいは生層序単元と同一の境界をもつことになろう．

不整合境界単元中にふくまれるほかの層序単元の境界は，不整合境界単元の上下の境界またはどちらか一方の境界と平行であったり一致したり，ある角度で斜交したりしているはずである（図4参照）．不整合境界単元の境界は，その層序単元中にふくまれている境界や隣接する境界と明確にことなることもある．不整合境界序単元の上限境界または下限境界が斜交不整合である場合，あるいは層序単元が顕著にオンラップしたりオフラップしたりする場合がある．一方，もし境界が非整合であるならば，その境界はほかの層序単元境界と広域にわたって平行かあるいは一致することとなろう．

　不整合境界単元の境界はつねに多かれすくなかれ時間面と交差し，したがって定義上同一時間面である年代層序単元の境界とはけっして一致しない．

　**磁場極性層序単元**は直接決定できる岩石の特性（磁場極性）のみにもとづいているという意味で岩相層序単元や生層序単元に類似しているが，別の視点から見るとこの両者とことなっている．岩相層序単元と生層序単元は一般に地理的に制約されるが，磁場極性層序単元は潜在的に地球規模の拡がりをもっている．この意味では磁場極性層序単元は年代層序単元により類似している．

　正磁極性から逆磁極性へ，あるいはその逆の変化は，一般的に約5,000年をこえない年代範囲で発生した急速で地球規模の磁場極性逆転の結果である．したがって，これらの出来事の結果生じた磁場極性逆転層準は同時的な層準を構成するものではない．しかし結果として，つづいて発生した2つの逆転がしめす磁場極性逆転層準のあいだにある岩体は，正確ではないものの本質的に同一年代範囲を代表している地層をどこでもふくむ磁場極性層序単元を構成する．このような層序単元は年代層序単元にちかいともいえるが，厳密にいえば**そうではない**．なぜなら磁場極性層序単元は本来時間の記録にもとづいて定義されたものではなく，瞬時の出来事ではない**残留磁気の極性変化**といった特定の物理的特性にもとづいて定義されているからである．同様に磁場極性逆転層準は年代層準とよく一致はするが，年代層準そのものでは**ない**．

　さらに磁場極性の変化の明瞭さが多様であること，あるいは岩石中での磁場極性の記録の保存性が多様であること，のちの再磁化の可能性，層序断面内での不整合の存在，生物擾乱の影響やそのほかの理由から，磁場極性層序単元の境界は（生層序単元や岩相層序単元の場合とまったく同様に）同時性をもっていない．しかし磁場極性層序単元や磁場極性逆転層準は，有用な年代層序単元とその境界の定義づけと対比に貢献できる**可能性**はある．

磁場極性層準・磁場極性層序単元の時間上の価値を考えると，これらは年代層序単元のなかの層序的位置を決定するさいの有効な**指針**にはなるかもしれないが，相対的には個別的な特徴（1つの逆転がほかの逆転とまったくおなじであるといった）がほとんどなく，そのため，一般的には古生物学的データや同位体のデータといった年代をしめす証拠が付加されたときのみ，年代の同定が可能であることに注意すべきである．

**年代層序単元**は，岩石の組成あるいは特性とは関係なく，地球史のある年代範囲に形成されたすべての岩石をふくむものと定義される．定義によれば年代層序単元はあらゆる場所で，ある一定の年代の岩石のみをふくんでおり，その境界はあらゆる場所で同時性をしめすものである．年代層序単元は，岩石が存在するところならどこでも物質的に認定できる岩相層序単元とは対照的である．さらに岩石のある特性あるいは属性が実在することという制約がある，相対的に見て客観的で物質的な層序単元の生層序単元・磁場極性層序単元・不整合境界単元ともいちじるしくちがっている．ほかの層序単元がおおむね観察できる物質的特性にもとづいて設定され同定されるのにたいし，年代層序単元は形成年代といった抽象的な特性にもとづいて同定される．

すべての層序単元は年代層序区分の発展にたいして非常に貴重な助けとなっている．地層中に化石が広域に分布したり生物の進化が不可逆的であったりすることにより，化石は顕生累代の堆積岩類の年代決定と年代対比にとって実にすぐれた基準となってきた．生層序単元はしばしば年代層序単元に近似している，そして生層序対比が年代層序対比に**ちかづく**こともあるが，生層序単元は基本的には年代層序単元とおなじではない．図15にしめすようにバイオゾーンの境界は，多くの理由により年代層準とはことなってくるであろう．これらの理由のおもなものは，堆積相の変化，化石化の条件と保存条件のちがい，化石発見の偶然性，動・植物群の移動に要する時間，進化発展における地理的な差などである．生層序単元は，火成岩類や変成度の高い変成岩類中にはまったく認定できない．変質していない堆積岩類中ですら，化石をほとんどふくまなかったり，まったくふくまなかったりする層序区間がたくさんある．とはいえ生層序学の年代層序学への貢献は大きなものであった．そして上下方向と側方でかみあわさったり重複したりしているバイオゾーンと生層準を使用すると，個々の生層序単元を年代の指標とする場合の困難さの多くを解消できる．

岩相層序単元あるいは岩相層準中には，火山灰層の場合のように，かなり広

範囲にわたっておおよその年代対比をするさいのすぐれた指針となるものもある．しかし生層序単元同様，岩相層序単元は年代層序単元ではない．なぜなら，どこでも岩相層序単元は同一時間面で区切られてはいないからである．

　不整合境界単元と磁場極性層序単元，とりわけ後者は年代層序区分の発展に貴重な貢献をしている．磁場極性層序単元の境界は，磁場極性の非常に急速な逆転を記録しているため，同一時間面にきわめてちかい．そして適切に設定されるならば，地球規模の年代対比と年代層序区分にしっかりした基礎を提供するものである．

　年代層序区分はほかのあらゆる種類の層序区分からえられる情報を利用し，層序学の最終目標に到達したり地球の構成物質と地球史に関する知識と理解を深めたりするための重要な基礎となっている．年代層序単元は地質年代にもとづいた岩体の細区分として，原理的には地球規模の拡がりをもっている．さらに年代層序単元は，層序に関する情報の伝達と理解にたいする地球規模での基礎となるという意味で重要である．

　層序学的研究ではすでにのべたような層序単元やそれらに対応する領域がごく普通に使用されている．しかし，このほかにも特殊な環境下や特定の対象に限定したときに役立つ，効果的な層序学的研究分野や多くの層序単元がある．たとえば層序単元あるいは層準が，電気検層・地震波特性・化学的変化・安定同位体分析にもとづいて認定されたり，あるいは岩体のもっている多くの物性にもとづいて認定されたりすることも有効である．だれもがすべての可能な層序学的手法や潜在的に利用性のある層序単元すべてを使用することもできないし，またその必要もない．しかし層序学の定義と視野のなかに有効性が見こまれるものの適用の道はあけておくべきである．

# 付録 A：層序用語集

　以下の層序用語集には，層序区分・用語法・手順の概念と原理をあつかった出版物のなかで1回以上使用された用語をふくめた．用語集を準備・調整するということは『旧ガイド』が出版された1976年より以前からISSCの作業計画にはいっていたが，その編集作業は『旧ガイド』を早期出版するための犠牲となってしまった．層序用語集の準備・調整は，『旧ガイド』の改訂計画のなかの重要な部分をしめていたのである．

　用語集準備の初期段階では，現在一般的に使用されている用語のみをそのなかにふくめるという考えもだされた．しかし，どの用語が一般的に使用されているのか，どれが限られて使用されているだけなのか，あるいはすでに破棄されているのかを決定することは困難であるだけでなく論争のもととなりうるということがわかった．また現在ではもう使用されていないが古い出版物中では出くわすであろう用語の意味と起源を用語集のなかで見つけられるのは，地球科学者にとって有用であろうという認識もなされた．これらの理由により，無用・無価値・時代遅れ・定義が不充分，あるいは一般的に使用されている用語と同義であるなどと一般に考えられている多くの用語，容認されていない用語，ある著者のみが使用した用語も用語集のなかにふくめた．しかし，より広い基準でより一般的に使用される用語なのか，より限定的に使用されたり容認されていなかったりする用語なのかをしめすことにより，2つのグループに分けようと試みた

　堆積学・テクトニクスといったほかの地質学分野や synchronous, isochronous, heterochronous といった形容詞の用語はこの層序用語集から除外した．

　用語の定義は，型にはまった文章にならないよう努力したのと同時に，可能なかぎり修正しないようにした．しかし用語のうちには選択肢としていくつかの定義を必要とするものもあった．また可能なかぎり用語のより完全な定義のために最初の定義，用語の提唱者（達）の氏名，文献の適切な引用をふくめた．『当ガイド』のさまざまな章で定義され議論された用語の定義は本文中の記述にしたがっている．

　生層序に関するより完全な用語集はISSC報告No.5（生層序単元についての予備報告，第24回IGC，モントリオール，1987）で見ることができる．この層序用語集から除外した用語の定義については，American Geological Institute 発行の『地質学辞典』（第3版；Bates・Jackson, 1987）を推薦する．

　最後に，『当ガイド』にふくめる用語集の準備・調整のための原案では，英語表記の定義のあとに数か国語に翻訳された定義を付記しようとしていた．この計画は，多くの困難な問題をふくんでおりそのために『当ガイド』の出版がいちじるしく遅れることがわかったため中止された．しかし『当ガイド』が英語からほかの言語に翻訳されるとき，用語集もまた同様に翻訳され，英語の用語に対応するものがほかの言語でも導入されるようになることを希望する．

116　付録A：層序用語集

■五十音順

## あ行

アイソジオリス（isogeolith）　岩相の構成によって定義される準年代層序単元（Wheeler, et al., 1950, p. 2362）

アイソバイオリス（isobiolith）　ふくまれる化石によって定義される準年代層序単元（Wheeler, et al. 1950, p. 2362）

亜階（substage）　階の細区分．よく使用される公式の年代層序体系のなかの最低次の単元（§9C.3・表3参照）

亜期（subage）　対応する亜階が形成された地質年代区間（§9C.3・表3参照）

アクメ帯（acme zone）　多産帯と同義（§7D.6.c参照）

アクロゾーン（acrozone）　a. ギリシア語に由来し，区間帯と同義（R.C. Moore, 1957 a, p. 1888）（§7D.2参照）
　b. エピボール（ピーク帯）と同義（Henningsmoen, 1961, p. 68）

亜系（subsystem）　公式に確立されている系の細区分（§9C.5.a参照）

アサイス（assise）　a. 第2回万国地質学会議において認定された用語．階より低次の層序単元で亜階に相当（Bologna, 1881）．
　b. Forgotson（1957）のフォーマットの代用語としてMoore（1958）が提示

亜層群（subgroup）　公式に設定された，層群の細区分（§5C.7参照）

亜帯（subzone）　各種の層序的な帯の細区分

亜バイオゾーン（subbiozone；subzone）　バイオゾーンを細区分した層序単元（§7C.5参照）

アービトラリーカットオフ（arbitrary cutoff）　側方に漸移する2つのたがいにことなる層序単元を，任意に決定した方法で区分した人為的な境界（Wheeler・Mallory, 1953, p. 2412）

アロ層（alloformation）　基本的なアロ層序単元（アロ層序単元参照）

アロ層群（allogroup）　アロ層より1つ高次のアロ層序単元（アロ層序単元参照）

アロ層序単元（allostratigraphic unit）　境界をなす不連続面にもとづいて定義・認定された，地質図に表現可能な規模の堆積岩体（North American Stratigraphic Code, 1983, p. 865-867）

アロ対比（allo-correlation）　ことなった地域におけることなった層序単元間の年代層序対比（Henningsmoen, 1961, p. 65-66）

アロ部層（allomember）　アロ層より1つ低次のアロ層序単元（アロ層序単元参照）

遺骸群集（thanatocoenosis）　初生的にいっしょに生活していたというよりは，むしろ死後の堆積過程で集積した化石群（§7B.2参照）

遺骸分布圏（thanatotope） あるタクソンあるいはタクソン群にぞくする死んだ個体が堆積した地域全体をさす

イベント層序学（event stratigraphy） 岩石学的特徴や含有化石などの岩石の本質的な性質よりも，推定される地質学的出来事を対比に使用する方法（Ager, 1973, p.63）．多数の研究者が，そののち，イベント層序学を，火山噴火，急速な構造運動，突発的海水準変動，気候変動，嵐，顕著な堆積学的あるいは生物学的出来事，地球外物質による出来事など，いかなる規模においてもまれにしか発生しない出来事にもとづいて地球上の岩石を組織・分類・対比するものとして定義してきた

インスタント（instant） a. 時間の流れのなかのある定点（Kobayashi, 1944, p.742） b. 地質学的尺度で分解できない年代範囲をもつ場合の年代層準の地質年代学的対応語．モーメントのはじめと終わりの時間面（§9 B.4 参照）

インター生層準帯（interbiohorizon zone） 間隔帯と同義（International Stratigraphic Guide, 1976, p.65）

インターセム（interthem） 層厚では層に，時間範囲では階に対応する，小さな不整合境界単元（Chang, 1975, p.1544）．いくつかのインターセムが1つのシンセム内に認められうる

インターゾーン（interzone） 化石をふくむ地層間の無化石層（Henningsmoen, 1961, p.83）

インターレベル対比（inter-level correlation） 同一の年代幅をあらわす2つの区間の対比（Henningsmoen, 1961, p.65）

エコ層序学（ecostratigraphy） a. 生物の生態にもとづく層序学（Schindewolf, 1950, p.35）
b. 起源や堆積環境様式にもとづく地層の研究と区分（Hedberg, 1958, p.1893）

エコ層序単元（ecostratigraphic unit） 構成岩石の起源や堆積環境の様式にもとづく層序単元（Hedberg, 1958, p.1893）

エコゾーン（ecozone） a. エコ層序単元．堆積環境を示唆する含有化石と堆積学的特性にもとづいて定義される層序単元
b. 上限と下限が基本的に時間面に斜交する可逆的な動物群の変化によってしめされる岩体（Vella, 1962, p.183-199；1964, p.622-623）

エピソード（episode） ダイアクロニック単元の体系中で最高次で最大の単元（North American Stratigraphic Code, 1983, p.871）

エピボール（epibole） ヘメラのあいだに堆積した堆積物（Trueman, 1923, p.200）．多産帯と同義

オッペル帯（Oppel-zone） おおむね同年代をしめすものとして選択された，限定されたあるいは大部分共存する選択されたタクサの組合せにより特徴づけられる生層

序単元(国際層序ガイド,1976,p.57-58,§7D.5.aの最後の段落参照)

オート遺骸堆積圏(auto-thanatotope) あるタクソンの遺骸が正常に堆積している場所全体(van Morkhoven, 1966, p.309)

オート対比(auto-correlation) ことなった地域間での同一の層序単元の年代層序対比(Henningsmoen, 1961, p.65-66)

オートビオトープ(auto-biotope) 1つないし同一の分類単位が特徴的に生活している環境の総体(van Morkhoven, 1966, p.306)

オーバーステップ(overstep) 完全な堆積シーケンスの古い単元が,1つ以上のよりあたらしい単元により規則的に切られること(Swain, 1949, p.635参照)

オーバーラップ(overlap) 下位の岩石をおおいかくしたり,その上位に"重なったり"して上位の岩層が拡大することにたいする一般的な用語.しばしば"オンラップ""オーバーステップ"の両方の意味で使用される.Swain(1949, p.634)は,この用語の廃止をうながしている

オーバーラップ帯(overlap zone) 共存区間帯と同義(§7D.2.b. iii参照)

オフラップ(offlap) 整合的な1つのシーケンスのなかで,堆積単元が上方にむかって傾斜して尖滅する部分が連続的に沖側に後退していくこと(Swain, 1949, p.635;Mitchum, 1977, p.208参照)

オルソクロノロジー(orthochronology) 生層序学的に重要な動物群ないし植物群の標準系列にもとづいた,または不可逆的進化過程にもとづいた地質年代学(Schindewolf, 1950, p.85;Teichert, 1958 a, p.106参照)

オルソストラティグラフィー(orthostratigraphy) 設立されている層序単元を同定する化石にもとづく標準的あるいは"主要な"層序学(Schindewolf, 1950, p.85;1957, p.397参照)

オーロラ(複数形:オーロレ)(aurora;複:aurorae) a. あたらしい系統発生段階(亜種)の最初の出現からつぎの亜種の出現までの年代間隔(Tan Sin Hok, 1931, p.643)

b. 生物の系統で突然変異種の最初の出現とつぎの突然変異種の出現までの地質年代の区分単位(Glaessner, 1966, p.225)

オントゾーン(ontozone) 化石の産出区間にもとづく生層序単元.バイオゾーンと同義(Henningsmoen, 1961, p.68-69参照)

オンラップ(上接)(onlap) 整合的な1つのシーケンスの堆積単元が,堆積盆縁辺部にむかって前進的に尖滅していくこと(Swain, 1949, p.635;Mitchum, 1977, p.208-209参照)

か行

界(erathem) 年代層序単元の体系中で系の1つ高次の単元.代の年代範囲に形成

された岩体(§9C.6参照)

階(stage) 統の1つ低次の公式年代層序単元用語の一般的に使用されている体系のなかの一単元.年代層序区分の基本的な実用単元と考えられる(§9C.2・表3参照)

ガイド化石(guide fossil) 地層の年代を同定したり,生息していた条件をしめしたり,あるいは地層を対比したりするときに指標となる化石(訳注:原文ではindex fossilと同義と記述されているが,その記述内容とこの記述は一致していない.Glossary of Geology 3 rd ed., 1987によれば同義とはならない)

海氾濫面(marine-flooding surface) 水深の急激な増加の証拠となる,あたらしい地層を古い地層から分離する面(Van Wagoner, et al., 1987, p.11)

化学層序学(chemostratigraphy) 炭酸塩サイクルや同位体比サイクルなどの,層序記録のなかに残されている地球化学的な指標を取り扱う層序学の一分野

鍵層(key bed) 岩相や含有化石のように充分明確な特性をもち明確に定義され,同一であると認定しやすい単層もしくは単層群.野外での地質図作成や地下調査において対比に役立つ.指標層と同義(§5C.4・§9B.4参照)

鍵層準(key horizon) 層序学的研究において大きな価値がある,特徴的で容易に認定され広範囲に拡がる岩相層序単元の上限または下限(§9B.4参照)

カズゾーン(casuzone) 本質的に時間面と平行な動物群のくりかえしの変化によって上下の境界が区切られた岩体として設定される生層序単元(Vella, 1944, p.622)

間隔帯(interval zone) a. 2つの特定の生層序層準(生層準)間の化石をふくむ地層体よりなるバイオゾーン(§7D.3参照)

b. ある1つのタクサ産出の下限か上限のあいだの地層(North American Stratigraphic Code, 1983, p.862).『当ガイド』の区間帯・間隔帯・系列帯をふくむ

岩石層序学(rock-stratigraphy) 岩相層序学と同義

岩石層序単元(rock-stratigraphic unit) 岩相層序単元と同義

岩石単元(rock unit) 岩相層序単元と同義

岩相(lithofacies) a. 設定された層序単元の側方的かつ地質図に表現できる細区分で,岩相構成にもとづいて隣接する細区分と区別が可能なもの

b. ある岩体の一般的な岩相の特徴あるいは外観,または総体的な岩相の特性(§3A.13・Weller, 1958, p.620-622, 633-634参照)

岩相層準(lithohorizon) 岩相層序層準(lithostratigraphic horizon)の省略形(§5C.9参照)

岩相層序単元(lithostratic unit) a. 岩相データにもとづいたプロトストラティック単元(Henningsmoen, 1961, p.72-74)

b. lithostratigraphic unitの省略形

岩相層序学(lithostratigraphy) 地殻の岩石を岩相特性とその層序関係をもとに記載し系統的に整理することで命名された個々の単元に区分する層序学の一分野(§

5 B. 1 参照)

岩相層序区分 (lithostratigraphic classification) すべての岩体をそれらの岩相特性にもとづいて岩相層序単元に編成すること (§5 B. 2 参照)

岩相層序層準 (lithostratigraphic horizon) 岩相層序学的な変換面であり, 一般には岩相層序単元の境界, または岩相層序単元中の非常に薄い特有な岩相をもつ指標層 (§5 C. 9 参照)

岩相層序帯 (lithostratigraphic zone) 岩相上の特性で識別可能な岩体. まれに引用されるが, 公式岩相層序単元としての正当な名称としての根拠はもっていない (§5 C. 10 参照). 岩相帯 (lithozone) ともいう

岩相層序対比 (lithostratigraphic correlation) 2つの層序断面間における岩相特性と岩相層序的位置の類似性あるいは一致性をしめすこと (§3 A. 9・§5 E 参照). 岩相対比 (lithocorrelation) ともいう

岩相層序単元 (lithostratigraphic unit) 観察しうる明確な岩相特性あるいはそれらの組合せと層序関係にもとづいて定義され認定される堆積岩体・火成岩体・変成岩体 (§5 参照)

岩相帯 (lithozone) 岩相層序帯 (lithostratigraphic zone) の短縮形 (§5 C. 10 参照)

岩相対比 (lithocorrelation) 岩相層序対比参照

岩相年代層序単元 (lithochronostratic unit) 岩相層序単元にもとづいた年代層序区分単元 (Henningsmoen, 1961, p. 66, 73)

岩相年代帯 (lithochronozone) 岩相層序区分単元に対応する年代範囲に形成された岩石によって代表される年代帯 (North American Stratigraphic Code, 1983, p. 860)

完模式層 (holostratotype) 層序単元あるいは層序単元境界の提案時に原著者によって設定されたもともとの模式層 (§4 B. 7. a 参照)

期 (age) 対応する階または亜階 (年代層序単元) の岩石が形成された地質年代の区間 (地質年代単元) (§9 C. 2・表 3 参照)

紀 (period) 対応する系 (年代層序単元) が形成された, 地質年代 (地質年代単位) の区間 (§9 C. 5. a・表 3 参照)

基準面 (datum level; datum plane) 広い地域の層序断面間で対比可能な化石の産出区間の下限あるいは上限 (§7 C. 4 参照)

境界模式層 (boundary-stratotype) 層序単元境界の定義と認定のための基準になる特定のポイントをふくむ, 地層の特定の層序範囲 (§4 B. 3 参照)

凝縮層序断面 (condensed section; condensed succession) かなり長期にわたって非常にゆっくりと堆積した, 比較的薄く連続的な層序断面

凝縮帯 (condensation zone) いくつかのバイオゾーンが集中している単層 (Heim, 1934)

共存区間帯 (concurrent-range zone) 一連の地層中にふくまれる全体の化石のなか

から選定した2つの特定のタクソンの区間帯が共存したり一致したりする部分をふくむ地層体（§7D.2.b参照）

区間（interval） 層序区間（stratigraphic interval）と同義
区間帯（range zone） 一連の層序断面に存在する化石群集から選択された1つあるいは複数の種類の層序区間と地理的範囲をあらわす地層体（§7D.2参照）
クライン（cline） a. ふつう一連の環境上または地理的な移行にともなう，関連する一群の生物によってしめされる漸次的な形態的ないし生理的な変化
 b. ダイアクロニック単元の階層の最小のもの（North American Stratigraphic Code, 1983, p.870）
グラデーション帯（gradation zone） 浮遊性有孔虫の生系列や同様に広く分布する漸進化的な生系列中の，選定された進化段階によって上下の境界が定義された岩体（Vella, 1964, p.621）
クロノソーム（chronosome） 年代的にほぼ同時で盆地内での1堆積期の上限と下限を決定する2つの指標にはさまれた岩体．おもに地表下で認定される特殊なタイプの年代帯（Schultz, 1982, p.29）
クロノタクシー（chronotaxy） もともとHenbest（1952, p.310）により提案されたクロノタクシスと同義
クロノタクシス（chronotaxis） 年代に関する順序の類似性（Henbest, 1952, p.310）．層序的な位置および順序の類似性ないし同一性を意味するホモタクシスという用語を補完するものとして提案された
クロノメア（chronomere） 地質年代の区分区間（Report of the Stratigraphical Code Sub-Committee, Geological Society of London, 1967, p.82）
クロノリス（chronolith） 年代層序単元の1つ（Wheeler, et al., 1950, p.2362）
クロン（chron） a. 漠然とした地質年代区分（H. S. Williams, 1901, p.578, 583）
 b. 年代帯（年代層序単元）の岩石が形成された地質年代区分の範囲（地質年代単元）（§9C.8.a参照）
群集帯（assemblage zone） 3つ以上のタクソンの明確な組合せで特徴づけられ，それにもとづいて上位層・下位層から生層序学的に区別される地層体からなるバイオゾーン（§7D.5参照）

系（system） 通常の公式の年代層序体系の単元で，統より高次で界より低次（§9C.5・表3参照）
系群（system-group） 岩相層序単元のカテゴリにおいて最高次の単元（H. Wang, 1966）
継続区間帯（consecutive-range zone） a. ある化石群の進化系統上の直接的な子孫がはじめて出現する以前のその化石群の最初の生存範囲を内在する地層体（Report

of the Stratigraphic Code Sub-Committee, Geological Society of London, 1967, p. 85)
 b. ある系統の1つのタクソンによってつぎのように特徴づけられたバイオゾーン．すなわちその最下限においてはそのタクソンの前駆タクソンが死滅し，後継タクソンが最上限で出現しはじめることで特徴づけられるバイオゾーン（A Guide to Stratigraphical Procedure, Holland, et al., 1978, p. 13）

形態発生帯（morphogenetic zone）　系列帯と同義（§7 D.4.c 参照）
系統帯（phylozone）　a. 生物年代のあいだに形成された岩石体（Van Hinte, 1976, p. 271；§7 D.4.c 参照）
 b. 系列帯と同義（国際層序ガイド，1976, p. 58-59）
系統発生帯（phylogenetic zone）　系列帯と同義（§7 D.4.c 参照）
系列帯（lineage zone）　進化系列の特定区間を代表する化石をふくむ地層体．これは，ある進化系列内のあるタクソンの全区間を代表してもよいし，タクソンの区間のうち，枝分かれした子孫のタクソン出現直下の，下位の部分だけを代表してもよい（§7 D.4.a 参照）
欠損（vacuity）　削剥欠損と全欠損参照

古遺骸分布圏（paleo-thanatotope）　化石群集（誘導化石をのぞく）が産出する堆積物の全部（van Morkhoven, 1966, p. 312）
コインシデント区間帯（coincident-range zone）　共存区間帯参照
考古層序学・考古層序区分（ethnostratigraphy, ethnostratigraphic classification；archaeostratigraphy, archaeostratigraphic classification）　ふくまれる考古学的遺物の特徴による層序区分；考古層序学（Guide to archaeostratigraphic classification and terminology：definitions and princeples, Gasche and Tunca, 1983, p. 332）
公式層序用語法（formal stratigraphic terminology）　一般化し確立された，あるいは従来からおこなわれて定式化された層序区分体系にしたがって適切に定義された層序単元（公式の層序単元）に適用される用語法（§3 A.5.a 参照）
構成要素模式層（component-straotype）　複合模式層をつくるいくつかの特定の地層区間のなかの1つ（§4 B.4 参照）
構造層序単元（tectono-stratigraphic unit；tectostratigraphic unit）　構造変形による岩相層序単元の混合体
後模式層（lectostratotype）　すでに記述されている層序単元にもともとの模式層（完模式層）の設定がない場合，あとで適切に設定された模式層（§4 B.7.c 参照）
古環境岩相層（lithoecozone）　岩相から推測される隣接する地層の古環境とは区別できるある古環境によって特徴づけられる地層体（Poag and Valentine, 1976, p. 188）
国際境界模式層断面と断面上のポイント（Global Boundary Stratotype Section and Point；GSSP）　国際標準年代層序尺度における命名された2つの層序単元間の層

序境界を,定義し認定するために選定された模式または基準.唯一・特定の場所の特定の地層体中で,唯一・特定のポイントとして設定されたもの.出版物で認定され,露頭断面上で表示される (Cowie, 1986, p.78; Cowie, et al., 1986, p.5)

国際標準年代層序(地質年代)尺度(Standard Global Chronostratigraphic (Geochronologic) Scale) 年代層序単元(それらに対応する地質年代単元)の体系.それは,世界のすべての場所の岩石の年代決定や,世界の地史とすべての場所の岩石を関連づけるための参照の標準尺度を提供するという全世界的視野をもっている (§9 D・表4参照). Stratigraphic Scale of the Stratigraphic Code of the USSR (1979, p.115) に相当

コーザル層序学 (causal stratigraphy) 地質学的できごとと生物進化の相互関係の生態系分析にもとづく層序学的問題の研究法 (Krassilov, 1974, p.170)

コセット (coset) 2つ以上のセットからなる堆積層序単元.そのセットは平行層理層や斜交層理層からなり,侵食や無堆積,あるいは堆積特性の急変などにより形成された初生的に平坦な面により,ほかの平行層理層や斜交層理層から分離される (Mckee・Weir, 1953, p.84)

古土壌 (paleosol) 過去の地表で形成された土壌.埋没土壌・残存土壌あるいは化石土壌といってもよい (Ruhe, 1965, p.755; Valentine・Dalrymple, 1976)

## さ行

作業層序岩石単元 (parastratigraphic rock unit) 客観的な岩相的特徴によって認定される地層群であるが,地質図上に表現できないもの.もっとも一般的には岩相が均質でなかったり普遍でなかったりするもの (Krumbein・Sloss, 1963, p.333)

作業層序単元 (operational unit) ある実際的な目的のために区別される任意の層序単元.たとえば容易に認定でき連続性を確認できる指標層で区切られた単元や,地震波や音波の伝搬速度によって決定される単元 (Sloss, et al., 1949, p.109-110 参照)

削剥欠損 (degradation vacuity) 海進・海退をしめす一連の堆積物のうち,削剥でのぞかれた部分がしめす時間・空間的な空白.不整合部分において,以前に存在していた岩石の削剥によって欠落した部分 (Wheeler, 1964, p.602)

産業岩相層序単元 (industrial lithostratigraphic unit) 帯水層・含油砂岩・採石層・鉱体層などのように,利用目的で認定された層序単元.命名されている場合でも非公式な単元 (§5 C.10 参照)

参照断面 (reference section) 参照模式層と同義 (§4 B.7. e 参照)

参照模式層 (hypostratotype) 完模式層 (と副模式層) がもともと設定されたのちに,ほかの地域にまで層序単元あるいは層序単元境界を拡張するために提案された模式層 (§4 B.7. e 参照)

124 付録 A：層序用語集

ジオクロン（geochron）　岩相層序単元に対応した地質年代の区間（H. S. Williams, 1901, p. 580, 583）

ジオクローン（geochrone）　地質年代の標準単元（H. S. Williams, 1893 b, p. 294）

ジオソル（geosol）　a. 一定の層序位置をもち，側方に追跡可能で，かつ地質図上に表示しうる規模の地質風化断面（Morrison, 1967, p. 3）
　b. 土壌層序区分における基本的で唯一の単元（North American Stratigraphic Code, 1983, p. 850, 865）

ジオリス（geolith）　岩相層序単元（Wheeler, et al., 1950, p. 2362）

磁気層序学（magnetostratigraphy）　岩体の磁気特性をあつかう層序学の一分野（§8 B. 1 参照）

磁気層序単元（magnetostratigraphic unit）　磁気特性（磁場極性にかぎらない）が類似していて周囲の岩体から区別できる岩体（§8 A・§8 B. 3 参照）

磁気帯（magnetozone）　磁気層序単元（§8 A 参照）

磁極期（polarity chron）　磁極節の年代範囲（North American Stratigraphic Code, 1983, p. 870）

磁極節（polarity chronozone）　初生的磁場極性によって特徴付けられる岩石．全地球的な磁場極性年代層序体系の基本単元（North American Stratigraphic Code, 1983, p. 870）

磁気層序区分（magnetostratigraphic classification）　岩体を磁気特性の相違にもとづいて区分体系化すること（§8 B. 2 参照）

シーケンス（sequence）　堆積シーケンス（depositional sequence）ともいう
　a. 年代層序学の分類体系における系の1つ高次の単元．現在，界とよばれている（R. C. Moore, 1933, p. 54 ; Weller, 1960, p. 418, 449）
　b. 大陸の広い範囲に分布し，不整合によって区切られている層群または超層群よりも大きな岩相層序単元（Sloss, et al., 1949, p. 110-111 ; Krumbein・Sloss, 1951, p. 380-381 ; 1963, p. 34-35 ; Sloss, 1963, p. 93-94）
　c. 成因的に関連した相対的に整合的な一連の地層からなる層序単元．その上限と基底は，不整合またはそれに対応する整合によって区切られる（Mitchum・Vail・Thompson, 1977, p. 53 ; Mitchum, 1977, p. 210）

シーケンス層序学（sequence stratigraphy）　a. 侵食・無堆積の面，あるいはそれらに対応する整合面で区切られた，反復的で成因的に関係のある地層の年代層序的枠組みのなかで，岩石の相互関係を研究すること（Van Wagoner, et al., 1987, p. 11）
　b. 年代層序的に重要な面によりつくられた枠組みのなかで，成因的に関係のある相を研究すること（Van Wagoner, et al., 1990, p. 1）

示準化石（index fossil）　地層ないし一連の地層を同定し年代を決定できる化石．とくに，特徴ある形態をもち，比較的普遍的ないし高頻度で産出し，地理的に広範囲に分布し，そして同時性をしめす限定されたせまい層序範囲に分布する化石タクソ

ンはどのようなものでも示準化石となる．最も有効な示準化石は，一般的に浮遊性生物の遺骸（訳注：原文ではguide fossilと同義と記述されているが，その記述内容とこの記述は一致していない．Glossary of Geology 3 rd ed., 1987 によれば，guide fossilの定義の一部にふくまれる）

**磁場極性エクスカーション**（polarity excursion） a. 磁極方向が中間の方向をもち正あるいは逆と明確に区分できない磁場極性層序単位
b. 地磁気双極子の方向が，百年から1万年の周期で15°程度変動すること（Harland, et al., 1982, p. 63；1990, p. 40-141）

**磁場極性逆転層準**（magnetostratigraphic polarity-reversal horizon；polarity-reversal horizon） 反対の磁場極性をもつ一連の岩体を分離する境界面あるいは非常に薄い遷移部（§8B.6参照）．North American Stratigraphic Code（1983, p. 862）では，磁場極性の変化が記録されている明瞭な1枚の面，あるいは遷移帯をなす薄い層準

**磁場極性遷移帯**（magnetostratigraphic polarity-transition zone；polarity-transition zone） 岩体のなかで磁場極性がしだいに変化する厚さ1m程度の層序範囲（§8B.6参照）．North American Stratigraphic Code（1983, p. 862）では，磁場極性の変化が記録されている1m以上の厚さの層序区間

**磁場極性層序区分**（magnetostratigraphic polarity classification） 岩体を地球磁場の極性の逆転に関連した残留磁気の極性変化にもとづく層序単元に区分体系化すること（§8B.4参照）

**磁場極性層序帯**（magnetostratigraphic polarity zone） 磁極帯（polarity zone）と同義．磁場極性層序区分における基本的な公式層序単元．磁極帯は亜磁極帯に細区分でき，超磁極帯にまとめることができる（§8C参照）

**磁場極性層序単元**（magnetopolarity unit；magnetostratigraphic polarity unit） 磁場極性によって特徴づけられる岩体（§8参照）．American Stratigraphic Code（1983, p. 861）では，残留磁気の磁場極性によって周囲の岩石から明らかに区別できる岩体

**磁極帯**（polarity zone） 磁場極性層序帯（magnetostratigraphic polarity zone）と同義．磁場極性によって特徴づけれられる岩石単元．磁場極性層序体系の基本単元（North American Stratigraphic Code, 1983, p. 862）

**磁場極性年代層序単元**（polarity-chronostratigraphic unit） 特定の地質年代区間のあいだに堆積あるいは結晶化したときの初生的な磁場極性の記録を保持している岩体（North American Stratigraphic Code, 1983, p. 869）

**磁場極性年代単元**（polarity-chronologic unit） 磁場極性年代層序単元にふくまれる磁場極性記録にもとづいて認定される地質年代区分（North American Stratigraphic Code, 1983, p. 870）

**磁場磁極帯**（magnetopolarity zone） polarityのみであると，ほかの極性と混同する

おそれがあるので polarity zone のかわりに使用される用語（North American Stratigraphic Code, 1983, p. 862）

**指標・指標層・指標層準**（marker；marker bed；marker horizon）　参照したり基準面としたりするときに有用な，長距離にわたって分布する顕著な層序学的特性をもっている，認識が容易な地層（面・単層）．層序対比あるいは層序的な参照にたいして有益（§5 C. 4・§5 E. 2・§9 B. 4 参照）

**指標ポイント**（marker point）　国際境界模式層断面と断面上のポイント（Global Boundary Stratotype Section and Point）参照

**斜交層理層**（cross-stratum；cross-bed；crossbed）　おもな成層面に斜交する厚さ 1 cm 以上の単層（McKee・Weir, 1953, p. 382）

**斜交不整合**（angular unconformity）　上下の地層の層理面がたがいに斜交する不整合．侵食前の傾動ないし褶曲活動と，そののちの堆積あるいは顕著なオンラップをしめす（§6 B. 2. a 参照）

**種区間帯**（species-zone）　種のタクソン区間帯（国際層序ガイド, 1976, p. 54）

**準整合**（paraconformity）　侵食面が認められなかったり，境界が 1 つの層理面であったり，不整合面の上下の地層が平行であったりするような，不明瞭で不確かな不整合（Dunbar・Rodgers, 1957, p. 119）

**準年代層序単元**（para-time-rock unit）　本質的には年代面に斜交する層序単元．年代をあらわしてはいるが，ほぼ同年代をしめしているにすぎない（Wheeler, et al., 1950, p. 2364）

**準非整合**（paracotininuity）　広い地域にわたり分布する小規模な非整合．軽微であるが明確な侵食をともない，軽微であるが明確な化石群集の不連続をしめす（Conkin・Conkin, 1973）

**礁**（reef）　サンゴなどの固着性石灰質海生生物と，おもにそれらの遺骸とからなる背や丘ににた層状あるいは塊状の構造

**植物群帯**（florizone；floral zone）　特別の化石植物群集により特徴づけられる生層序単元あるいは地層体．年代的意義か，あるいは環境的意義のみをもっているかどうかを問わない．florizonite は同義（Henningsmoen, 1961, p. 69）

**シン遺骸堆積圏**（syn-thanatotope）　2 つ以上のタクサの遺骸個体の共存により特徴づけられる地形的範囲で，それらのオート遺骸堆積圏の重複により形成される（van Morkhoven, 1966, p. 309）

**進化帯**（evolutionary zone）　系列帯（lineage zone）と同義（§7 D. 4. c 参照）

**侵食欠損**（erosional vacuity）　Wheeler（1958, p. 1057）によって使用された用語で，のちに削剥欠損（Wheeler, 1964, p. 602）に変更

**シンセム**（synthem）　一連の層序上ではっきりとしめすことができ，重要かつ明白で，広域的もしくは超広域的な規模をもつ不連続面によりその上下を区切られた岩体．基本的な不整合境界単元（§6 B. 1・§6 C・Chang, 1975, p. 1546 参照）

侵入化石（infiltrated fossils）　導入化石（introduced fossils）参照

シンビオトープ（syn-biotope）　2つ以上の分類学的単元のオートビオトープが重なる地域（van Morkhoven, 1966, p. 306, 309）

新模式層（neostratotype）　破壊されたり，おおわれたり，到達できなくなったりした古い模式層のかわりに設定されたあたらしい模式層（§4B. 7. d 参照）

水文層序単元（hydrostratigraphic unit）　かなりの側方への拡がりをもち，かなり明確な水文系の地質学的枠組を構成している岩体（Maxey, 1964, p. 126）

水文地質単元（geohydrologic unit）　水文層序単元参照

スーツ（suite）　a.（層スーツあるいはスーツ）いくつかの密接に関連した部層をふくむ岩相層序単元．モノセムと部層のあいだの中間規模の単元（Caster, 1934, p. 18）
　b. 類似の岩相か関連している岩相をもつ，時間・空間・起源の面で緊密に関連性のある明らかに同源マグマの貫入火成岩体の組合せ
　c. 旧ソビエト連邦およびいくつかの東欧諸国で広く使用された地域的層序単元で，およそあるいは正確に層に対応
　d. リソディームよりも1つ高次のリソデミック単元．同クラスの2つ以上のリソディーム（たとえば，深成岩類・変成岩類）からなる（North American Stratigraphic Code, 1983, p. 860）

ストラトメア（stratomere）　岩相シーケンスの任意の部分（Report of the Stratigraphical Code Sub-Committee, Geological Society of London, 1967, p. 83）

スーパーソーム（supersome）　連続的で堆積的に系列的なクロノソームの組合せ（Schultz, 1982, p. 29-31）

スパン（span）　ダイアクロニック単元のなかの，低次の階層の単元（North American Stratigraphic Code, 1983, p. 870）

世（epoch）　地質年代体系のなかで期より高次で紀より低次の地質年代単元．この期間に対応する名称の統の岩石が形成された（§9. C. 4 参照）

生間隔帯（biointerval zone）　間隔帯（interval zone）と同義（国際層序ガイド，1976, p. 60）

生基準面（biodatum）　§7C. 4 の datum と同義

生系列（bioseries）　バイオシリーズともいう．示準化石の形態的特徴の前進的構造発達段階によりしめされる形態進化学的系列（Glaessner, 1945, p. 225）

整合（conformity）　a. ほとんどあるいはまったく時間の間隙がなく，順序通りに堆積した上下に隣接した堆積層間の相互関係
　b. 侵食，堆積や顕著な堆積間隔の存在の証拠のない，若い地層と古い地層との境界面（Mitchum, 1977, p. 206）

生層準（biohorizon）　生層序層準（biostratigraphic horizon）の短縮語（§7C. 4 参

照)

生層序学（biostratigraphy） 層序記録のなかの化石の分布を取りあつかい，ふくまれる化石にもとづいて地層を層序単元に編成する層序学の一分野（§7C.1参照）

生層序区分（biostratigraphic classification） 化石の内容にもとづいて，層序断面を命名された層序単元へと系統的に細区分・編成すること

生層序層準（biostratigraphic horizon） 生層準（biohorizon）ともいう．生層序的特性が大きく明確に変化する層序的な境界面あるいは接触面（§7C.4参照）

生層序帯（biostratigraphic zone） バイオゾーン（biozone）のb参照．すべての種類の生層序単元にたいする一般的な用語．基本的な生層序単元（§7C.3参照）

生層序対比（biostratigraphic correlation） 生対比（biocorrelation）ともいう．2つの層序断面間での化石内容や生層序的位置の類似性または対応性をしめすこと（§3A.9・§7G参照）

生層序単元（biostratigraphic unit；biostratic unit） ふくまれている化石や古生物学的特徴にもとづいて定義，または特徴づけられる地層（§7参照）．古生物資料にもとづく層序単元；biostratic unit は biostratigraphic unit の短縮語（Henningsmoen, 1961, p.63, 68）

生層序年代単元（biochronostratic unit） 生層序単元（biostratic unit）にもとづく年代層序単元（Henningsmoen, 1961, p.66）

生体群集（biocoenosis） a. 共存し1つの自然生態単元をつくる生物の群
b. 生活場所とおなじところで発見される化石群集（§7B.2参照）

生態地層帯（bioecozone） 化石の内容から推定され，隣接する地層の古環境とは区別される古環境によって特徴づけられる地層体（Poag・Valentine, 1976, p.188）

生対比（biocorrelation） 生層序対比（biostratigraphic correlation）参照

生物相（biofacies） 生層序相（biostratigraphic facies）ともいう．化石の内容によりしめされる層序単元や区間の生層序学的な外観（§3A.13・Weller, 1958, p.622-623, 634-635参照）

生物相帯（biofacial zone） 特徴的な化石群集によって代表される生物群の環境のくりかえしに起因して，1つの層序体のなかでくりかえされるバイオゾーン（Woodford, 1965, p.164-169）

生物年代（biochron） ビオクロンともいう．バイオゾーンがあらわすその全時間．動物群や植物群，あるいはその構成要素の完全な存続期間（H.S. Williams, 1901, p.579-580, 583；国際層序ガイド, 1976, p.48）

生物年代学（biochronology） 地質学的な出来事の生層序的手法や証拠による相対的年代決定にもとづいた地質年代学（Teichert, 1958a, p.103）

生物年代帯（biochronozone） いかなる場所でも，ある生層序単元の年代範囲中に形成された岩石体をあらわす年代帯（North American Stratigraphic Code, 1983, p.869）

**生物年代単元**（biochronologic unit） 生層序資料にもとづいて区別される地質年代の区分（Teichert, 1958 a, p. 113）

**生物微相**（microbiofacies） 微相層序解析における生物的特徴（Fairbridge, 1954, p. 683）

**セキュール**（secule） 生層序帯の年代範囲（Jukes-Browne, 1903, p. 37）

**セクロン**（sechron） 任意の堆積シーケンスがあらわす地質年代の最大区間．そのシーケンスの境界が不整合から顕著な堆積間隙がない整合に側方に変化することで規定される（Mitchum, 1977, p. 210）

**舌状体**（tongue） 岩相層序単元の主岩体からその外側にはみでた部分（Stephenson, 1917・§ 5 C. 3 参照）

**セット**（set） **a.** 侵食・無堆積，あるいは特徴が急変する面により，ほかの堆積単元から分離される，もともと整合あるいは斜交成層した一群の地層（McKee・Weir, 1953, p. 382-383）
**b.** 同一の岩相の 2 つ以上の連続的な地層からなる単元（Bokman, 1956, p. 126）

**セノゾナイト**（cenozonite） 群集帯（assemblage zone）の代用語（Henningsmoen, 1961, p. 68）

**セノゾーン**（cenozone） ギリシア語に由来し，群集帯（assemblage zone）と同義（R. C. Moore, 1957 a, p. 1888）（§ 7 D. 5. c 参照）

**全欠損**（total vacuity） 地層群のなかで侵食と無堆積による区間もしくは堆積間隙（Wheeler, 1959 b, p. 1058）

**全体的区間帯**（total-range zone） 特定の化石グループの産出する水平的・上下の完全な分布区間からなる地層体（Report of the Stratigraphical Code Sub-Committee, Geological Society of London, 1967, p. 85）

**相**（facies） 岩石の相貌・外観・性質，あるいは特性（通常起源を反映した）のあらわれを意味する．おそらく"相"ほどむやみに広い概念で使用されてきた地質用語はないであろう．Gressly（1838）の定義では，"相"は岩相的外観の側方変化を表現するものであった．しかし，相はそののち拡張して使用され，堆積あるいは形成環境（デルタ相・海成相・火山相・浅海相），岩相構成（砂岩相・石灰岩相・赤色層相），地理的あるいは気候的な関連（テチス相・北方相・熱帯相・ドイツ相），化石の内容（筆石相・貝殻相），構造的関連（造山相・地向斜相）および変成度を表現するようになってきた．"相"はまた岩体を外観という特徴で区別するための名詞として使用される．"相"という地質用語を使用する場合は，岩相・生物相・変成相・構造相などのように相の種類が明確に判断できるようにすることがのぞましい．相はどのような階層の岩体（岩相層序単元）にも使用すべきでない（§ 3 A. 13・Teichert, 1958 b・Weller, 1958 参照）

**層**（formation） 岩相層序単元の階層では中間的な階層の岩体．岩相特性と層序的位

置にもとづいて定義・認定される．層は公式の岩相層序区分の基本的な単元（§5 C.2参照）

**層群**（group）　層より高次の公式岩相層序単元．この用語は，顕著で特徴的な岩相特性が共通している2つ以上の隣接したり関連したりしている層の集合体にたいしてもっとも一般的に適用される（§5C.6参照）

**層準**（horizon）　層序断面の特定の位置をしめす境界面．実際，この用語は明瞭な非常に薄い層にたいしてしばしば使用されてきた．岩相層準・生層準・年代層準・地震波層準などのように，関係する層序学的特性に応じて多種類の層序学的層準がありえる（§3A.8参照）

**層状**(bedded)　単層群として形成され，配列され，または堆積した状況．すなわち，単層群の形でつくられ，あるいは存在している状況

**層序学**（stratigraphy）　地殻を構成するすべての岩体（堆積岩体，火成岩体，変成岩体）の記載と，それらの岩体を固有の特性や属性にもとづいて地質図上に作図できる特徴的で有用な層序単元に整理することをあつかう科学．層序学的手順には，記載・層序区分・命名と，時空間における関係を明白にするための対比などがふくまれる（§3A.1参照）

**層序区間**（stratigraphic interval）　2つの層序指標間の地層．区間（interval）ともいう

**層序区分**（stratigraphic classification）　もともとの関係がわかるように，岩体を岩体自身がもついくつかの特性や属性にもとづいて体系的に整理すること（§3A.3参照）

**層序単元**（stratigraphic unit；stratic unit）　地質体を区分するうえで，岩石がもっている多くの特性と属性中のいずれかにもとづく層序単元（個別の独立した存在）として認定される岩体．ある特性にもとづいて認定された層序単元は，ほかの特性にもとづいた層序単元とはかならずしも一致しないであろう（§3A.4参照）．stratic unit は同義（Henningsmoen, 1961, p.63）

**層序的リーク**（stratigraphic leakage）　より若い年代の堆積物や化石がより古い岩石内またはその下位に堆積する過程．その過程の産物は層序的リーク（stratigraphic leak）という（Foster, 1966, p.2604）

**層序用語**（stratigraphic terminology）　層・階・バイオゾーンのような，層序区分に使用されている単元用語全体（§3A.5参照）

**相変遷**(facies evolution)　堆積条件の漸次的変化をしめす相の漸次的変遷(Teichert, 1958 b, p.2723)

**相模式層**（faciostratotype）　局地的な参照，あるいはことなる相の参照のために設定された補助的模式層．模式層でしめされる年代層序単元の期間中に存在していたことなる生態学的条件を区別するもの（Sigal, 1964）

**層理**（bedding）　さまざまな厚さと属性をもつ単層群としての堆積岩の配列のこと．

layeringと同義
層理面（bedding plane）　成層している堆積岩類で，累重する地層のなかを明瞭に分離する平面的もしくはほぼ平面的な地層面．この用語は顕著に褶曲変形しているときの地層面にたいしても使用
相累重（facies sequence）　上下方向に累重する相（Teichert, 1958 b, p. 2723）
属区間帯（genus-zone）　ある属のタクソン区間帯（国際層序ガイド, 1976, p. 54）
ゾナイト（zonite）　区間帯と同義（Henningsmoen, 1961. p. 68）
ゾニュール（zonule）　ファウニュールをふくむ地層や地層群で，その厚さと地域はそのファウニュールの上下，水平的産出範囲によって制約される（Fenton・Fenton, 1928, p. 20-22）．現在では一般にバイオゾーンや亜バイオゾーンを細区分したものに使用（§7 C. 7参照）

## た行

代（era）　地質年代体系のなかで紀より高次で累代より低次の地質年代単元．この期間に対応する名称の界の岩石が形成された（§9 C. 6参照）
帯（zone）　多くの層序区分のカテゴリに使用されている層序単元．岩相帯・バイオゾーン・年代帯・磁極帯など，層序学的特性に応じて多種の帯がある．使用された帯の種類は明確にしめさなければならない（§3 A. 7参照）
ダイアクロニック単元（diachronic unit）　地質年代単元の1つ．同一年代範囲をしめさない岩相層序・アロ層序・生層序・土壌層序単元，またはそれらの単元の集合からなる（North American Stratigraphic Code, 1983, p. 870参照）
ダイアクロン（diachron）　基本的かつ非階層的ダイアクロニック単元（North American Stratigraphic Code, 1983, p. 870-871参照）
ダイアステム（diastem）　a. 層序断面における堆積の小休止・堆積間隙で，おもに気候的要因の周期的な変動による（Barrell, 1917, p. 794）
　b. 堆積の短い断絶．堆積の再開以前に前に堆積した物質の侵食がほとんどもしくはまったくないもの（§6 B. 2. c参照）
堆積間隙（hiatus）　a. 一連の地質記録における休止もしくは中断．一般的に存在すべき岩石の層序の欠如としてしめされ，無堆積であったか，上位の地層の堆積前に削剥されたかによる
　b. 岩石中で不整合としてはあらわせないような時間間隙
　c. 海退—海進期における無堆積の空間・時間の量をしめす年代層序単元（Wheeler, 1958 b, p. 1057）
堆積間隙ホロソーム（hiatal holosome）　ホロソーム参照
堆積体（systems tract）　いくつかの相互に漸移的で部分的には同時の堆積システムをとりまとめた岩相体．たとえば河川・デルタ・陸棚・斜面システム（Brown・

Fisher, 1977, p. 215)

堆積ホロソーム（depositional holosome）　ホロソーム参照

対比（correlation）　層序学的な意味では対比するとは，地理的に離れている層序断面や岩体間で，その特徴や層序的位置の一致性をしめすことである．対比には強調する属性によりことなる種類がある（§3 A.9・岩相層序対比・生層序対比・年代層序対比参照）

タイルクロン（teilchron）　特定の化石により地域的に認定できる年代区間

タイルゾーン（teilzone；teil-zone）　a. ある種の存在する地域的な生存期間（Pomeckj, 1914）
　b. 全体的区間帯とは対照的に，ある特定の地域や層序断面におけるタクソンの区間帯．地域的区間帯やトポゾーン（topozone）と同義（§7 D.2.a.iv 参照）

ダウンラップ（下接）（downlap）　地層が，初生的に水平または傾斜したその基底面にたいして初生的に下方に傾斜して尖滅する関係（Mitchum, 1977, p.206 参照）

タクソン（複：タクサ）（taxon；複：taxa）　特定の種・属，もしくは科のような階層の生物の命名された分類群．またこれらの群に与えられた名称

タクソン区間帯（taxon-range zone）　種・属・科など，あるタクソンの化石が層序的・地理的に産出する範囲をしめす地層体（7 D.2.a 参照）

多産帯（abundance zone）　組合せや産出区間と無関係に特定のタクソンあるいは特定の複数のタクソンが，層序断面の隣接する部分よりも明瞭に豊富に産出する単層あるいは地層体からなるバイオゾーン（§7 D.6 参照）

多重区間帯（multifossil range zone）　生層序単元の1つ．特別なタイプの区間帯で，多数のことなる化石の区間帯の集中により特徴づけられる（American Commission on Stratigraphic Nomenclature, 1957, Report 5, p.1884）

タフォノミー（taphonomy）　植物と動物遺骸の起源とその埋積様式に関係する古生態学の一分野

単元模式層（unit-stratotype）　層序単元の定義・特徴づけのために参照標準として役立つ地層の模式断面（§4 B.2 参照）

単層　a. bed：多かれすくなかれ明確な層理面で上下を区切られた堆積物または堆積岩の層．単層は堆積岩類の岩相層序単元の階層のなかで最小の公式単元．一般に"stratum"や"layer"の同義語として使用される（§5 C.4・Campbell, 1967, p.12-20 参照）
　b. layer：堆積岩類・火成岩類・変成岩類の平板状の岩体にたいする一般的な用語（Calkins, 1941 参照）
　c. stratum（複：strata）：明瞭な層理面により区分される隣接する層と区別できる岩相上の特性あるいは属性で特徴づけられる地層（普通は平板状の岩体）（§3 A.2 参照）

単層群（beds）　a. 完全にはわかっていないが，類似した一連の岩相からなるか，

あるいは経済的に重要である地層にたいする非公式用語

b. 同様な岩相からなる一連の地層からなるものにたいする公式層序単元（§5 C. 4 参照）

単層セット（bedset） 同一組成と堆積構造によって特徴づけられた累重する2つ以上の単層（Campbell, 1967, p. 16-17, 20-21）

地域的区間帯（local-range zone） a. 特定の地域部分で認められるタクソン区間帯（American Commission on Stratigraphic Nomenclature, 1957, Report 5, p. 1883）. タイルゾーン・トポゾーンと同義（§7 D. 2. a. iv 参照）

b. ある特定の化石グループの産出で特徴づけられる, 特定の地域部分における地層体（Report of the Stratigraphic Code Sub-Committee, Geological Society of London, 1967, p. 85）

地形層序単元（morphostratigraphic unit） 基本的に岩体自身が形成する地形面で認定される岩体. 隣接する単元とは岩相的に区別できることもあるし, できないこともある. この用語は典型的には, 氷河性のモレーンや扇状地・海浜リッジなどの, 地表の堆積物にたいして使用（Frye・Willman, 1960, p. 7）

地質年代学（geochronology） 年代測定と地球史上の出来事の時間的順序を決定する科学（§3 A. 10 参照）

地質年代区間（geochronologic interval） 2つの地質学的出来事間の年代区間（国際層序ガイド, 1976, p. 14）

地質年代測定学（geochronometry） 数千または数百万年といった地質年代の量的（数的）な計測をあつかう地質年代学の一分野（§3 A. 12 参照）

地質年代測定単元（geochronometric unit） 何千年とか何百万年と定量的に表示された地質年代の単元

地質年代単元（geochronologic unit） 地質年代の単元（§2 D・§3 A. 11・§9 A 参照）

地層対比（stratum correlation） 地層または一連の地層の年代層序対比（Henningsmoen, 1961, p. 64）

地層命名法（stratigraphic nomenclature） 特定の層序単元に与えられる固有の名称の体系（§3 A. 6 参照）

地層面（bedding surface） 成層した岩体中に形成され, 初生的堆積面をしめす通常は明瞭な面. 堆積岩の隣接する2つの単層間の分離面または境界面. もしこの面が多少でも規則的または平面的であれば, 層理面と呼ばれる

地層累重の法則（law of superposition; principle of superposition） Steno (1669) により提唱されたすべての地質年代学の基礎となる一般法則ないしは原理. 逆転していない堆積岩や火山噴出岩のような層状岩体においては, 最も若い地層は最上位にあり, 最も古い地層は最下位にある

超階（superstage） いくつかの隣接する階をまとめたもの（§9 C. 3 参照）

超スーツ（supersuite）　スーツのつぎに高次の2つ以上のスーツからなるリソデミック単元．あるいは上下か側方かのいずれかの方向におたがいにある程度の本質的な関係をもつ複合体（North American Stratigraphic Code, 1983, p.860）

超層群（supergroup）　共通に重要な岩相上の特性をもついくつかの層群の集合，複数の層群・層の集合体からなる岩相層序単元（§5 C.7 参照）

超バイオゾーン（superbiozone；superzone）　共通的な生層序学的特性をもっているいくつかのバイオゾーンをまとめたもの（§7 C.6 参照）

ディビジョン（division）　a. 階とおそらく統に相当する年代層序単元．しかし，地域的ないしもっと限定された地理的範囲をもつ（Størmer, 1966, p.25）
　　b. 任意の種類の任意の非公式層序単元（Report of the Stratigraphical Code Sub-Committee, Geological Society of London, 1967, p.79）

テクトソーム（tectosome）　一様な構造的状態をしめす地層体．一様な構造環境の堆積岩中の記録（Weller, 1958, p.625, 636）

テクトトープ（tectotope）　共通の構造運動のもとでの堆積をしめす特徴をもつ一連の地層（Sloss, et al., 1949, p.96；Weller, 1958, p 616, 636 参照）

テクトファシス（tectofacies）　側方で同層準の地層から分離されることとなった構造的特徴をもった地層の集合（Sloss, et al., 1949, p.96；Weller, 1958, p.623, 635 参照）

統（series）　年代層序体系中で階より高次の階層で，系より低次の層序単元．つねに系の細区分（§9 C.4・表3 参照）

同位体年代（isotopic age）　放射性同位体の壊変のあいだの親元素と娘元素の量を定量することにより計算された，年ないし百万年であらわした年代．Kaが千年（$10^3$年），Maが百万年（$10^6$），そしてGaが十億年（$10^9$）の略語であり，過去の地質年代の期間ではなく，現在から過去の年代幅をあらわすのに一般的に使用

導入化石（introduced fossils）　本来はあたらしい年代の岩石中にふくまれていて，のちに，さまざまな仕方で移動して現在はより古い地層にふくまれている化石（§7 B.4 参照）

動物群急変（faunal break）　一連の層序のなかの明確な一層準である化石群集から，ほかの群集への急激な変化．通常不整合や堆積間隙により，ときには堆積の中断なく海底の生態の変化により形成される．上下方向に累重する単層群中にみられる単一の生物の規則的な進化のなかでの中断

動物群クロン（faunichron）　Buckman（1902）の動物群帯に対応する地質年代区間（Dunber・Rodgers, 1957, p.300）

動物群帯（faunizone；faunal zone）　a. 化石群集により特徴づけられた地層体（Buckman, 1902, p.557）

b. 特別の化石動物群集により特徴づけられる生層序単元あるいは地層体. 年代的意義か, あるいは環境的意義のみをもっているかどうかは問わない. faunizonite と同義 (Henningsmoen, 1961, p. 69)

独立単元 (independent units)　たがいに接触しない層序単元 (Henningsmoen, 1961, p. 66)

土壌層 (pedoderm)　地表にあったり, 一部あるいは全部が埋没したりしている, 全体あるいは一部が切断された地質図に表現できる土壌層単元. 全側方に認定でき, 図化できる物理的性質と層序関係をもつ

土壌層準 (pedologic horizon)　埋没土壌が上位に形成される岩相層序・アロ層序・リソデミック単元の形成にひきつづいて発生した土壌形成作用の産物 (North American Stratigraphic Code, 1983, p. 864)

土壌層序単元 (pedostratigraphic unit ; soil-stratigraphic unit ; pedostratigraphic unit)　1つ以上の岩相層序・アロ層序・リソデミック単元の中に形成され, 1つ以上の公式に定義された岩相層序・アロ層序単元におおわれている1つ以上の土壌層準からなる岩体 (North American Stratigraphic Code, 1983, p. 864)

トップラップ (頂接) (toplap)　おもに軽微な侵食をともなう無堆積 (堆積物の通過) の結果による, 上位の面にたいする地層の尖滅 (Mitchum, 1977, p. 211)

トポストラティグラフィック単元 (topo-stratigraphic unit)　通常の広域的層序単元で, 岩石単元と生層序単元の組合せから構成される (Jaanusson, 1960, p. 218). Henningsmoen (1961) の複合トポスラティック単元と同義

トポストラティック単元 (topostratic unit)　層序単元 (stratic unit) の地域的部分で, 地域的な単元 (Henningsmoen, 1961, p. 67)

トポ層序学 (topostratigraphy)　予備的な層序学. 岩相層序学と生層序学をふくむ

トポゾナイト (topozonite)　地域的に発達する区間帯でしめされる生層序単元. 地域的区間帯と同義 (Henningsmoen, 1961, p. 68)

トポゾーン (topozone)　a. 地域的区間帯やタイルゾーンと同義 (R. C. Moore, 1957 a, p. 1888) (§7 D. 2. a. iv 参照)
b. (topobiozone, topohontozone)　タクソンの地域的な生存区間で代表される年代生層序単元 (Henningsmoen, 1961, p. 69)

## な行

年代セット単元 (time-set unit)　年代的に連続したセット (年代セット ; time-set) 中に整理された, 年代の連続的区間をあらわす層序単元 (Henningsmoen, 1961, p. 66)

年代層準 (chronohorizon)　年代層序層準 (chronostratigraphic horizon) の省略形 (§9 B. 4 参照)

136 付録A：層序用語集

年代層序学（chronostratigraphy；time-stratigraphy）　岩体の相対的な年代関係と岩体そのものの年代をあつかう層序学の一分野（§9B.1参照）

年代層序区分（chronostratigraphic classification）　地殻の岩石をその形成年代にもとづいて層序単元へ区分体系化すること（§9B.2参照）

年代層序層準（chronostratigraphic horizon）　年代層準（chronohorizon）ともいう．どこでも同一年代をしめす同時的な層序面または境界面．"年代層序層準"や"年代層準"は一般に分布域全体にわたって本質的に同時的な非常に薄い特徴的な層序区間にたいしても適用されてきた（§9B.4参照）

年代層序帯（chronostratigraphic zone）　年代帯（chronozone）と同義

年代層序対比（chronostratigraphic correlation；chronocorrelation）　年代対比（time correlation）ともいう．2つの層序断面間で年代や年代層序位置の一致をしめすこと（§3A.9・§9I参照）

年代層序単元（chronostratigraphic unit；chronostratic unit；time-rock unit）
　a. 年代境界をもつ層序単元（Henningsmoen, 1961, p.66, 75-59）
　b. 地質年代のある特定の期間に形成されたすべての岩石をふくむ岩体（§9とくに§9B.3参照）．chronostratic unitはchronostratigraphic unitの省略形

年代測定単元（chronometric unit）　地質年代測定単元（geochronometric unit）と同義

年代帯（chronozone）　どこであれ，ある設定された層序単元または地質体の年代範囲に形成された岩体．年代層序単元の階層体系にはぞくさない，階層が特定されていない公式年代層序単元（§9C.8参照）

年代対比（chronocorrelation）　年代層序対比（chronostratigraphic correlation；chronocorrelation）と同義

年代面対比（time-level correlation）　年代面の対比（Henningsmoen, 1961, p.64）

## は行

バイオストローム（biostrome）　おもに固着生物の遺骸で構築され丘状や丸いレンズ状の形状には増大していない，明瞭に成層し広範なまたは広く薄いレンズ状で毛布状の岩体（Cumings, 1932, p.334；Weller, 1958, p.612-613, 636参照）

バイオソーム（biosome）　a. ことなった特徴をもつ1つ以上の生層序単元と指交関係にある生層序単元．リソソームに対応する生層序用語（Wheeler, 1958a, p.647-648）
　b. 一様な生物学的条件のもとで堆積した堆積物（Sloss, in Weller, 1958, p.625）．一様な生物学的環境または生活圏の記録．一様な古生物学的内容をもつ3次元的岩体（Weller, 1958, p.625, 636参照）

バイオゾーン（biozone）　a. 地層中に埋積された生物によってしめされる生物の生

存期間（Buckman, 1902）

b. すべての種類の生層序単元にたいする一般的な用語．基本的な生層序単元（§7 C.3参照）．biostratigraphic zone（生層序帯）の略語

バイオハーム（bioherm）　サンゴ類・藻類・貝類などの固着生物によって構築された台地状・ドーム状・レンズ状，または礁状の岩石塊で，ほぼ例外なく石灰質堆積物から構成されている（Cumings・Shrock, 1928, p.599；Cumings, 1930, p.207, 1932）

バイオメア（biomere）　ある1つの系統にぞくする優勢なタクソンの急激な非進化的な変化で区切られた地域的な生層序単元．これらの変化はかならずしも，堆積岩類記録のなかでの物質的不連続に関係していない．そして，それらはおそらく非同時的（Palmer, 1965, p.149-150）

バイオレベル（biolevel）　§7 C.4 の level と同義

パラクロノロジー（parachronology）　生層序学的に有効な化石を副次的に使用したり，それにかわる化石にもとづいたりする地質年代学（Schindewolf, 1950, p.84-85）

パラシーケンス（parasequence）　海汎濫面とそれに対応する面によって区切られる成因的に関連した単層群や単層のセットからなる，相対的に整合一連の地層（Van Wagoner, 1985, p.91-92；Van Wagoner, et al., 1987, p.11）

パラシーケンスセット（parasequence set）　大規模な海汎濫面とそれに対応する面によって区切られる特有の累重をしめす，成因的に関連したパラシークエンスの重なり（Van Wagoner, et al., 1987, p.11）

パラストラティグラフィー（parastratigraphy）　オルソストラティグラフィーに使用されている以外の化石にもとづく補助的な層序学（Schindewolf, 1957, p.397）

パルヴァ相（parvafacies）　マグナ相を横切って分布する年代層序層準や鍵層によって区切られる岩体（Caster, 1934, p.19）

バンド（band）　地層の対比にあたって有用な，特有な岩相や色調をもつ薄層（Calkins, 1941 参照）

ビオトープ（biotope）　動物や植物の群集が生活している，あるいは生活していた環境（Wells, 1944, p.284, 1947, p.119；Weller, 1958, p.614-615, 636 参照）

微岩相（microlithofacies）　微相層序解析における岩相的特徴（Fairbridge, 1954, p.683）

ピーク帯（peak zone）　多産帯と同義（§7 D.6.c 参照）

非公式岩相層序単元（informal lithostratigraphic unit）　まれに引用されるが，公式単元としての正当な名称としての充分な必要性・情報，適切な基準のない岩体（§5 C.10 参照）

非整合（disconformity）　層序的中断の上下の地層の層理面が本質的に平行である不整合．見かけの平行性は地域的な拡がりが限定される（§6 B.2.b 参照）

微相（microfacies）　低倍率の顕微鏡下でのみ観察でき同定できる堆積岩の特徴的で明瞭な様相（Brown, 1943, p.325；Cuvillier, 1951）

標準地質年代区分用語（chronomeric standard terms）　公式地質年代階層にたいする用語群（Report of the Startigraphical Code Sub-Committee, Geological Society of London, 1967, p.82）

標準地質年代層序区分用語（stratomeric standard terms）　公式の年代層序区分体系の用語（Report of the Stratigraphic Code Sub-Committee, Geological Society of London, 1967, p.83）

標準生層序帯（standard zone）　特定の地層が特徴的な動物群をふくむ模式断面にもとづくバイオゾーン．この動物群を産出する最下部の地層の下限がそのバイオゾーンの下限と定義される．帯の上限は明確には定義されない（Callomon, 1965, p.82）

ファウニュール（faunule）　単層あるいはいくつかの連続的な単層中に存在し，あるひとつの群集の代表者が優勢な化石動物群集（Fenton・Fenton, 1928, p.20-22）

フェーズ（phase）　多数の多岐にわたる，しばしばあいまいな層序的意味で使用される用語．層序的命名には使用しないのが最善（Weller, 1958, p.619-620, 633 参照）

フォーマット（format）　選定された2つの指標（たとえば電気検層指標）にはさまれるすべての岩石からなる非公式の岩相層序単元．それらの指標は岩相変化があっても側方に拡張されうる（Forgotson, 1957, p.2110）

複合岩体（complex）　a. ことなった年代や型の岩石種（堆積岩類・火成岩類・変成岩類）のいくつかの組合せからなる岩相層序単元であり，不規則にまじりあった岩相や，もともとの構成岩石の順序が不明瞭になり，個々の岩石あるいは一連の岩石群が地質図上で容易には表現できないほどに高度に複雑化した構造関係で特徴づけられる（§5C.8・§5F.4参照）
b. リソデミック単元．複雑な構造の有無に関係なく2つ以上の起源をもつ岩石（火成岩類・堆積岩類または変成岩類）の組合せまたは混在からなる単元（North American Stratigraphic Code, 1983, p.861）

複合トポストラティック単元（mixed topostratic unit）　下限を岩相のデータによって，上限を古生物的データにより（逆の場合もある）決定した地域層序単元（Henningsmoen, 1961, p.74）

複合模式層（composite-stratotype）　構成要素模式層として知られるいくつかの特定の地層区間や模式地域の組合せにより構成される単元模式層（§4B.4参照）

副模式層（parastratotype）　定義された層序単元の多様性あるいは異質性をしめすために，または完模式層で明瞭でなかったり露出していなかったりするいくつかの重要な性質をしめすために，原記載で原著者によって設定された補助的な模式層（§4B.7.b参照）

不整合（unconformity）　層序体のなかの大きな堆積間隙あるいは堆積の中断をあら

わしている岩体間の侵食面．不整合はその下位の古い地層の陸上あるいは水中での露出と侵食による一部の欠如で形成される（§6B.2参照）

**不整合境界単元**（unconformity-bounded unit）　層序記録のなかで上限・下限が特別に設定された明確な不連続で区切られた岩体．この不連続は広域的もしくは超広域的な拡がりをもつことがのぞましい（§6参照）

**部層**（member）　層の1つ低次の階層の公式岩相層序単元であり，つねに層の一部を構成（§5C.3参照）

**部分区間帯**（partial-range zone）　あるタクソンの区間のなかをほかの1つのタクソンの産出の最上限とそれとはことなるタクソンの最下限にはさまれた部分を細区分することによって設定された間隔中の地質体（Report of the Stratigraphical Code Sub-Committee, Geological Society of London, 1967, p.85；§7D.3.a参照）

**フラッド帯**（flood zone）　多産帯と同義（§7D.6.c参照）

**プロストラティグラフィー**（prostratigraphy）　岩相や古生物学的検討がなされているが地質年代についての検討がなされていない"予備的な層序学"にたいする用語（Schindewolf, 1954a, p.25）

**プロトストラティック単元**（protostratic unit）　特別な岩相や特別な含有化石のような共通する物理的特性をもつ層からなる層序単元（Henningsmoen, 1961, p.66）

**フロールール**（florule）　単層あるいはあまり厚くない連続的な単層中に存在し，あるひとつの群集の代表者が優勢な化石植物群集（Fenton・Fenton, 1928, p.15）

**ベースラップ（基接）**（baselap）　堆積シーケンスの下位の境界での地層の収束状況を記述する用語．その関係がオンラップかダウンラップかの判断が困難または不可能な場合にかぎって使用される（Mitchum, 1977, p.205）

**ヘメラ**（hemera）　1つもしくは複数の種の進化の最盛期に対応する地質年代の単位（Buckman, 1893, p 481-482, 1902, 1903；Jukes-Browne, 1903）

**補助参照断面**（auxiliary reference section）　参照模式層と同義（§4B.7.e参照）

**ホモタクシー**（homotaxy）　ホモタクシスともいう．連続的配列の相似性．とくに，離れた地域の層序もしくは一連の化石層序間に認められる生物分類学上の類似性．もしくは，年代とはかかわりなしに，ことなる層序断面間の対応した位置に同一の化石がふくまれるといった地層の状況．この場合，この用語は，分類学的類似性と同時性を混同するという当時の誤りを避けるために，Huxley（1862, p. xlvi）により最初"ホモタクシス"として提案された

**ホロストラティック単元**（holostratic unit）　1つの層序単元の局地的部分（Henningsmoen, 1961, p.67）

**ホロストローム**（holostrome）　完全な（復元された）海進—海退の一連の堆積（のちに侵食でのぞかれたと思われる地層をふくむ）の空間・時間量をあらわす年代層

序単元（Wheeler, 1958 b, p. 1055-56）
ホロゾナイト（holozonite）　完全な区間帯をあらわす生層序単元（Henningsmoen, 1961, p. 68）
ホロソーム（holosome）　年代層序単元．堆積物からなる部分（堆積ホロソーム）と無堆積の時間・空間量をしめす部分（堆積間隙ホロソーム）が指交関係にある単元（Wheeler, 1958 b, p. 1061）
ホロゾーン（holozone）　ホロバイオゾーン・ホロントゾーンともいう．あるタクソンの全生存範囲をしめす生層序年代単元（Henningsmoen, 1961, p. 69）

## ま行

マグナ相（magnafacies）　類似した岩相と古生物的特徴によって識別される，規模の大きな連続的・均質的な堆積物で，時間面と斜交したり，いくつかの年代層序単元にまたがったりして分布（Caster, 1934, p. 19）

ミオシンセム（miosynthem）　大きなシンセムの中の相対的に小規模なシンセム．不整合境界単元の階層を構成する要素ではない（国際層序学的分類委員会, 1987 a, p. 236）

無産出インターゾーン（barren interzone）　累重するバイオゾーン間で化石の産出しない区間（国際層序ガイド, 1976, p. 49）
無産出イントラゾーン（barren intrazone）　あるバイオゾーンの中で，化石の産出しないかなりの厚さの区間（国際層序ガイド, 1976, p. 49）
無産出区間（barren interval）　無産出帯（barren zone）ともいう．生層序的に細区分された層序断面のなかで，化石の産出しない区間，あるいはその細区分がもとづいているタクソンのすべての特徴的な化石ないし代表的化石の産出しない区間（§7 C. 8 参照）
無整合（nonconformity）　堆積岩類と，それらの堆積以前に侵食された古い深成岩や塊状の変成岩との境界の不整合（Dunbar・Rodgers, 1957, p. 119）

メガ層群（megagroup）　層群の1つ高次の岩相層序単元（Swanna・Willman, 1961, p. 471, 475-476）．超層群参照
メジャー（measures）　特に挟炭層といったある共通の特徴をもつ一連の堆積岩の群．この用語は炭田においてさまざまな炭層をその鉱量や厚さによってしめした古い慣習に関係している
メソセム（mesothem）　大陸棚上で上下を不整合にで区切られた，主要な堆積サイクルを形成する年代的に意味のある層序単元．これらの境界は，堆積盆中の連続的

な堆積物の年代帯の下限の指標ポイントによって定義される（Ramsbottom, 1977, p. 282；1978, p. 307）．Mitchum・Vail・Thompson（1977）のシーケンスと同義

メランジ（melange） 外来・本源両方のすべてのサイズの岩片やブロックをふくんでいることで特徴づけられる，地質図に表現可能な岩体．岩片やブロックは，より変形しやすい物質からなる，破片化し，一般的には剪断変形した基質中に埋積（Berkland, et al., 1972, p. 2296）

メロストラティック単元（merostratic unit） 部分的生存区間にもとづいた層序単元（Henningsmoen, 1961, p. 67）

メロゾナイト（merozonite） 区間帯の一部分をあらわす生層序単元．部分区間帯と同義（Henningsmoen, 1961, p. 68）

メロゾーン（merozone） メロバイオゾーン・メロントゾーンともいう．タクソンの部分的生存区間に代表される生層序年代単元（Henningsmoen, 1961, p. 69）

模式層（stratotype） 模式層序断面（type section）ともいう．命名された層状の層序単元または層序単元境界を参照するために，命名時あるいはのちに設定された基準．層序単元の定義・特徴づけ，あるいは境界の設定にたいして基準となる特定の地層の特定の区間またはポイント（§4参照）

模式断面（type section） 模式層と同義（§4 B.1参照）

模式地（type locality） 単元模式層あるいは層状単元間の境界の境界模式層が位置している特定の地理的な場所．あるいは模式層の設定がなかった場合，層序単元や境界が最初に定義され，あるいは命名された場所
　塊状の火成岩体または変成岩体からなる層序単元の場合には，模式地は層序単元が最初に定義・命名された特定の地理的場所（§4 B.5参照）

模式地域（type area；type region） 層序単元または層序単元境界の模式層もしくは模式地をふくむその周辺地域（§4 B.6参照）

モノセム（monothem） a. 非周期的だったり不明瞭な周期性をしめしたりする，成因的に関連した地層からなる単元．普通のあるいはより通常的な階の細区分（Caster, 1934, p. 18）
　b. 基本的に均質な岩相的特徴をもつ地域的な堆積物で，岩相層序区分の層か部層に対応（R. C. Moore, 1949, p. 19；Weller, 1958, p. 624, 636 参照）

モーメント（moment） a. 1つのバイオゾーンが堆積した年代区間（Renevier, et al., 1882；Teichert, 1958 a, p. 113-115, 117）
　b. 年代層準に対応した地質年代用語（§9 B.4参照）

や行

誘導化石（reworked fossils） ある地質年代の岩石中から洗いだされ運搬されてより

若い地質年代の堆積物中に再堆積した化石（§7B.3参照）
葉理 (lamina)　堆積物や堆積岩中において認定可能な最も薄い初生的堆積層の単元．一般に1cmよりも薄い（Otto, 1938, p.575；Campbell, 1967, p.16-20）
葉理セット（laminaset）　整合的な葉理群ないしはセット（Campbell, 1967, p.16-17, 20）

## ら行

ライフゾーン（life-zone）　化石の生存期間にもとづいた生層序年代単元（Henningsmoen, 1961, p.68）
ラキュナ（lacuna）　a. 堆積作用のなかった期間，あるいは削剥された堆積物の堆積にかかった期間（Gignoux, 1950, p.19, 1955, p.15-16）
b. 無堆積（堆積間隙）や下位の海進海退の層序が削剥されて取り去られた部分にたいして想定される空間・時間をあらわす年代層序単元（Wheler, 1958 b, p.1058）
ラジオゾーン（radiozone）　共通的な放射能の基準により設定された地層帯・層をあらわす年代層序単元（Wheeler, et al., 1950, p.2364 参照）
ラップアウト（lapout）　地層の側方への初生的な尖滅．ラップアウトはシーケンスの上限境界，下限境界で発生．前者はトップラップとよばれ，後者はオンラップあるいはダウンラップとよばれる（Mitchum, 1977, p.208）

リシゾーン（lithizone）　共通の岩相的特性をもつ地層の帯ないし区間をあらわす準年代層序単元（Wheeler, et al., 1950, p.2364）
リソジェネティック単元（lithogenetic unit）　年代とは無関係と考えられる，地図に表現できる層・部層・単層といった局地的地層の集合体（Schenck・Muller, 1941）
リソストローム（lithostrome）　均一か一様に雑多な岩相特性をもつ1つ以上の単層からなる地層（Wheeler・Mallory, 1956, p.2720-2722；Weller, 1958, p.625, 636 参照）
リソソーム（lithosome）　ことなった岩相構成からなる1つ以上の岩相体と相互に指交する岩相層序体（または単元）（Wheler・Mallory, in Fisher・Wheeler・Mallory, 1954, p.929；Wheeler・Mallory, 1956, p.2719, 2722；Weller, 1958, p.624-625, 635-636 参照）
リソディーム（lithodeme）　リソデミック区分の基本的な単元．貫入岩，強い変形あるいは強い変成をうけた岩石からなる，一般的には非平板状で初成的な堆積構造が欠失している岩相的に均一な岩体（North American Stratigraphic Code, 1983, p.860）
リソデミック単元（lithodemic unit）　岩相にもとづいて認定され境界が設定される，おもに貫入，強い変形，強い変成作用を受けた岩石よりなる岩体．岩相層序区分単

元とは対照的に地層累重の法則にしたがわない（North American Stratigraphic Code, 1983, p.859）

リソトープ（lithotope）　a. ビオトープの堆積記録にたいする古生態学的用語．ビオトープはリソトープとして保存される（Wells, 1944, p.284）
　b. 物理的・生物的な面をふくんだ環境の岩石記録（Wells, 1947, p.119）
　c. 一様な堆積作用がみられる地域（Krumbein・Sloss, 1951, p.194）．
この用語は，ある堆積環境の持続により形成された層序単元・層序断面，特別の種類の堆積物や岩石，一様な堆積物にたいして継続的に使用されてきた．また，堆積岩の形成環境と物理的環境にたいして漠然と使用されてきた（Weller, 1958, p.615-616, 636）

流（flow）　組織・組成，重なる順序あるいはほかの物質的な基準をもとにして識別された個々の噴出起源の火山体構成物質．火山の流下岩石の最小の公式岩相層序単元（North American Stratigraphic Code, 1983, p.858；§5 C.5 参照）

累界（eonothem）　1つの累代のあいだに形成された岩体．年代層序体系中で最大の単元（§9 C.7 参照）

累代（eon）　地質年代単元のうち最大のもの．累界の岩石が形成された地質年代体系で代の1つ高次の単元（§9 C.7 参照）

レンジオーバーラップ帯（range-overlap zone）　共存区間帯と同義（§7 D.2. b. iii 参照）

レンズ（lens；lentil；lenticle）　周囲の岩相層序単元とことなった岩相をしめすレンズ状の岩体（§5 C.3 参照）

■英和

Abundance zone　多産帯
Acme zone　アクメ帯⇒多産帯
Acrozone　アクロゾーン⇒区間帯・エピボール・多産帯
Age　期
Allo-correlation　アロ対比
Alloformation　アロ層
Allogroup　アロ層群
Allomember　アロ部層
Allostratigraphic unit　アロ層序単元
Angular unconformity　斜交不整合
Arbitrary cutoff　アービトラリーカットオフ
Archaeostratigraphic classification　考

古層序区分
Archaeostratigraphy　考古層序学
Assemblage zone　群集帯
Assise　アサイス
Aurora　オーロラ
Aurorae　オーロレ（Auroraの複数）
Auto-biotope　オートビオトープ
Auto-correlation　オート対比
Auto-thanatotope　オート遺骸堆積圏
Auxiliary reference section　補助参照断面⇒補助参照模式層

Band　バンド
Barren interval　無産出区間
Barren interzone　無産出インターゾーン
Barren intrazone　無産出イントラゾーン
Barren zone　無産出帯
Baselap　ベースラップ（基接）
Bed　単層
Bedded　層状
Bedding　層理
Bedding plane　層理面
Bedding surface　地層面
Beds　単層群
Bedset　単層セット
Biochron　生物年代・ビオクロン
Biochronologic unit　生物年代単元
Biochronology　生物年代
Biochronostratic unit　生層序年代単元
Biochronozone　生物年代帯
Biocoenosis　生体群集
Biocorrelation　生対比
Biodatum　生基準面
Bioecozone　生態地層帯

Biofacial zone　生物相帯
Biofacies　生物相
Bioherm　バイオハーム
Biohorizon　生層準
Biointerval zone　生間隔帯⇒間隔帯
Biolevel　バイオレベル
Biomere　バイオメア
Bioseries　生系列・バイオシリーズ
Biosome　バイオソーム
Biostratic unit　生層序単元
Biostratigraphic classification　生層序区分
Biostratigraphic correlation　生層序対比
Biostratigraphic facies　生層序相
Biostratigraphic horizon　生層序層準
Biostratigraphic unit　生層序単元
Biostratigraphic zone　生層序帯
Biostratigraphy　生層序学
Biostrome　バイオストローム
Biotope　ビオトープ
Biozone　バイオゾーン
Boundary-stratotype　境界模式層

Casuzone　カズゾーン
Causal stratigraphy　コーザル層序学
Cenozone　セノゾーン⇒群集帯
Cenozonite　セノゾナイト
Chemostratigraphy　化学層序学
Chron　クロン
Chronocorrelation　年代対比⇒年代層序対比
Chronohorizon　年代層準
Chronolith　クロノリス
Chronomere　クロノメア
Chronomeric standard terms　標準地質年代区分用語

Chronometric unit　年代測定単元⇒地質年代測定単元
Chronosome　クロノソーム
Chronostratic unit　年代層序単元
Chronostratigraphic classification　年代層序区分
Chronostratigraphic correlation　年代層序対比
Chronostratigraphic horizon　年代層序層準
Chronostratigraphic unit　年代層序単元
Chronostratigraphic zone　年代層序帯⇒年代帯
Chronostratigraphy　年代層序学
Chronotaxis　クロノタクシス
Chronotaxy　クロノタクシー⇒クロノタクシス
Chronozone　年代帯
Cline　クライン
Coincident-range zone　コインシデント区間帯
Complex　複合岩体
Component-strarotype　構成要素模式層
Composite-stratotype　複合模式層
Concurrent-range zone　共存区間帯
Condensation zone　凝縮帯
Condensed section　凝縮層序断面
Condensed succession　凝縮層序断面
Conformity　整合
Consecutive-range zone　継続区間帯
Correlation　対比
Coset　コセット
Crossbed　斜交層理層
Cross-bed　斜交層理層
Cross-stratum　斜交層理層

Datum level　基準面
Datum plane　基準面
Degradation vacuity　削剥欠損
Depositional holosome　堆積ホロソーム
Depositional sequence　堆積シーケンス⇒シーケンス
Diachron　ダイアクロン
Diachronic unit　ダイアクロニック単元
Diastem　ダイアステム
Disconformity　非整合
Division　ディビジョン
Downlap　ダウンラップ（下接）

Ecostratigraphic unit　エコ層序単元
Ecostratigraphy　エコ層序学
Ecozone　エコゾーン
Eon　累代
Eonothem　累界
Epibole　エピボール⇒多産帯
Episode　エピソード
Epoch　世
Era　代
Erathem　界
Erosional vacuity　浸食欠損
Ethnostratigraphic classification　考古層序区分
Ethnostratigraphy　考古層序学
Event stratigraphy　イベント層序学
Evolutionary zone　進化帯⇒系列帯

Facies　相
Facies evolution　相変遷
Facies sequence　相累重
Faciostratotype　相模式層
Faunal break　動物群急変
Faunal zone　動物群帯

付録A：層序用語集

Faunichron　動物群クロン
Faunizone　動物群帯
Faunizonite　動物群帯
Faunule　ファウニュール
Flood zone　フラッド帯⇒多産帯
Floral zone　植物群帯
Florizone　植物群帯
Florizonite　植物群帯
Florule　フロールール
Flow　流
Formal stratigraphic terminology　公式層序用語法
Format　フォーマット
Formation　層

Genus-zone　属区間帯
Geochron　ジオクロン
Geochrone　ジオクローン
Geochronologic interval　地質年代区間
Geochronologic unit　地質年代単元
Geochronology　地質年代学
Geochronometric unit　地質年代測定単元
Geochronometry　地質年代測定学
Geohydrologic unit　水文地質単元
Geolith　ジオリス
Geosol　ジオソル
Global Boundary Stratotype Section and Point（GSSP）　国際境界模式層断面と断面上のポイント
Gradation zone　グラデーション帯
Group　層群
GSSP　国際境界模式層断面と断面上のポイント
Guide fossil　ガイド化石

Hemera　ヘメラ

Hiatal holosome　堆積間隙ホロソーム
Hiatus　堆積間隙
Holobiozone　ホロバイオゾーン⇒ホロゾーン
Holontozone　ホロントゾーン⇒ホロゾーン
Holosome　ホロソーム
Holostratic unit　ホロストラティック単元
Holostratotype　完模式層
Holostrome　ホロストローム
Holozone　ホロゾーン
Holozonite　ホロゾナイト
Homotaxis　ホモタクシス
Homotaxy　ホモタクシー
Horizon　層準
Hydrostratigraphic unit　水文層序単元
Hypostratotype　参照模式層

Independent units　独立単元
Index fossil　示準化石
Industrial lithostratigraphic unit　産業岩相層序単元
Infiltrated fossils　侵入化石
Informal lithostratigraphic unit　非公式岩相層序単元
Instant　インスタント
Interbiohorizon zone　インター生層準帯⇒間隔帯
Inter-level correlation　インターレベル対比
Interthem　インターセム
Interval　区間⇒層序区間
Interval zone　間隔帯
Interzone　インターゾーン
Introduced fossils　導入化石
Isobiolith　アイソバイオリス

Isogeolith　アイソジオリス
Isotopic age　同位体年代

Key bed　鍵層
Key horizon　鍵層準

Lacuna　ラキュナ
Lamina　葉理
Laminaset　葉理セット
Lapout　ラップアウト
Law of superposition　地層累重の法則
Layer　単層
Lectostratotype　後模式層
Lens　レンズ
Lenticle　レンズ
Lentil　レンズ
Life-zone　ライフゾーン
Lineage zone　系列帯
Lithizone　リシゾーン
Lithochronostratic unit　岩相年代層序単元
Lithochronozone　岩相年代帯
Lithocorrelation　岩相対比⇒岩相層序対比
Lithodeme　リソディーム
Lithodemic unit　リソデミック単元
Lithoecozone　古環境岩相帯
Lithofacies　岩相
Lithogenetic unit　リソジェネティック単元
Lithohorizon　岩相層準
Lithosome　リソソーム
Lithostratic unit　岩相層序単元
Lithostratigraphic classification　岩相層序区分
Lithostratigraphic correlation　岩相層序対比

Lithostratigraphic horizon　岩相層序層準
Lithostratigraphic unit　岩相層序単元
Lithostratigraphic zone　岩相層序帯
Lithostratigraphy　岩相層序学
Lithostrome　リソストローム
Lithotope　リソトープ
Lithozone　岩相帯⇒岩相層序帯
Local-range zone　地域的区間帯

Magnafacies　マグナ相
Magnetopolarity unit　磁場極性層序単元
Magnetopolarity zone　磁場磁極帯
Magnetostratigraphic classification　磁気層序区分
Magnetostratigraphic polarity classification　磁場極性層序区分
Magnetostratigraphic polarity unit　磁場極性層序単元
Magnetostratigraphic polarity‐reversal horizon　磁場極性逆転層準
Magnetostratigraphic polarity‐transition zone　磁場極性遷移帯
Magnetostratigraphic polarity zone　磁場極性層序帯
Magnetostratigraphic unit　磁気層序単元
Magnetostratigraphy　磁気層序学
Magnetozone　磁気帯
Marine-flooding surface　海氾濫面
Marker　指標
Marker bed　指標層⇒鍵層
Marker horizon　指標層準
Marker point　指標ポイント
Measures　メジャー
Megagroup　メガ層群

Melange　メランジ
Member　部層
Merobiozone　メロバイオゾーン⇒メロゾーン
Merontozone　メロントゾーン⇒メロゾーン
Merostratic unit　メロストラティック単元
Merozone　メロゾーン
Merozonite　メロゾナイト⇒部分区間帯
Mesothem　メソセム⇒シーケンス
Microbiofacies　生物微相
Microfacies　微相
Microlithofacies　微岩相
Miosynthem　ミオシンセム
Mixed topostratic unit　複合トポストラティック単元
Moment　モーメント
Monothem　モノセム
Morphogenetic zone　形態発生帯⇒系列帯
Morphostratigraphic unit　地形層序単元
Multifossil range zone　多重区間帯

Neostratotype　新模式層
Nonconformity　無整合

Offlap　オフラップ
Onlap　オンラップ（上接）
Ontozone　オントゾーン⇒バイオゾーン
Operational unit　作業層序単元
Oppel-zone　オッペル帯
Orthochronology　オルソクロノロジー
Orthostratigraphy　オルソストラティグラフィー

Overlap　オーバーラップ
Overlap zone　オーバーラップ帯⇒共存区間帯
Overstep　オーバーステップ

Paleosol　古土壌
Paleo-thanatotope　古遺骸分布圏
Parachronology　パラクロノロジー
Paraconformity　準整合
Paracotininuity　準非整合
Parasequence　パラシーケンス
Parasequence set　パラシーケンスセット
Parastratigraphic rock unit　作業層序岩石単元
Parastratigraphy　パラストラティグラフィー
Parastratotype　副模式層
Para-time-rock unit　準年代層序単元
Partial-range zone　部分区間帯
Parvafacies　パルヴァ相
Peak zone　ピーク帯⇒多産帯
Pedoderm　土壌層
Pedologic horizon　土壌層準
Pedostratigraphic unit　土壌層序単元
Period　紀
Phase　フェーズ
Phylogenetic zone　系統発生帯⇒系列帯
Phylozone　系統帯⇒系列帯
Polarity chron　磁極期
Polarity-chronologic unit　磁場極性年代単元
Polarity-chronostratigraphic unit　磁極性年代層序単元
Polarity chronozone　磁極節
Polarity excursion　磁場極性エクスカー

ション
Polarity-reversal horizon　磁場極性逆転層準
Polarity-transition zone　磁場極性遷移帯
Polarity zone　磁極帯⇒磁場極性層序帯
Principle of superposition　地層累重の法則
Prostratigraphy　プロストラティグラフィー
Protostratic unit　プロトストラティック単元

Radiozone　ラジオゾーン
Range-overlap zone　レンジオーバーラップ帯⇒共存区間帯
Range zone　区間帯
Reef　礁
Reference section　参照断面⇒参照模式層
Reworked fossils　誘導化石
Rock-stratigraphic unit　岩石層序単元⇒岩相層序単元
Rock-stratigraphy　岩石層序学⇒岩相層序学
Rock unit　岩石単元⇒岩相層序単元

Sechron　セクロン
Secule　セキュール
Sequence　シーケンス
Sequence stratigraphy　シーケンス層序学
Series　統
Set　セット
Soil-stratigraphic unit　土壌層序単元
Span　スパン
Species-zone　種区間帯

Stage　階
Standard Global Chronostratigraphic (Geochronologic) Scale　国際標準年代層序（地質年代）尺度
Standard zone　標準生層序帯
Strata　単層（Stratumの複数）
Stratic unit　層序単元
Stratigraphic classification　層序区分
Stratigraphic interval　層序区間
Stratigraphic leakage　層序的リーク
Stratigraphic nomenclature　地層命名法
Stratigraphic terminology　層序用語
Stratigraphic unit　層序単元
Stratigraphy　層序学
Stratomere　ストラトメア
Stratomeric standard terms　標準地質年代層序区分用語
Stratotype　模式層
Stratum　単層
Stratum correlation　地層対比
Subage　亜期
Subbiozone　亜バイオゾーン
Subgroup　亜層群
Substage　亜階
Subsystem　亜系
Subzone　亜帯・亜バイオゾーン
Suite　スーツ
Superbiozone　超バイオゾーン
Supergroup　超層群
Supersome　スーパーソーム
Superstage　超階
Supersuite　超スーツ
Superzone　超バイオゾーン
Syn-biotope　シンビオトープ
Syn-thanatotope　シン遺骸堆積圏
Synthem　シンセム
System　系

System-group　系群
Systems tract　堆積体

Taphonomy　タフォノミー
Taxa　タクサ（Taxonの複数）
Taxon　タクソン
Tectofacies　テクトファシス
Taxon-range zone　タクソン区間帯
Tectono-stratigraphic unit　構造層序単元
Tectosome　テクトソーム
Tectostratigraphic unit　構造層序単元
Tectotope　テクトトープ
Teilchron　タイルクロン
Teilzone；teil-zone　タイルゾーン⇒地域的区間帯・トポゾーン
Thanatocoenosis　遺骸群集
Thanatotope　遺骸分布圏
Time correlation　年代対比⇒年代層序対比
Time-level correlation　年代面対比
Time-rock unit　年代層序単元
Time-set unit　年代セット単元
Time-stratigraphic unit　年代層序単元
Time-stratigraphy　年代層序学
Tongue　舌状体
Toplap　トップラップ（頂接）
Topostratic unit　トポストラティック単元
Topo-stratigraphic unit　トポストラティグラフィック単元
Topostratigraphy　トポ層序学
Topozone　トポゾーン⇒地域的区間帯・タイルゾーン
Topozonite　トポゾナイト
Total-range zone　全体的区間帯
Total vacuity　全欠損

Type area　模式地域
Type locality　模式地
Type region　模式地域
Type section　模式層序断面⇒模式層

Unconformity　不整合
Unconformity-bounded unit　不整合境界単元
Unit-stratotype　単元模式層

Vacuity　欠損

Zone　帯
Zonite　ゾナイト⇒群集帯
Zonule　ゾニュール

# 付録 B：国家的・地域的層序規約

1933 Classification and nomenclature of rock units, American Committee on Stratigraphic Nomenclature, G. H. Ashley, et al.: *Geol. Soc. Am. Bull.*, 44, p. 423-459 ; *Am. Assoc. Petrol. Geol. Bull.*, 17, p. 843-868. Republished in *Am. Assoc. Petrol. Geol. Bull.*, 23, p. 1068-1088, 1939.

1942 Rules of geological nomenclature of the Geological Survey of Canada : Geol. Survey Canada.(Reviewed in *Am. Assoc. Petrol. Geol. Bull.*, 32, p. 366-367, 1948).

1948 Stratigraphic nomenclature in Australia, M. F. Glaessner, et al.: *Austl. Jour. Sci.*, 11, p. 7-9.

1950 Australian code of stratigraphic nomenclature : *Austl. Jour. Sci.*, 12, p. 170-173.

1952 Code of stratigraphic nomenclature of the Geological Society of Japan (in Japanese with stratigraphic unit-terms in English): *Jour. Geol. Soc. Japan.*, 58, p. 112-113.

1954 Stratigraphic and geochronologic subdivisions——their principles, contents, terminology, and rules of use (in Russian), L. S. Librovich, ed., VSEGEI : Gosgeoltechizdat, Moscow, 85 p.

1956 Australian code of stratigraphic nomenclature, 2 nd ed.: *Austl. Jour. Sci.*, 18, p. 117-121.

1956 Stratigraphic classification and terminology (in Russian), VSEGEI, Interdepartmental Strat. Comm. USSR, A. P. Rotay, ed.: Gosgeoltechizdat, Moscow.(English trnslation in *Int. Geol. Rev.*, 1, p. 22-38, 1959).

1956 Australian code of stratigraphic nomenclature, 3 rd ed.: *Geol. Soc. Austl. Jour.*, 6, pt. 1, p. 63-70.

1960 Project of stratigraphic code and its explanation (in Chinese), All China Stratigraphic Commission : Sci. Press, Beijing, 33 p. Reprinted several times in subsequent years.

1960 Czechoslovak stratigraphic terminology (in Czech): *Vestnik Ustr. Ust. Geol.*, 35, p. 95-110.

1960 Stratigraphic classification and terminology, 2nd revised ed.(in Russian and English), VSEGEI, Interdepartmental Strat. Comm. USSR, A. P. Rotay. ed.: Gosgeoltechizdat, Moscow, 58 p.

1961 Code of stratigraphic nomenclature, American Commission on Stratigraphic Nomenclature (Am. Comm. Strat. Nomen.): *Am. Assoc. Petrol. Geol. Bull.*, 45, p. 645-665.

1961 Código de nomenclatura estratigráfica (Spanish translation of Code of stratigraphic nomenclature by Am. Comm. Strat. Nomen., 1961), M. Alvarez, Jr., Mexico, 28 p.

1961 Code of stratigraphic nomenclature for Norway (in Norwegian and English), Commission on Stratigraphy of Norway : *Norges Geologiske Undersokelse*, no. 213, p. 224-233.

1962 Principes de classification et de nomenclature stratigraphiques (Principles of stratigraphic classification and nomenclature), Comité Françaisde Stratigraphie, J. Sigal and H. Tintant, eds., 15 p. Unpublished but translated by F. de Rivero : *Asoc. Venezolana Geol., Min. y Petróleo Bol. Informativo*, 8, p. 224-237 (Spanish) ; p. 238-250 (English).

1962 Stratigraphic code of Pakistan, Stratigraphic Nomenclature Committee of Pakistan :

*Geol. Surv. Pakistan Mem.,* 4, pt. 1, p. 1-8.

1962 Codice di nomenclatura stratigrafica secondo i Nord-Americani (Italian translation of Code of stratigraphic nomenclature by Am. Comm. Strat. Nomen., 1961): *Riv. Ital. Paleont. Strat.,* 68, p. 115-148.

1964 Australian code of stratigraphic nomenclature, 4 th ed., Committee on Stratigraphic Nomenclature of Geological Society of Australia : *Geol. Soc. Austl. Jour.,* 11, pt. 1, p. 165-171 : pt. 2, p. 342.

1965 Stratigraphic classification, terminology and nomenclature (in Russian), VSEGEI, Interdepartmental Strat. Comm. USSR, A. I. Zhamoida, ed. :"Nedra, " Leningrad, 70 p. (English translation in *Int. Geol. Rev.,* 8, pt. 2, 1966, p. 1144-1150).

1965 Project of a stratigraphic code (in Chinese), People's Republic of China Stratigraphic Conference, Beijing, 54 p.

1966 Lithostratigraphic units——nature, nomenclature and classification (in Bulgarian with English summary), Bulgarian Geological Society, T. Nikolov, *et al.* : *Bulgarian Geol. Soc. Rev.,* 27, pt. 3, p. 233-247.

1967 Report of the Stratigraphical Code Sub-Committee, Geological Society of London, T. N. George, *et al.* : *Geol. Soc. London Quart. Jour.,* 123, p. 75-87.

1967 Guide to stratigraphic nomenclature, New Zealand Geol Soc., 20 p.

1968 Malaysian code of stratigraphical nomenclature, Geol. Soc. Malaysia, 11 p.

1968 Report of the Stratigraphical Code Sub-Committee, Geological Society of London, revised, *in* International Geological Correlation Program, United Kingdom Contribution, British National Committee for Geology, Royal Society of London, 43 p.

1968 Turkish code of stratigraphic nomenclature (in Turkish), Turkish Stratigraphic Committee, 28 p.

1968 Preliminary stratigraphic code (of Yugoslavia), Z. Boskov-Stajner : *Nafta (Geol. i Geof* ιz.), 19, p. 529-534. (English translation by D. Z. Briggs made for U. S. Geological Survey, 17 p., 1970.).

1969 Italian code of stratigraphic nomenclature (in Italian), Commissione Stratigrafica, Comitato Geológico d'Italia. (A. Azzaroli and M. B. Cita, with collaboration of R. Selli): *Servizio Geológico d'Italia Boll.,* 89 (1968), p. 3-22.

1969 Recommendations on stratigraphical usage, T. N. George, *et al.* : *Geol. Soc. London Quart. Jour.,* 125, p. 139-166. (2 nd revision of 1967 Report of the Stratigraphical Code Sub-Committee, Geological Society of London).

1969 Key to the interpretation and nomenclature of Quaternary stratigraphy, first and provisional edition, G. W. Lüttig, *et al.,* INQUA Commission on Statigraphy, Hannover, Germany, 46 p.

1970 Code of stratigraphic nomenclature, 2nd ed., Am. Comm. Strat. Nomen. : Am. Assoc. Petrol. Geol., 22 p.

1970 Código de nomenclatura estratigráfica, segunca edición, (Spanish translation of the second edition of the Code of stratigraphic nomenclature by the Am. Comm. Strat. Nomen.), D. A.

Córdoba and Z. de Cserna. Mexico, 28 p.

1970 Scheme of a stratigraphic code for the USSR (in Russian), VSEGEI, Interdepartmental Strat. Comm. USSR, A. I. Zhamoida, et al.: Leningrad. 55 p.(English translation by Israel Program for Scientific Translations as Classification in Stratigraphy, Jerusalem, 1971, for U. S. Dept. of Int. and Nat. Sci. Foundation, 36 p.).

1971 South African code of stratigraphic terminology and nomenclature, South African Committee for Stratigraphy : *Geol. Soc. South Africa Trans.*, 74, pt. 3, p. 111-131.

1971 Code of stratigraphic nomenclature of India, Committee on Stratigraphic Nomenclature of India : *India Geol. Survey Misc. Publ*. 20, 28 p.

1972 A concise guide to stratigraphical procedure, Stratigraphy Committee of Geological Society of London, W. B. Harland, et al.: *Geol. Soc. London Jour.*, 128, p. 295-305.

1972 Argentine code of stratigraphic nomenclature (in Spanish), ComitéArgentino de Nomenclatura Estratigráfica : *Asociación Geológica Argentina, Serie "B"*, no. 2, p. 1-40.

1973 Australian code of stratigraphic nomenclature, 4 th edition reprinted with corrigenda and additional notes : *Geol. Soc. Austl. Jour.*, 20, pt. 1, p. 105-112.

1973 Recommendations on the application of stratigraphic, especially lithostratigraphic, nomenclature in Switzerland (in German and French), Arbeitsgruppe für Stratigraphische Terminologie, Schweizerische Geologische Komission : *Eclog. Geol. Helv.*, 66, p. 479-492.

1973 Stratigraphic code of Indonesia (in Indonesian), Komisi Sandi StratigrafiIndonesia. S. Martodjojo, ed., 19 p.

1975 Stratigraphic code of Indonesia, revised edition (in Indonesian and English), Commission for the Stratigraphic Code of Indonesia, S. Martodjojo, ed.: Assoc. Indonesian Geologists, 19 p.

1975 Polish guide to stratigraphic classification, terminology, and usage, 63 p.

1977 Stratigraphic Code of the USSR——Provisional synopsis of rules and recommendations (in Russian with English summary), VSEGEI, Interdepartmental Strat. Comm. USSR, A. I. Zhamoida, et al., 79 p.

1977 Stratigraphic guide lines——Recommendations of the Stratigraphic Commission of the Deutsche Union der Geologischen Wissenschaften regarding the use of stratigraphic methods (in German, English, and French), Code-Commitee der Stratigraphischen Kommission der DUGW : *Newsl. Stratigr.*, 6, no. 3, p. 131-151.

1977 South African code of stratigraphic terminology and nomenclature, revised edition (in English and Afrikaans), South African Committee for Stratigraphy : Dept. of Mines, *Geological Survey Spec. Publ*. 20, 22 p.

1978 A Guide to stratigraphical procedure, Stratigraphy Committee of Geological Society of London, C. H. Holland, et al.: *Geol. Soc. London Spec. Publ*. 11, 18 p.

1979 Saudi Arabian code of lithostratigraphic classification and nomenclature, Stratigraphic Committee of the Directorate General of Mineral Resources : *Ministry of Petroleum and Mineral Resources of Saudi Arabia Technical Manual TM* -1979-1, 15 p.

1979 Stratigraphic Code of the USSR——Provisional synopsis of rules and recommendations

154 付録 B：国家的・地域的層序規約

(in Russian and English), VSEGEI, Interdepartmental Strat. Comm. USSR, A. I. Zhamoida, et al., 148 p.

1980 South African code of stratigraphic terminology and nomenclature, 3rd ed., revised (in English and Afrikaans), South African Committee for Stratigraphy, in Stratigraphy of South Africa, Pt. 1 : Lithostratigraphy of the Republic of South Africa, South West Africa/ Namibia and the Republics of Bophuthatswana, Transkey and Venda : *Dept. of Mineral and Energy Affairs, Geological Survey, Handbook* 8, p. 639-672.

1981 Stratigraphic guide of China and its explanation (in Chinese), All China Stratigraphic Commission : Sci. Press, Beijing, 25 p.

1982 Stratigraphic code of Bulgaria——lithostratigraphic units (in Bulgarian), National Commission on Stratigraphy of P. R. of Bulgaria : *Bulgarian Geol. Soc. Rev.*, 43, pt. 3, p. 286-310.

1983 Guide to archaeostratigraphic classification and terminology : definitions and principles, H. Gasche and O. Tunca : Jour. Field Archaeology, 10, p. 325-335.

1983 North American stratigraphic code, North Am. Comm. Strat. Nomen. : *Am. Assoc. Petrol. Geol. Bull.*, 67, no. 5, p. 841-875.

1984 Código estratigráfico norteamericano 1983 (Spanish translation of North American stratigraphic code by North Am. Comm. Strat. Nomen., 1983), Mexico, 87 p.

1985 Field geologist's guide to lithostratigraphic nomenclature in Australia, Stratigraphic Nomenclature Committee of Australia, H. R. E. Staines, convener : *Austl. Jour. Earth Sci.*, 32, p. 83-106.

1986 Stratigraphic guide of China (English translation of the Stratigraphic guide of China, 1981), Su Zongwei, in Tu Guangahi, (ed.), Advances in Science of China——*Earth Sciences*, 1, p. 159-214, , Sci. Press, Beijing and Wiley & Sons, New York.

1986 Brazilian code of stratigraphic nomenclature——guide to stratigraphic nomenclature (in Portuguese), Comissao Especial de Nomenclatura Estratigráfica, Sociedade Brasileira de Geologia : *Revista Brasileira de Geociencias*, 16, p. 370-415.

1988 Stratigraphic Code of the USSR, draft of second edition (in Russian), VSEGEI, Interdepartmental Strat. Comm. USSR, A. I. Zhamoida, *et al.*, Leningrad, 56 p.

1989 Rules and recommendations for naming geological units in Norway, Norwegian Committee on Stratigraphy, J. P. Nystuen, ed. : *Norwegian Jour. Geol.*, 69, supplement 2, 111 p.

1991 A guide to stratigraphical procedure, Stratigraphy Committee of Geological Society of London, A. Whittaker, *et al.* : *Geol. Soc. London Jour.*, 148, p. 813-824.

1992 Stratigraphic Code [of Russia], second edition, supplemented (in Russian with English summary and table of contents), VSEGEI, Interdepartmental Strat. Comm. USSR, A. I. Zhamoida, *et al.*, St. Petersburg, 120 p.

1992 Argentine Stratigraphic Code (in Spanish), ComitéArgentino de Estratigrafía : *Asociación Geológica Argentina, Serie "B"*, no. 20, 64 p.

# 付録 C：層序区分・用語法・手順に関する文献目録

　層序区分・用語法・手順に関する出版物の包括的な文献目録は，『旧ガイド』の場合同様，『当ガイド』の主要な部分と考えられる．それは『ガイド』を発展させてきた思想の背景，層序区分と用語法についての考え方の進展，世界各地におけるこれらの事項に関する見解の現状をしめすのに役立つものである．

　『当ガイド』のために文献目録を改訂し最新のものにすることは困難な仕事であった．作業の初期において，1976年の『旧ガイド』の出版以降に発行された層序区分・用語法・手順に関する出版物を追加すると文献目録があまりにも長くなってしまうことが明らかになった．それを合理的な長さでほどよく焦点をしぼったものにするためには，かなり短くする必要があった．この理由で，以下の文献目録には層序区分と命名についての原理・概念・手順に関する出版物のみが主としてリストアップされた．とくに有益と判断されないかぎり，層序区分・命名についての特定の地域，特定の層序区間，あるいは局地的な問題への原理・概念・手順の適用に関して議論している文献ははぶいた．

　国際標準年代層序(地質年代)尺度のまさに基本的な単元そのものの層序境界の選定・設定や細区分をあつかっている出版物すべてを文献目録にふくめることは実際上は不可能であり非現実的である．しかしシルル紀とデボン紀の境界をあつかった出版物は例外とした．シルル紀—デボン紀境界の模式層を設定したことは，国際的に認定された年代層序単元の境界模式層設定のために開発した原理を特定な場合にたいして適用した事実上最初の例であった．国際標準年代層序尺度の主要な層序単元の境界模式層(GSSP)を設定するためのICSの計画での手順の基準は，シルル紀—デボン紀境界の模式層を設定するなかで開発され，改善されたものである．

　文献目録には，まだ困難で議論の多い主題である先カンブリア時代の細区分について取りあつかった多くの出版物もふくまれている．そして層序用語集にリストアップされた用語の最初の定義のふくまれている文献，あるいは用語集中で参照されていた文献もふくまれている．

　さらに文献目録は層序区分・用語法・手順の概念の発展に寄与した2, 3のきわだった古典的歴史的な論文もふくめてある．

　委員会などの組織に関する事柄をあつかった出版物はふくまれていない．すなわち層序区分・用語法・手順のついての情報をふくんでいない層序委員会やグループの集会の記録や議事録，それらの情報をふくまない短報と要旨，大学の学位論文，限定された人にのみ会議で配布されたり郵送されたりする報告書といった世間一般で入手不可能な出版物である．

　1つの国あるいは多国間の層序規約と『ガイド』は，出版の年代順にしてある(付録 B 参照)．

　編者はISSCの全委員と文献目録の改訂に協力していただいた方がたに感謝したい．文献の選択と適切な引用に関して非常に貴重な助力をいただくとともに，それぞれロシア語と中国語の文献の翻訳をしていただいたアレクサンドル・ツァモイダ(Alexander Zhamoida)氏とザン・ショウシン(Zhang Shou-xin)氏には，とくに感謝したい．

Adams, J. A. S., and J. J. W. Rogers, 1961, Bentonites as absolute time-stratigraphic calibration points : *in* Geochronology of rock systems, (J. L. Kulp, ed.) ; *N. Y. Acad. Sci. Ann.*, 91, Art. 2, p. 390-396.

Ager, D. V., 1970, The Triassic system in Britain and its stratigraphical nomenclature : *Geol. Soc. London Quart. Jour.*, 126, pt. 1 and 2, p. 3-17.

156　付録 C : 層序区分・用語法・手順に関する文献目録

Ager, D. V., 1973, The nature of the stratigraphical record : Wiley, New York, 114 p.
Ager, D. V., 1981, The nature of the stratigraphical record (2 nd ed.) : MacMillan, London, 122 p.
Ager, D. V., 1984, The stratigraphic code and what it implies : *in* Catastrophes and Earth history (W. A. Berggren and J. A. Van Couvering, eds.), p. 91-100, Princeton University Press.
Alberti, F. von, 1834, Beitrag zu einer Monographie des Bunter Sandsteins, Muschelkalks und Keupers und die Verbindung dieser Gebilde zu einer Formation : Stuttgart und Tübingen, 366 p. (see p. 1-16 and 300-343.).
Albritton, C. C., Jr., 1984, Geologic time : *Jour. Geol. Education*, 32, p. 29-37.
Alcock, F. J., 1934, Report of the National Committee on Stratigraphic Nomenclature : *Royal Soc. Canada, Trans., ser.* 3, 28, sec. 4, p. 113-121.
Alimov, A. I., 1970, Definition of the concept "regional stratigraphic subdivision" (in Russian) : *Sov. Geol.*, 12, p. 108-113.
Alimov, A. I., 1973, Objectives of stratigraphy (in Russian) : *Nafta.*, 1, p. 74-79.
Allan, R. S., 1934, On the system and stage names applied to subdivisions of the Tertiary strata in New Zealand : *New Zealand Inst. (Royal Soc. of New Zealand) Trans. and Proc.*, 63, p. 81-108.
Allan, R. S., 1948, Geological correlation and paleoecology : *Geol. Soc. Am. Bull.*, 59, p. 1-10.
Allan, R. S., 1956, Report of the Standing Committee on datum-planes in the geological history of the Pacific region : 8 *th Pacific Sci. Cong.* (1953), *Proc.*, 2, p. 325-423 : Nat. Res. Council of the Philippines.
Allan, R. S., 1966, The unity of stratigraphy : *New Zealand Jour. Geol. Geophys.*, 9, p. 491-494.
Allen, P. M., and A. J. Reedman, 1968, Stratigraphic classification in Pre-Cambrian rocks : *Geol. Mag.*, 105, p. 290-297.
Alpern, B., 1970 a, Le concept de biozone en palynologie houillière : *Paläont. Abh., Abt. B*, 3, p. 277-278.
Alpern, B., 1970 b, Notes sur les concepts d'espèce et de biozone : *in* Colloque sur la stratigraphie du Carbonifère (Liège, 1969) ; *Liège Univ. Cong. Colloq.*, 55, p. 81-89.
Alpern, B., and S. Durand, 1972, Les méthodes de la palynologie stratigraphique : *in* Colloque sur les méthodes et tendances de la stratigraphie (Orsay, 1970) ; *BRGM France, Mém.* 77, pt. 1, p. 201-216.
Alvarez, M., Jr., 1957, Comments on Report 5 (of Am. Comm. Strat. Nomen.)—Nature, usage, and nomenclature of biostratigraphic units : *Am. Assoc. Petrol. Geol. Bull.*, 41, p. 1888-1889.
American Commission on Stratigraphic Nomenclature (prepared by R. C. Moore), 1947, Note 2—Nature and classes of stratigraphic units : *Am. Assoc. Petrol. Geol. Bull.*, 31, p. 519-528. (Discussion in Note 6 : *ibid.*, 32, p. 376-381.).
American Commission on Stratigraphic Nomenclature (prepared by R. C. Moore), 1948, Note 3—Rules of geological nomenclature of the Geological Survey of Canada : *Am. Assoc. Petrol. Geol. Bull.*, 32, p. 366-367.
American Commission on Stratigraphic Nomenclature (prepared by W. V. Jones and R. C. Moore), 1948, Note 4—Naming of subsurface stratigraphic units : *Am. Assoc. Petrol. Geol. Bull.*, 32, p. 367-371.

American Commission on Stratigraphic Nomenclature (prepared by R. F. Flint and R. C. Moore), 1948, Note 5——Definition and adoption of the terms stage and age : *Am. Assoc. Petrol. Geol. Bull.*, 32, p. 372-376.

American Commission on Stratigraphic Nomenclature (prepared by R. C. Moore), 1948, Note 6——Discussion by J. Rodgers, W. W. Rubey, and M. N. Bramlette of Note 2——Nature and classes of stratigraphic units : *Am. Assoc. Petrol. Geol. Bull.*, 32, p. 376-381.

American Commission on Stratigraphic Nomenclature (prepared by R. C. Moore), 1949, Note 8——Australian code of stratigraphic nomenclature : *Am. Assoc. Petrol. Geol. Bull.*, 33, p. 1273-1276.

American Commission on Stratigraphic Nomenclature (prepared by R. C. Moore), 1949, Note 9——The Pliocene-Pleistocene boundary : *Am. Assoc. Petrol. Geol. Bull.*, 33, p. 1276-1280.

American Commission on Stratigraphic Nomenclature, 1949, Report 1——Declaration on naming of subsurface stratigraphic units : *Am. Assoc. Petrol. Geol. Bull.*, 33, p. 1280-1282.

American Commission on Stratigraphic Nomenclature (prepared by R. C. Moore), 1950, Note 10——Should additional categories of stratigraphic units be recognized ? : *Am. Assoc. Petrol. Geol. Bull.*, 34, p. 2360-2361.

American Commission on Stratigraphic Nomenclature (prepared by H. D. Hedberg) 1952, Report 2——Nature, usage, and nomenclature of time-stratigraphic and geologic-time units : *Am. Assoc. Petrol. Geol. Bull.*, 36, p. 1627-1638.

American Commission on Stratigraphic Nomenclature, 1952, Note 14——Official report of round table conference on stratigraphic nomenclature at Third Congress of Carboniferous Stratigraphy and Geology, Heerlen, Netherlands, June 26-28, 1951 : *Am. Assoc. Petrol. Geol. Bull.*, 36, p. 2044-2048.

American Commission on Stratigraphic Nomenclature (prepared by J. M. Harrison), 1955, Report 3——Nature, usage, and nomenclature of time-stratigraphic and geologic-time units as applied to the Precambrian : *Am. Assoc. Petrol. Geol. Bull.*, 39, p. 1859-1861.

American Commission on Stratigraphic Nomenclature (prepared by G. V. Cohee, R. K. DeFord, J. M. Halvison, G. E. Murray, and C. H. Stockwell), 1956, Report 4——Nature, usage, and nomenclature of rock-stratigraphic units : *Am. Assoc. Petrol. Geol. Bull.*, 40, p. 2003-2014. (Discussion by F. A. Kottlowski : *ibid.*, 42, p. 893-894, 1958.).

American Commission on Stratigraphic Nomenclature (prepared by R. C. Moore and G. V. Cohee), 1956, Note 17——Suppression of homonymous and obsolete stratigraphic names : *Am. Assoc. Petrol. Geol. Bull.*, 40, p. 2953-2954. (Discussions by A. F. Agnew and M. Kay : *ibid.*, 41, p. 1889-1891, 1957).

American Commission on Stratigraphic Nomenclature (prepared by G. M. Richmond and J. C. Frye), 1957, Note 19——Status of soils in stratigraphic nomenclature : *Am. Assoc. Petrol. Geol. Bull.*, 41, p. 758-763. (Discussion by W. M. Merrill : *ibid.*, 42, p. 1978-1979, 1958.).

American Commission on Stratigraphic Nomenclature (prepared by H. D. Hedberg, M. Gordon, Jr., E. T. Tozer, H. E. Wood II, and K. Lohman), 1957, Report 5——Nature, usage, and nomenclature of biostratigraphic units : *Am. Assoc. Petrol. Geol. Bull.*, 41, p. 1877-1889. (Discussion by C. Teichert : *ibid.*, 41, p. 2574-2575.).

American Commission on Stratigraphic Nomenclature (prepared by G. M. Richmond), 1959, Report 6——Application of stratigraphic classification and nomenclature to the Quaternary, by Comm. on Pleistocene, G. R. Richmond, Chair., and Comments by J. H. Bretz, *et* al.:*Am. Assoc. Petrol. Geol. Bull.*, 43, p. 663-673.(Discussion by A. C. Trowbridge, *et al.*, *ibid.*, p. 674-675.).

American Commission on Stratigraphic Nomenclature (prepared by G. M. Richmond and J. G. Fyles), 1964, Note 30——Application to American Commission on Stratigraphic Nomenclature for an amendment of Article 31, remark (b) of the Code of Stratigraphic Nomenclature on misuse of the term "stage": *Am. Assoc. Petrol. Geol. Bull.*, 48, p. 710-711.

American Commission on Stratigraphic Nomenclature, 1964, Correction to Note 30 : *Am. Assoc. Petrol. Geol. Bull.*, 48, p. 1196.

American Commission on Stratigraphic Nomenclature, 1965, Note 32——"Definition of Geologic Systems" by International Subcommission on Stratigraphic Terminology : *Am. Assoc. Petrol. Geol. Bull.*, 49, p. 1691-1703.

(Further references to American Commission on Stratigraphic Nomenclature under "North American Commission on Stratigraphic Nomenclature".).

Andrews, J., and K. J. Hsu, 1970, Note 38 (of Am. Comm. Strat. Nomen.)——A recommendation to the American Commission on Stratigraphic Nomenclature concerning nomenclatural problems of submarine formations : *Am. Assoc. Petrol. Geol. Bull.*, 54, p. 1746-1747.

Anthony, J. W., 1955, Geological stratigraphy : *Geochronology, Arizona Univ. Physical Sci. Bull.*, 2, p. 82-86.

Arduino, G., 1759 or 1760, Letters of Giovanni Arduino to Antonio Vallisnieri dated Jan. 30, 1759 and March 30, 1759, published in Nuovo raccolta di opuscoli scientifici efilologici del padre abate Angiolo Calogiera, v. 6, p. 99-180.

Arkell, W. J., 1933, The Jurassic System in Great Britain : Clarendon Press, Oxford, 681 p.(see p. 1-37.).

Arkell, W. J., 1946, Standard of the European Jurassic : *Geol. Soc. Am. Bull.*, 57, p. 1-34.

Arkell, W. J., 1951, Review of "Grundlagen und Methoden der paläontologischen Chronologie" (3 rd ed.) by O. H. Schindewolf : *Geol. Mag.*, 88, p. 303-304.

Arkell, W. J., 1956 a, Comments on stratigraphic procedure and terminology. : *Am. Jour. Sci.*, 254, p. 457-467.

Alkell, W. J., 1956 b, Jurassic geology of the world : Oliver and Boyd, London, 806 p.(see p. 3-14 : Chapter 1, Classification and correlation.).

Arkell, W. J., 1958, Further comments on stratal terms : Discussion (of O. H. Schindewolf's comments on stratigraphic terms ; *Am. Jour. Sci.*, 255, p. 394-399, 1957.) ; *ibid.*, 256, p. 365.

Arnold, II., 1966, Grundsätzliche Schwierigkeiten bei der biostratigraphischen Deutung phyletischer Reihen : *Senckenbergiana Lethaea*, 47, p. 537-547.

Ashley, G. H., 1932 a, Stratigraphic nomenclature : *Geol. Soc. Am. Bull.*, 43, p. 469-476.

Ashley, G. H., 1932 b, Geologic time and the rock records : *Geol. Soc. Am. Bull.*, 43, p. 477-486.

Ashley, G. H., 1938, The Canadian System : *Topographic and Geologic Survey Progress Report* 119, Pennsylvania Geol. Survey, 7 p.

Azzaroli, A., and M. B. Cita, 1963 ( ? ), Geologia stratigrafica (vol. 1): La Goliardico, Milano, 262 p.(see p. 1-120).

Barrell, J., 1917, Rhythms and the measurement of geologic time : *Geol. Soc. Am. Bull.*, 28, p. 745-904.

Barthel, K. W., 1971, Stratigraphic problems ; Reference sections, the Tithonian, and the Jurassic/Cretaceous boundary : *Neues Jahrb. Geol. Paläont., Monatsh.*, 1, p. 513-516.
Bassett, M. G., 1985, Toward a "common language" in stratigraphy : *Episodes*, 8, p. 87-92.
Bates, R. L., J. A. Jackson, (eds.), 1987, Glossary of Gology (3 rd ed.) : American Geological Institute, 788 p.(4 th ed.) : Jackson, J. A., eds., 1987, Glossary of Gology, American Geological Institute, 769 p.
Bell, W. C., 1950, Stratigraphy ; a factor in paleontologic taxonomy : *Jour. Paleont.*, 24, p. 492-496.
Bell, W. C., 1959, Uniformitarianism——or uniformity : *Am. Assoc. Petrol. Geol. Bull.*, 43, p. 2862-2865.
Bell, W. C., 1960, Review of "Stratigraphic principles and practice" by J. Marvin Weller : *Jour. Geol.*, 68, p. 681-686.
Bell, W. C., G. E. Murray, and L. L. Sloss, 1959, Symposium on concepts of stratigraphic classification and correlation : *Am. Jour. Sci.*, 257, p. 673-778.
Bell, W. C., et al., 1961, Note 25 (of Am. Comm. Strat. Nomen.)——Geochronologic and chronostratigraphic units : *Am. Assoc. Petrol. Geol. Bull.*, 45, p. 666-670.
Benda, L., G. Lüttig, and H. Schneekloth, 1966, Aktuelle Fragen der Biostratigraphie im nordeuropäischen Pleistozän : *Eiszeitalter und Gegenwart*, 17, p. 218-223.
Berger, W. H., and E. Vincent, 1981, Chemostratigraphy and biostratigraphic correlation ; exercises in systemic stratigraphy : 26 th Int. Geol. Cong. (Paris, 1980), *Colloque C 4 (Geology of Oceans)*, *Oceanologica Acta, Suppl. to vol.* 4, p. 115-127.)
Berggren, W. A., 1971 a, Multiple phylogenetic zonations of the Cenozoic based on planktonic foraminifera : 2 nd Planktonic Conf. (Rome, 1970), *Proc. (A. Farinacci, ed.)*, v. 1, p. 41-56.
Berggren, W. A., 1971 b, Tertiary boundaries and correlations : *in* The Micropalaeontology of Oceans (B. M. Funnell and W. R. Riedel, eds.), p. 693-809, Cambridge University Press. (see in particular p. 693-702.).
Berggren, W. A., 1971 c, Neogene chronostratigraphy, planktonic foraminiferal zonation and the radiometric time scale : *Földtani Közlöny (Hungarian Geol. Soc. Bull)*., 96, p. 162-169. (Colloquium on the Neogene, Budapest, 1969.).
Berggren, W. A., 1972, A Cenozoic time-scale-some implications for regional geology and paleobiogeography : *Lethaia*, 5, p. 195-215.
Berggren, W. A., 1973, The Pliocene time scale ; calibration of planktonic foraminiferal and calcareous nannoplankton zones : *Nature*, 243, p. 391-397.
Berggren, W. A., 1978, Biochronology : *in* Contributions to the geologic time scale (G. V. Cohee, M. F, Glaessner, and H. D. Hedberg, eds.) ; *Am. Assoc. Petrol. Geol. Studies in Geology* 6, p. 39-55.
Berggren, W. A., et al., 1967, Late Pliocene-Pleistocene stratigraphy in deep sea cores from the south-central North Atlantic : *Nature*, 216, p. 253-254.
Berggren, W. A., B. U. Haq, and J. A. Van Couvering, 1978, On boundary stratotypes, reply : *Marine Micropaleont.*, 3, p. 198-200.
Berggren, W. A., et al., 1979, Fossilization (taphonomy), biogeography and biostratigraphy : *in* Treatise on Invertebrate Paleontology (R. A. Robison and C. Teichert, eds.) Part A——Introduction ; Geological Society of America and University of Kansas, Boulder, CO, and Lawrence, KS, 569 p.

160 付録C:層序区分・用語法・手順に関する文献目録

Berkland, J. O., et al., 1972, What is Franciscan? : Am. Assoc. Petrol. Geol. Bull., 56, p. 2295-2302.
Berry, W. B. N., 1966, Zones and zones―with exempiifications from the Ordovician : Am. Assoc. Petrol. Geol. Bull., 50, p. 1487-1500.
Berry, W. B. N., 1968, Growth of a prehistoric time scale : W. H. Freeman, & CO., San Francisco, 158 p.
Berry, W. B. N., 1974, Erben's "Inventory in Stratigraphy"――a model from the California Tertiary foraminifer succession : Newsl. Stratigr., 3, p. 65-72.
Berry, W. B. N., 1983, On the relationship between ecostratigraphy and zonal stratigraphy : Newsl. Stratigr., 12, p. 81-97.
Berry, W. B. N., 1984, The Cretaceous-Tertiary boundary――the ideal geologic time scale boundary? : Newsl. Stratigr., 13, p. 143-155.
Beznosov, N. V., 1975, Some problems of stratigraphic classification associated with the development of regional stratigraphic schemes (in Russian): Trudy, VNIGNI (Vsesoyuznyi Nauchno-Issledovatel'skii Geologorazvedochnyi Neftyanoi Institut), 171, p. 3-26.
Biquand, D., 1972, Application du paléomagnétismeàla resolution de problèmes stratigraphiques ; difficultés et limites actuelles de la méthode : in Colloque sur les méthodes et tendances de la stratigraphie (Orsay, 1970) ; BRGM France, Mém. 77, pt. 2, p. 861-876.
Blackwelder, E., 1924, Suggestions for the improvement of our geologic terminology (abstr.): Geol. Soc. Am. Bull., 35, p. 103 ; Pan-Am. Geol., 41, p. 151.
Blanford, W. T., 1884, On the classification of sedimentary strata : Geol. Mag., 3rd ser., 1, p. 318-321.
Blanford, W. T., 1889, The anniversary address of the president : Geol. Soc. London Quart. Jour., 45, p. 37-77.
Blank, R. G., 1979, Applications of probabilistic biostratigraphy to chronostratigraphy: Jour. Geol., 87, p. 647-670.
Blank, R. G., and C. H. Ellis, 1982, The probable range concept applied to the biostratigraphy of marine microfossils : Jour. Geol., 90, p. 415-433.
Blatt, H., W. B. N. Berry, and S. Brande, 1991, Principles of stratigraphic analysis : Blackwell, Boston, 512 p.
Bliss, N. W., 1968, The need for a revised stratigraphic nomenclature in the Precambrian of Rhodesia : in Annexure to v. 71, Symposium on the Rhodesian Basement Complex ; Geol. Soc. South Africa Trans, 71, p. 205-213, Geol. Soc. South Africa, Rhodesian Branch.
Blow, W. H., 1970, Validity of biostratigraphic correlations based on the Globigerinacea : Micropaleont., 16, p. 257-268.
Bodylevsky, V. I., 1964, On the stratigraphic zone (in Russian): Trudy, VSEGEI, n. s., 102, p. 25-32.
Boggs, S., Jr., 1987, Principles of sedimentation and stratigraphy : Merrill, Columbus, Ohio, 784 p.
Bogsch, L., 1962, Einige prinzipielle und praktische Fragen der erdgeschichtlichen Grenzen auf Grund Egerer Fauna : Annal. Univ. Sci. Budapest, sec. Geol., 5 (1961), p. 11-23.
Bokman, J., 1956, Terminology for stratification in sedimentary rocks : Geol. Soc. Am. Bull., 67, p. 125-126.
Borovikov, L. I., and T. N. Spizharsky, 1965, Principles of subdivision and corrclation of Pre-

Cambrian deposits (in Russian): *Geol. i Geoftz.* (*Russian Geol., Geophys.*), 16, 1, p. 21-29.
Borrello, A. V., and A. J. Cuerda, 1963, Sobre el código de nomenclatura estratigráfirca y su significación : *Com. Invest. Cient. An.* (*Provincia Buenos Aires*), 4, p. 515-521.
Boucot, A. J., 1970, Practical taxonomy, zoogeograpby, paleoecology, paleogeography and stratigraphy for Silurian and Devonian brachiopods : *in* North Am. Paleont. Conv. (Chicago, 1969), Proc., pt. F (Correlation by fossils), p. 566-611.
Boucot, A. J., 1984, Ecostratigraphy : *in* Stratigraphy quo vadis ? (E. Seibold and J. D. Meulenkamp, eds.) ; *Am. Assoc. Petrol. Geol. Studies in Geology* 16, p. 55-60. Bourbeau, G. A., 1958, Soils in stratigraphic nomenclature : *Am. Assoc. Petrol. Geol. Bull.*, 42, p. 1987-1992.
Boussac, J., 1910, Du rôle de l'hypothèse en paléontologie stratigraphique : *Revue Scientifique, Paris*, 48 th ann., p. 5-9.
Brakel, A. T., 1989, Proposals of the re-use of invalid and superseded stratigraphic names in Australia : *Bureau of Mineral Resources, Geol. and Geophys., Record* 1989/51, 9 p.
Bramlette, M. N., 1965, Massive extinctions in biota at the end of Mesozoic time : *Science*, 148, p. 1696-1699.
Bramlette, M. N., and W. R. Riedel, 1971, Observations on the biostratigraphy of pelagic sediments : *in* The Micropalaeontology of Oceans (B. M. Funnell and W. R. Riedel, eds.), p. 665-668, Cambridge University Press.
Branson, C. C., 1956, Cyclic formations or mappable units : *Oklahoma Geology Notes*, 16, p. 122-126.
Branson, C. C., 1961, Code of stratigraphic nomenclature : *Oklahoma Geology Notes*, 21, p. 317-322.
Breddin, H., 1938, Bemerkungen zur Frage der Richtprofile : *Deutsche Geol. Gesell. Zeitschr.*, 90, p. 231-232.
Brenner, R. L., and T. R. McHargue, 1988, Integrative Stratigraphy ; concepts and applications : Prentice-Hall, Englewood Cliffs, New Jersey, 419 p.
Brewer, R., 1972, Use of macro-and micromorphological data in soil stratigraphy to elcidate suriircial geology and soil genesis : *Geol. Soc. Austl. Jour.*, 19, pt. 3, p. 331-344.
Brewer, R., K. A. W. Crook, and J. G. Speight (Sub-committee for soil-stratigraphic nomenclature), 1970, Proposal for soil-stratigraphic units in the Australian Stratigraphic Code : *Geol. Soc. Austl. Jour.*, 17, pt. 1, p. 103-111.
Broeck, E. van den, 1883, Note sur un nouveau mode de classification et de notation graphique des dépôts géologiques : *Musée Royal d'Histoire Naturelle de Belgique Bull.*, 2, p. 341-369.
Broecker, W. S., and J. I. Kulp, 1956, The radiocarbon method of age determination : *Am. Antiquity*, 22, p. 1-11.
Brongniart, A., 1829, Tableau des terrains qui composent l'écorce du globe, ou Essai sur la structure de la partie connue de la terre : Paris, 433 p.
Bronnimann, P., and J. Resig, 1971, A Neogene Globigerinacean biochronologic time-scale of the southwestern Pacific : *Initial reports of the Deep Sea Drilling Project*, 7, pt. 2, p. 1235-1469.
Brooks, J. E., and D. L. Clark, 1961, Thermoluminescence as a correlation tool in the Austin Chalk in north-central Texas : **Graduate Research Center, Southern Methodist Univ.**

*Jour.*, 29, p. 198-204.
Brouwer, A., 1978, Rocks, life and time——an international guide through the stratigraphic labyrinth : *Geologie en Mijnbouw*, 57, p. 395-400.
Brown, J. S., 1943, Suggested use of the word microfacies : *Econ. Geol.*, 38, p. 325.
Brown, L. F., Jr., and W. L. Fisher, 1977, Seismic-stratigraphic interpretation of depositional systems ; examples from Brazilian rift and pull-apart basins : *in* Seismic stratigraphy—— applications to hydrocarbon exploration (C. E. Payton, ed.) ; *Am. Assoc. Petrol. Geol. Mem.* 26, p. 213-248.
Brunn, J. H., 1972, Reflexions sur les objectifs de la stratigraphie et les moyens qu'elle met en oeuvre : *in* Colloque sur les méthodes et tendances de la stratigraphie (Orsay, 1970) ; *BRGM France, Mém.* 77, *pt.* 2, p. 1001-1005.
Bubnoff, S. von, 1963, Fundamentals of geology (English translation of Grundprobleme der Geologie, 1954) : Oliver and Boyd, Edinburgh, 287 p.
Buch, L. von, 1810, Etwasüber locale und allgemeine Gebirgsformationen : *Gesellschaft Naturforschender Freunde zu Berlin*, 4, p. 69-74.
Buckman, S. S., 1893, The Bajocian of the Sherborne district ; its relation to subjacent and supenjacent strata : *Geol. Soc. London Quart. Jour.*, 49, p. 479-522.
Buckman, S. S., 1898, On the grouping of some divisions of so-called Jurassic time : *Geol. Soc. London Quart. Jour.*, 54, p. 442-462.
Buckman, S. S., 1902, The term "Hemera": *Geol. Mag.*, *n. s.*, 9, p. 551-557.
Buckinan, S. S., 1903, The term "Hemera": *Geol. Mag.*, *n. s.*, 10, p. 95-96.
Bukry, D., 1971, Coccolith stratigraphy, Leg 7, Deep Sea Drilling Project : *Initial reports of the Deep Sea Drilling Project*, 7, pt. 2, p. 1513-1528.
Bukry, D., 1973, Coccolith stratigraphy, eastern equatorial Pacific, Leg 16, Deep Sea Drilling Project : *Initial reports of the Deep Sea Drilling Project*, 16, p. 653-711.
Burollet, P. F., 1956, Contributionàl' étude stratigraphique de la Tunisie Centrale : *Annales des Mines et de la Geólogie*, 18, 345 p.
Burollet, P. F., 1959, Remarques sur la nomenclature stratigraphique : *Sciences de la Terre*, 5 (1957), p. 117-136.
Busson, G., 1972, Nomenclature et classification stratigraphiques ; confrontation de problèmes actuels aux données de l'étude du Mésozoïque saharien : *in* Principes méthodes et résultats d'uneétude stratigraphique du Mésozoïque saharien ; *Mus. Natl. Hist. Nat.* (*Paris*) *Mém., sér. C*, 26, p. 51-85.

Cahen, L., 1958, Quelques considerations sur les relations entre Précambrien et Cambrien et le problème des séries intermédiaires : *Colloques Int. du Centre Nat. Rech. Sci. Paris*, 1957, p. 133-138.
Calkins, F. C., 1941, "Band, layer", and some kindred terms : *Econ. Geol.*, 36, p. 345-349.
Callomon, J. H., 1965, Notes on Jurassic stratigraphical nomenclature I . Principles of stratigraphic nomenclature : *Carpatho-Balkan Geological Assoc.*, Ⅶ *Cong.* (*Sofia*, 1965), *Reports, part* Ⅱ, 1, p. 81-89.
Callomon, J. H., 1984, Biostratigraphy, chronostratigraphy and all that——again! : *in* International Symposium on Jurassic Stratigraphy (Erlangen, 1984 ; O. Michelsen and A. Zeiss, eds.), 3, p. 612-624, Geological Survey of Denmark.

Callomon, J. H., and D. T. Donovan, 1966, Stratigraphic classification and terminology : *Geol. Mag.*, 103, p. 97-99.

Callomon, J. H., and D. T. Donovan, 1971, A code of Mesozoic stratigraphical nomenclature : *in* Colloque du Jurassique (Luxembourg, 1967) ; *BRGM France, Mém.* 75, p. 75-81.

Campbell, C. V., 1967, Lamina, laminaset, bed, and bedset : *Sedimentology*, 8, p. 7-26.

Cande, S. C., and D. V. Kent, 1992, A new geomagnetic polarity time scale for the late Cretaceous and Cenozoic : *Jour. Geophys. Res.*, 97, p. 13917-13951.

Carozzi, A. V., 1951, La notion de synchronisme en géologie : *Rev. Gen. Sci. Pures et Appl.*, 58, p. 230-236.

Carter, R. M., 1970, A proposal for the subdivision of Tertiary time in New Zealand : *New Zealand Jour. Geol. Geophys.*, 13, p. 350-363.

Carter, R. M., 1974, A New Zealand case-study of the need for local time-scales : *Lethaia*, 7, p. 181-202.

Caster, K. E., 1934, The stratigraphy and paleontology of northwestern Pennsylvania. Part I ——Stratigraphy : *Bull. Am. Paleontology*, 21, 185 p.

Chadwick, G. H., 1930, Subdivision of geologic time : *Geol. Soc. Am. Bull.*, 41, p. 47-48.

Challinor, J., 1978, A dictionary of geology (5 th ed.) : Oxford University Press, 365 p.

Chamberlin, R. T., 1935, Certain aspects of geologic classification and correlation : *Science*, 81, p. 183-190 and 216-218.

Chamberlin, T.C., 1898, The ulterior basis of time divisions and the classification of geologic history : *Jour. Geol.* 6, p.449-462.

Charnberlain, T. C., 1909, Diastrophism as the ultimate basis of correlation : *Jour. Geol.*, 17, p. 685-693.

Chang Chia-chi, 1959, A new variant of nomenclature rules for regional stratigraphic units : *Dizhi Lunping (Geol. Rev.)*, 19, p. 432-433.

Chang, K. H., 1968, A review of stratigraphic classification (with emphasis on the classification of Korean stratigraphy) : *Volcano*, 10, p. 5-13.

Chang, K. H., 1973, Toward an international guide to stratigraphic classification, terminology, and usage : *Geol. Soc. Korea Jour.*, 9, p. 123-125.

Chang, K. H., 1974, Origin of multiple stratigraphic classification and an unpublished 1932 manuscript by H. D. Hedberg : *Geol. Soc. Am. Bull.*, 85, p. 1301-1303.

Chang, K. H., 1975, Unconformity-bounded stratigraphic units : *Geol. Soc. Am. Bull.*, 86, p. 1541-1552.

Chang, K. H., 1976, On boundaries between stratrgraphic systems : *Res. Rev. Kyungpook Nat. Univ.*, 21, p. 179-183.

Chang, K. H., 1981, Rethinking stratigraphy : *Geotimes*, 26, p. 23-24.

Chao Yi-yang, 1959, Unification of stratigraphic terminology : *Dizhi Lunping (Geol. Rev.)*, 19, p. 229-230.

Chermnykh, V. A., 1984, Paleontological zones in stratigraphy (in Russian) : Komi Branch of Acad. Sci., 111, 38 p.

Childs, T. S., *et al.*, 1941, Letter to Dr. C. W. Tomlinson on stratigraphic nomenclature : *Am. Assoc. Petrol. Geol. Bull.*, 25, p. 2195-2202.

Chlupáč, I., 1957, Zasady stratigrafickéterminologie v SSSR : *Vestnik Ustr. Ust. Geol.*, 32, p. 301-308. (French translation no. 1623 by E. Jayet, SIG, Paris : Principes de la terminologie

stratigraphique en SSSR, 10 p.).
Chlupác, I., 1970, Chronostratigraphy and neostratotypes. Comments by Czechoslovak Stratigraphic Commission : *Am. Assoc. Petrol. Geol. Bull.*, 54, p. 1317.
Chlupác, I., 1973, Present concepts in stratigraphical geology (in Czech): *Vestnik Ustr. Ust. Geol.*, 48, p. 65-71.
Chlupác, I., H. Jaeger, and J. Zikmundova, 1972, The Silurian-Devonian boundary in the Barrandian : *Canadian Petrol. Geol. Bull.*, 20, p. 104-174.
Chlupác, I., H. Flugel, and H. Jaeger, 1981, Series or stages within Palaeozoic Systems ? : *Newsl. Stratigr.*, 10, p. 78-91.
Chlupác, I., P. Storch, and J. Tyrácek, (eds.), 1990, Present state of the chronostratigraphic subdivision (in Czech): *Cas. Mineral. Geol.*, 35, p. 323-331.
Chow Wen-fu, 1964, Some problems of the "Project of a unified stratigraphic scheme": *Nauchnyi Vestnik*, 4, p. 364.
Cicha, I., *et al.*, 1964, Project provisoire pour une subdivision chronostratigraphique du Tertiaire : *in* Colloque sur le Paléogène, v. 2 (Bordeaux, 1962) ; *BRGM France, Mém.* 28, p. 925-929.
Cicha, I., J. Senes, J. Tejkal, *et al.*, 1969, Proposition pour la création de néostratotypes et l'établissement d'uneéchelle chronostratigraphique dite ouverte : *in* Com. Med. Neogene Strat. Proc., 4 th session (Bologna, 1967), pt. 4 ; *Giorn. Geol.*, *ser.* 2 *a*, 35, p. 297-311.
Cicha, I., and J. Senes, 1971, Probleme der Beziehung zwischen Bio-und Chrono-stratigraphie des jüngeren Tertiäre : *Geol. zb. -Geol. Carpathica* (*Slov. Akad. Vied*), 22, p. 209-228.
Cita, M. B., 1973, Inventory of biostratigraphicalfindings and problems : *Initial reports of the Deep Sea Drilling Project*, 13, p. 1045-1073.
Cline, M. G., 1949, Basic principles of soil classification : *Soil Sci.*, 67, p. 81-91.
Cloud, P., 1973, Possible stratotype sequences for the basal Paleozoic in North America : *Am. Jour. Sci.*, 273, p.193-206.
Cohee, G. V., (ed.), 1962, Stratigraphic nomenclature in reports of the United States Geological Survey : U. S. Geol. Survey, 35 p.
Cohee, G. V., 1968, Holocene replaces Recent in nomenclature usage of the U. S. Geological Survey : *Am. Assoc. Petrol. Geol. Bull.*, 52, p. 582.
Cohee, G. V., 1970, Stratigraphic nomenclature, principles and procedures : *in* Geol. Seminar on the North Slope of Alaska ; *Am. Assoc. Petrol. Geol. Proc., Pacific Section*, p. H 1-H 3.
Cohee, G. V., (ed.), 1974, Stratigraphic nomenclature in reports of the United States Geological Survey : U. S. Geol. Survey, 45 p.
Cohee, G. V., and J. B. Patton, 1963, Discussion of the stratigraphic code ; capitalization : *Am. Assoc. Petrol. Geol. Bull.*, 47, p. 852-853.
Cohee, G. V., R. K. DeFord, and H. B. Willman, 1969, Note 36 (of Am. Comm. Strat. Nomen.)— -Amendment of Article 5, Remarks (a) and (e) of the Code of Stratigraphic Nomenclature for treatment of geologic names in a gradational or interfingering relationship of rock-stratigraphic units : *Am. Assoc. Petrol. Geol. Bull.*, 53, p. 2005-2006.
Cohee, G. V., M. F. Glaessner, and H. D. Hedberg, (eds.), 1978, Contributions to the geologic time scale : *Am. Assoc. Petrol. Geol. Studies in Geology* 6, 388 p.
Collins, B. W., 1945, Review of "Stratigraphical classification and nomenclature" by F. R. S.

Henson : *Am. Assoc. Petrol. Geol. Bull.*, 29, p. 1208-1211.

Compston, W., 1979, The place of isotopic age determinations in stratigraphy : *Episodes*, 1979, p. 10-13.

Conkin, B. M., and J. E. Conkin, (eds.), 1984, Stratigraphy——Foundations and concepts : Van Nostrand Reinhold, New York, 365 p.

Conkin, J. E., and B. M. Conkin, 1973, The paracontinuity and the determination of the Devonian-Mississippian boundary in the type Lower Mississippian area of North America : *Univ. of Louisville Studies in Paleontology and Stratigraphy no.* 1, 36 p.

Conybeare, W. D., and W. Phillips, 1822, Outlines of the geology of England and Wales. Part I : London (William Phillips), 470 p. (see p. i-lxi : Introduction.).

Cook, H. E., 1975, North American stratigraphic principles as applied to deep-sea sediments : *Am. Assoc. Petrol. Geol. Bull.*, 59, p. 817-837.

Corrales Zarauza, I., et al., 1977, Estratigrafía : Editorial Rueda, Madrid, 718 p.

Cotton, C. A., 1950, Discordant time scales : *Science*, 111, p. 11-15.

Cowie, J. W., 1986, Guidelines for boundary stratotypes : *Episodes*, 9, p. 78-82.

Cowie, J. W., et al., 1986, Guidelines and statutes of the International Commission on Stratigraphy (ICS) : *Cour. Forsch. —Inst. Senckenberg*, 83, p. 1-14.

Cox, A. V., R. R. Doell, and G. B. Dalrymple, 1964, Reversals of the Earth's magneticfield : *Science*, 144, p. 1537-1543.

Cracraft, H., and N. Eldredge, (eds.), 1979, Phylogeny analysis and paleontology : Columbia University Press, 233 p. (Review by S. Bengtson : *ibid*, 12, p. 276.).

Crook, K. A. W., 1962, A note on stratigraphical nomenclature——biostratigraphic zones and time-rock stages : *Royal Soc. New South Wales*, 96, p. 15-16.

Crook, K. A. W., 1966, Principles of Precambrian time-siratigraphy : *Geol. Soc. Austl. Jour.*, 13, pt. 1, p. 195-202.

Cross, T. A., and M. A. Lessenger, 1988, Seismic stratigraphy : *Ann. Rev. Earth Planet. Sci.*, 16, p. 319-354.

Cross, W., 1902, Geologic formations versus lithologic individuals : *Jour. Geol.*, 10, p. 223-244.

Cserna, Z. de, 1972, Essay review of "Stratigraphie und Stratotypus" by O. H. Schindewolf : *Am. Jour. Sci.*, 272, p. 189-194.

Cubbit, J. M., and R. A. Reyment, (eds.), 1982, Quantitative stratigraphic correlation : John Wiley & Sons, New York, 301 p.

Cumings, E. R., 1930, List of species from the New Corydon, Kokomo, and Kenneth formations of Indiana, and for reefs in the Mississinewa and Liston Creek formations : *Indiana Acad. Sci. Proc.*, 39, p. 201 211.

Cumings, E. R., 1932, Reefs or bioherms : *Geol. Soc. Am. Bull.*, 43, p. 331-352.

Cumings, E. R., and R. R. Shrock, 1928, Niagaran coral reefs in Indiana and adjacent states and their stratigraphic relations : *Geol. Soc. Am. Bull.*, 39, p. 579-619.

Cuvillier, J., 1951, Corrélations stratigraphiques par microfacies en Aquitaine occidentale : E. J. Brill, Leiden, 23 p., 90 plates.

Dagley, P., et al., 1967, Geomagnetic polarity zones for Icelandic lavas : *Nature*, 216, p. 25-29.

Dana, J. D., 1856, On American geological history : *Am. Jour. Sci.*, 2nd ser., 22, p. 305-334.

DeFord, R. K., 1957, Discussion of Report 5 (of Am. Comm. Strat. Nomen.)——Nature, usage,

and nomenclature of biostratigraphic units : *Am. Assoc. Petrol. Geol. Bull.*, 41, p. 1887.
DeFord, R. K., J. A. Wilson, and F. M. Swain, 1967, Note 35 (of Am. Comm. Strat. Nomen.)——Application to American Commission on Stratigraphic Nomenclature for an amendment of Article 3 and Article 13, Remarks (c) and (e) of the Code of Stratigraphic Nomenclature to disallow recognition of new stratigraphic names that appear only in abstracts, guidebooks, micro films, newspapers, or in commercial trade journals : *Am. Assoc. Petrol. Geol. Bull.*, 51, p.1868-1869.
Desnoyers, J., 1829, Observations sur un ensemble de dépôts marins plus récents que les terrains tertairies du bassin de la Seine, et constituant un formation géologique distincte, précédées d'une aperçu de la nonsimultanéitédes bassins tertiaries : *Anal. Sci. Nat.*, 16, p. 171-214, 402-491.
Detre, Cs., 1976, Stratigraphy and evolution : *Földtani Közlöny (Hungarian Geol. Soc. Bull )*, 106, p. 30-41.
Dewalque, C., 1882, Sur l'unification de la nomenclature géologique——Résuméet conclusions : 2 nd Int. Geol. Cong.*(Bologne,* 1881), *Cong. Rept.*, p. 549-559.
Dewalque, C., *et al.*, 1888. Rapports de la Commission pour l'uniformitéde la nomenclature : 3 rd Int. Geol. Cong.*(Berlin,* 1885), *Cong. Rept.*, p. 317-399.
Diener, C., 1909, Summary : *in* Krafft, A. v., and C. Diener, Lower Triassic Cephalopoda from Spiti, Malla Johar., and Byans ; *Geol. Survey India (Pal. Ind.), ser.* 15, *vol.* 6, *Mem.* 1, 186 p. (see p. 163-186.).
Diener, C., 1918, Die Bedeutung der Zonengliederung für die Frage der Zeitmessung in der Erdgeschichte : *Neues Jahrb. Min., Geol., Paläont.,* Beilage-Bd. 42, p. 65-172.
Diener, C., 1925, Grundzüge der Biostratigraphie : Deuticke, Leipzig, 304 p.
Dienes, I., 1978, Formalized stratigraphy ; basic concepts and advantages : *Pergamon Computers Geol.*, 2, p. 81-87.
Dienes, I., and C. J. Mann, 1977, Mathematical formulation of stratigraphic terminology : *Math. Geol.*, 9, 6, p. 587-603.
Dineley, D. L., 1964, The chronological value of fossils : *in* Geochronology of Canada (F. F. Osborne, ed.) ; *Royal Soc. Canada Spec. Pabl.* 8, p. 9-19, University Toronto Press.
Ding Pei-zhen, 1958, On the use of time-rock units (in Chinese): *Dizhi Lunping (Geol. Rev.)*, 18, p. 245-246.
Ding Pei-zhen, 1959, Concepts of the new Stratigraphic Code of China (in Chinese): *Dizhi Lunping (Geol. Rev.)*, 19, p. 433-434.
Dollo, L., 1909, La paléontologieéthologique : *Soc. Belge Géol. Paléont., Hydrolog. Bull.*, 23, p. 377-421.
Donovan, D. T., 1966, Stratigraphy, an introduction to principles : Murby, London, 199 p.
Dott, R. H., Jr., and R. L. Barten, 1971, Evolution of the Earth (3 rd ed.): McGraw-Hill, New York, 649 p. (see p. 53-75 : The relative geologic time scale and modern stratigraphic principles.).
Douglas, R. J. W., 1980, On the age of rocks and Precambrian time scales : *Geology*, 8, p. 167-171.
Doutch, H. F., 1976, Formal lithostratigraphy for sedimentary rocks ; a code based on some underdeveloped principles : *Geol. Soc. Austl. Jour.*, 23, pt. 1, p. 67-72.
Dragunov, V. I., 1962, On building of geohistorical scale of evolution of the earth's crust in

connection with problems of stratigraphy, taxonomy and nomenclature of the late Pre-Cambrian deposits (in Russian): *in* Sovescanie po problemam astrogeologii, Leningrad, p. 148-151.

Dreyfuss, M., 1953, La notion d'étage géologique et les variations locales de la subsidence : *Soc. Hist. Nat. du Doubs Bull.*, 57, p. 105-110.

Dreyfuss, M., 1962, Réflexions sur quelques"unités"employées en stratigraphie et en paléontologie : *BRGM, France, Dépt. Inform. Géol. Bull. Trimest.*, 14, p. 1-5.

Drooger, C. W., 1969, Voltooid verleden tija, heden en toekomst (Past, present, and future): Inaugural dissertation, p. 1-16, Univ. of Utrecht, Schotanus & Jons, Utrecht.

Drooger, C. W., 1974, The boundaries and limits of stratigraphy : *Koninklijke Nederl. Akad. Wetenschappen, Amsterdam, Proc. ser. B.*, 77, 3, p. 159-176.

Dunbar, C. O., 1972, Stratigraphic boundaries and problems in their selection : *in* The age of the Dunkard, Proc. of First I. C. White Memorial Symposium (J. A. Barlow, ed.), p. 3-6, West Virginia Geol. and Economic Surv., Morgantown.

Dunbar, C. O., and J. Rodgers, 1957, Principles of stratigraphy : John Wiley and Sons, New York, 356 p.

Dunn, P. R., K. A. Plumb, and H. G. Roberts, 1966, A proposal for time-stratigraphic subdivision of the Australian Precambrian : *Geol. Soc. Austl. Jour.*, 13, pt. 2, p. 593-608.

Dunn, P. R., B. P. Thomson, and K. Rankama, 1971, Late Pre-Cambrian glaciation in Australia as a stratigraphic boundary : *Nature*, 231, p. 498-502.

Eaton, J. E., 1931, Standards of correlation : *Am. Assoc. Petrol. Geol. Bull.*, 15, p. 367-384. (Discussion by F. A. Melton and reply by J. E. Eaton : *ibid.*, 16, p. 1039-1044, 1932.).

Eaton, J. E., 1932, Time-equivalent versus lithologic extension of formations : *Am. Assoc. Petrol. Geol. Bull.*, 16, p.1043-1044.

Eaton, J. E., 1941, Reply to discussion by H. D. Hedberg of "Technique of stratigraphic nomenclature" by C. W. Tomlinson : *Am. Assoc. Petrol. Geol. Bull.*, 25, p. 2208-2210.

Eckel, E. C., 1901, The formation as the basis for geologic mapping : *Jour. Geol.*, 9, p. 708-717.

Egoyan, V. L., 1973, Stratotype and stratigraphic boundary (in Russian): *Izv. USSR Acad. Sci.*, ser. geol., 2, p. 107-112.

Egoyan, V. L., 1978, Principles of drawing the boundaries of units of the international stratigraphic scale (in Russian): *in* Problems of a stage-by-stage evolution of the organic world ; Trans. of the X VIII Session of the All-Union Paleont. Society, , p. 40-49, "Nauka", Leningrad.

Egoyan, V. L., 1987, Tendencies in general stratigraphy development, Paper 2 ; Independent scales and problem of purpose in stratigraphy (in Russian): *Moscow Soc. Nat. Invest.*, Dept. Geol. Bull., 62, 5, p. 24-36

Eicher, D. L., 1976, Geologic time (2 nd ed.): Prentice-Hall, New York, 150 p.

Einsele, G., and A. Seilacher, 1982, Cyclic and event stratification : Springer-Verlag, Berlin, 536 p.

Eldredge, N., and S. J. Gould, 1977, Evolution models and biostratigraphic strategies : *in* Concepts and methods of biostratigraphy (E. G. Kauffman and J. E. Hazel, eds.), p. 25-40, Dowden, Hutchison & Ross, Stroudsburg, Pa.

Elias, M. K., 1945, Geological calendar (Indications of periodicity in nature and succession of

geological periods): *Am. Assoc. Petrol. Geol. Bull.*, 29, p. 1035-1043.
Ellenberg, J., F. Falk, and E. Grumbt, 1981, Möglichkeiten und Grenzen lithostratigraphischer Korrelation : *Zeitschr. geol. Wiss.*, 9, p. 805-816.
Ellenberger, F., 1972, Quelques remarques historiques sur "la maladie infantile" de la stratigraphie : *in* Colloque sur les méthods et tendances de la stratigraphie (Orsay, 1970) ; *BRGM France, Mém. 77, pt.* 1, p. 27-30.
Enay, R., 1962, La nomenclature stratigraphique du Jurassique terminal, ses problèmes et sa normalisation : *BRGM France, Dépt. Inform. Géol. Bull. Trimest.*, 15, p. 1-9.
Enay, R., (ed.), 1971, Problèmes de zonation de quelquesétages du Jurassique en Europe : *in* Colloque du Jurassique (Luxembourg, 1967) ; *BRGM France, Mém.* 75, p. 511-512.
Epshteyn, S. V., 1961, On the question of principles and methods of stratigraphic subdivision of the Quaternary System (in Russian): *Mat. VSEGEI*, 42, p. 19-36.
Erben, H. K., 1959, Fortschritte der Paläontologie im letzten Jahrzehnt : *Naturwiss. Rundsch.*, 12, p. 119-124.
Erben, H. K., 1961, Ergebnisse der 2. Arbeitstagungüber die Silur/Devon-Grenze und die Stratigraphie von Silur und Devon ; Bonn und Brüssel (1960): *Deutsche Geol. Gesell. Zeitschr.*, 113, p. 81-84.
Erben, H. K., (ed.), 1962, Internationale Arbeitstagungüber die Symposium-Band, Silur-Devon-Grenze und die Stratigraphie von Silur und Devon (Bonn-Bruxelles, 1960), E. Schweizerbart, Verlagsbuchhandlung, Stuttgart, 315 p.
Erben, H. K., 1972 a, Comments on lithostratigraphic and stratotype reports of the IUGS International Subcommission on Stratigraphic Classification : *Newsl. Stratigr.*, 2, p. 77-78.
Erben, H. K., 1972 b, Replies to opposing statements : *Newsl. Stratigr.*, 2, p. 79-95. (Discussion by H. D. Hedberg and reply by H. K. Erben : *ibid.*, 2, p. 181-188.).
Ericson, D. B., M. Ewing, and G. Wollin, 1963, Pliocene-Pleistocene boundary in deep-sea sediments : *Science*, 139, p.727-737.
Evernden, J. F., and R. K. S. Evernden, 1970, The Cenozoic time scale : *in* Radiometric dating and paleontologic zonation (O. L. Bandy, ed.) ; *Geol. Soc. Am., Spec. Paper* 124, p. 71-90.
Eysinga, F. W. B. van, 1970, Stratigraphic terminology and nomenclature ; a guide for editors and authors : *Earth Sci. Rev.*, 6, p. 267-288.

Fairbridge, R. W., 1954, Stratigraphic classification by micro-facies : *Am. Jour. Sci.*, 252, p. 683-694.
Faul, H., 1960, Geologic time scale : *Geol. Soc. Am. Bull.*, 71, p. 637-644.
Faul, H., 1978, A history of geologic time : *Am. Sci.*, 66, p. 159-165.
Fenton, C. L., and M. A. Fenton, 1928, Ecologic interpretation of some biostratigraphic terms, Part 1, Faunule and zonule : *Am. Midland Naturalist*, 11, p. 1-23.
Fenton, C. L., and M. A. Fenton, 1930, Ecologic interpretation of some biostratigraphic terms, Part 2, Zone, subzone, facies, phase : *Am. Midland Naturalist*, 12, p. 145-153.
Fiege, K., 1926, Die paläontologischen Grundlagen der geologischen Zeitmessung : *Naturwiss. Mh.*, 24, p. 77-91, Leipzig.
Fiege, K., 1951, The zone, base of biostratigraphy : *Am. Assoc. Petrol. Geol. Bull.*, 35, p. 2582-2596.
Fiege, K., 1969, Sedimentationszyklen als Zeitmarken : *Deutsche Geol. Gesell. Zeitschr.*, 118

(1966), pt. 2, p. 260-265.
Fisher, A. G., H. E. Wheeler, and V. S. Mallory, 1954, Arbitrary cut-offin stratigraphy : *Am. Assoc. Petrol. Geol. Bull.*, 38, p. 926-931.
Fisher, D. W., 1956, Intricacy of applied stratigraphic nomenclature : *Jour. Geol.*, 64, p. 617-627.
Fisunenko, O. P., 1974, Problems of correlation (in Russian): *in* Osnovnye Problemy Biostratigrafii i Paleogeografii Severo-Vostoka SSSR ; *Trudy Sev. -Vost. Kompleks. Inst. USSR Acad. Sci.*, 62, p. 50-59.
Forgotson, J. M., Jr., 1957, Nature, usage, and definition of marker-defined vertically segregated rock units : *Am. Assoc. Petrol. Geol. Bull.*, 41, p. 2108-2113.(Discussion by P. F. Moore : *ibid.*, 42, p. 447-450, 1958.).
Foster, N. H., 1966, Stratigraphic leak : *Am. Assoc. Petrol. Geol. Bull.*, 50, p. 2604-2611.
Frank, M., 1938, Zur Frage der Richtprofile : *Deutsche Geol. Gesell. Zeitschr.*, 90, p. 227-230.
Franke, D., 1962, Zu Fragen geologischer Terminologie und Klassifikation ; (I) Der Begrif fFormation : *Zeitschr. Angew. Geol.*, 8, p. 208-214.
Franke, D., 1963, Zu Fragen geologischer Termilogie und Klassiflkation ; (II) Der Begrif fFazies : (l. Teil), *Zeitschr. Angew. Geol.*, H. 1, p. 39-45 ; (2. Teil), *Zeitschr. Angew. Geol.*, H. 2, p. 97-102 ; (3. Teil), *Zeitschr. Angew. Geol.*, H. 3, p. 153-157.
Frebold, H., 1924, Ammonitenzonen und Sedimentationszyklen in ihrer Beziehung zueinander : *Centraibl. für Miner., Geol. Paläont.* 1924, p. 313-320.
Frech, F., 1899, Über Abgrenzung und Benennung der geologischen Schichtengruppen : 7 th *Int. Geol. Cong.(St. Petersburg*, 1897), *Cong. Rept.*, p. 27-52.
Frye, J. C., and A. B. Leonard, 1953, Definition of time line separating a glacial and interglacial age in the Pleistocene : *Am. Assoc. Petrol. Geol. Bull.*, 37, p. 2581-2586.
Frye, J. C., and G. M. Richmond, 1958, Note 20 (of Am. Comm. Strat. Nomen.) —Problems in applying standard stratigraphic practice in nonmarine Quaternary deposits : *Am. Assoc. Petrol. Geol. Bull.*, 42, 1979-1983.
Frye, J. C., and H. B. Willman, 1960, Classification of the Wisconsinan Stage in the Lake Michigan glacial lobe : *Illinois State Geol. Survey Circular* 285, 16 p.
Frye, J. C., and H. B. Willman, 1962, Note 27 (of Am. Comm. Strat. Nomen.) —Morphostratigraphic units in Pleistocene stratigraphy : *Am. Assoc. Petrol. Geol. Bull.*, 46, p. 112-113.(Discussion by G. M. Richmond : *ibid.*, 46, p. 1520-1521, 1962.).
Füchsel, G. C., 1761, Historia terrae et maris, ex historia Thuringiae per montium descriptionem : *Actorum Academiae Electoralis Moguntinae Scientiarum Utilium, quae Erfordiae Est.*, t. 2, p. 44-208.
Fuller, J. G. C. M., 1969, The industrial basis of stratigraphy ; John Strachey, 1671-1743, and William Smith, 1769-1839 : *Am. Assoc. Petrol. Geol. Bull.*, 53, p. 2256-2273.

Gabilly, J., 1971, Méthodes et modeles en stratigraphie du Jurassique : *in* Coiloque du Jurassique (Luxembourg, 1967) ; *BRGM France, Mém.* 75, p. 5-16.
Gage, M., 1966, Geological divisions of time : *New Zealand Jour. Geol. Geophys.*, 9, p. 399-407.
Ganeshin, G. S., *et al.*, 1961, Volume, contents and terminology of stratigraphic subdivisions of the Quaternary System (in Russian): *Sov. Geol.*, 8, p. 3-15.
Gealy, E. L., E. L. Winterer, and R. Moberly, Jr., 1971, Methods, conventions, and general ob-

servations : *Initial reports of the Deep Sea Drilling Project*, 7, pt. 1, p. 9-26.
Geczy, B., 1964, Szint, Eletszint, Odöszint (Zone, biozon, chronozone): *Földtani Közlöny* (*Hungarian Geol. Soc. Bull*), 94, p. 132-135.
Geikie, A., 1885, Text-book of geology (2 nd ed.): Macmillan, London, 992 p. (see p. 626-631.).
Gekker, R. F., 1956, On the question of methods of biostratigraphy (in Russian): *Geol. Sbornik*, 2-3, Lvov., p. 137-157.
Geological Society of China (Taiwan), Commission on unity of stratigraphic nomenclature, 1961, The principle of stratigraphic nomenclature in China (in Chinese): *Geol. Soc. China Proc.*, 3, p. 2-5.
Geological Society of London, 1967, Report of the Stratigraphical Code Sub-Committee, T. N. George, et al. : *Geol. Soc. London Quart. Jour.*, 123, p. 75-87.
George, T. N., 1956, Biospecies, chronospecies and morphospecies : *Systematics Association Publication* 2, p. 123-137.
George, T. N., 1960, Fossils in evolutionary perspective : *Sci. Prog.*, 48, p. 28.
George, T. N., 1965, Stratigraphical systems ; Report on discussion in Kashmir : *Geol. Soc. London Quart. Jour.*, 121, p. 109-113.
George, T. N., and R. H. Wagner, 1972, IUGS Subcommission on Carboniferous Stratigraphy, Proceedings and Report of the General Assembly at Krefeld, August 21-22, 1971 : 7 me *Congrès Carbonifère* (*Krefeld*, 1971), *Cong. Rept., vol.* 1, p. 139-147.
Geyer, O. F., 1973, Gründztige der Stratigraphie und : Fazieskunde (vol. 1): Stuttgart, 279 p. (see particularly p. 177-259 : Ⅲ Stratigraphie und Geochronologie.).
Gignoux, M., 1926, Geólogie stratigraphique : Masson, Paris, 588 p.
Gignoux, M., 1936, Geólogie stratigraphique : Masson, Paris, 709 p.
Gignoux, M., 1950, Geólogie stratigraphique : Masson, Paris, 735 p.
Gignoux, M., 1955, Stratigraphic geology (English translation by G. G. Woodford of the 1950 French edition of "Geólogie Stratigraphique") : W. H. Freeman, & CO., San Francisco, 682 p.
Gignoux, M., 1960, Geólogie stratigraphique : Masson, Paris, 759 p.
Gilluly, J., 1949, Distribution of mountain building in geologic time : *Geol. Soc. Am. Bull.*, 60, p. 561-590.
Gladenkov, Yu. B., 1972, Some controversial problems in stratigraphy (in Russian): *Izv. USSR Acad. Sci., ser. geol.*, 11, p. 115-124.
Gladenkov, Yu. B., 1978, The ecosystem approach in stratigraphy (in Russian): *Izv. USSR Acad. Sci., ser. geol.*, 1, p. 5-23.
Gladenkov, Yu. B., 1980, The problem of suites, zones and stratohorizons in stratigraphy (in Russian ; comments on some sections of the "Stratigraphic Code of the USSR"): *in* Stratigraphic classification——Materials for the problem (B. S. Sokolov, ed), p. 124-130, "Nauka", Leningrad.
Gladenkov, Yu. B., 1981, Debatable problems of stratigraphic classification : *Newsl. Stratigr.*, 9, p. 169-175.
Gladenkov, Yu. B., 1983, Realities of rock bodies correlation on ecostratigraphic basis (in Russian): *Izv. USSR Acad. Sci., ser. geol.*, 9, p. 69-83.
Glaessner, M. F., 1945, Principles of micropaleontology : Melbourne University Press, Australia, 296 p. (see particularly p. 213-226.).

Glaessner, M. F., 1953, Time-stratigraphy and the Miocene Epoch : *Geol. Soc. Am. Bull.*, 64, p. 647-658.
Glaessner, M. F., 1954, Time-stratigraphy of the late Pre-Cambrian : *Pan Indian Ocean Sci. Cong. Proc.*, sec. C, p. 66-68.
Glaessner, M. F., 1960, West-Pacific stratigraphic correlation : *Nature*, 186, p. 1039-1040.
Glaessner, M. F., 1963, The dating of the base of the Cambrian : *Geol. Soc. India Jour.*, 4, p. 1-11.
Glass, B., et al., 1967, Geomagnetic reversals and Pleistocene chronology : *Nature*, 216, p. 437-442.
Glen, W., 1982, The road to Jaramillo : Stanford University Press, 459 p.
Glumicic-Holland, N., and Z. Boskov-Stajner, 1967, Stratigraphic classification and terminology, Copenhagen 1961 : *Geol. i Geoftz.(Russian Geol., Geophys)*, 18, 3-4, p. 95-111.
Gordon, W. A., 1962, Problems of paleontological correlation with particular reference to Tertiary : *Am. Assoc. Petrol. Geol. Bull.*, 46, p. 394-398.
Gorsky, I. I., 1957, Biostratigraphy and geochronology of continental deposits (in Russian): *Izv. USSR Acad. Sci., ser. geol.*, 12, p. 33-46.
Grabau, A. W., 1913, Principles of stratigraphy : A. G. Seiler and Co., New York, 1185 p.(see particularly p. 1097-1150.).
Gradstein, F. M., et al., 1985, Quantitative stratigraphy : Kluwer Academic Publ. Hingham, Massachusetts, 632 p.
Gray, H. H., 1958, Definition of term formation in stratigraphic sense : *Am. Assoc. Petrol. Geol. Bull.*, 42, p. 451-452.
Greenough, G. B., 1819, A critical examination of the first principles of geology : Strahan and Spottiswoode, London, 336 p.
Gregory, J. W., and B. H. Barrett, 1913, General stratigraphy : Methuen and Co. Ltd., London, 285 p.
Gressly, A., 1838, Observations géologiques sur le Jura soleurois : *Soc. Helv. Sci. Nat. (Neuchatel), Nouv. Mém.*, 2, 349 p.(see particularly p. 8-26.).
Griffiths, J. C., 1949, Discussion : in Sedimentary facies in geologic history (C. R. Longwell, ed.) ; *Geol. Soc. Am. Mem.* 39, p. 140-141.
Grigelis, A. A., 1980, Chronozones and phylozones, their characteristic features, similarities and differences ; based on data on the Jurassic and Cretaceous foraminifers (in Russian): *Izv. USSR Acad. Sci., ser. geol.*, 4, p. 57-67.
Gromov, V. I., et al., 1960, Principles of a stratigraphic subdivision of the Quaternary (Anthropogen) System and its lower boundary : 21 *st Int. Geol. Cong.(Norden, 1960), Proc. pt.* 4, p. 7-26.
Gubler, Y., 1972, Stratigraphie et sédimentologie, introduction et rapport de synthèse : in Colloque sur les méthodes et tendances de la stratigraphie (Orsay, 1970) ; *BRGM France, Mém.* 77, pt. 2, p. 523-534.
Gurari, F. G., 1969, Rules of stratigraphic classification (in Russian): in Problemy Stratigrafii (L. L. Khalfin, ed.) ; *Trudy, SNIIGGiMS*, p. 66-78, Novosibirsk.(English translation by Israel Program for Scientific Translations as Classification in Stratigraphy, Jerusalem, 1971, for U. S. Dept. of Int. and Nat. Sci. Foundation, p. 56-67.).
Gurari, F. G., 1980, Stratigraphy ; objects, purposes and methods of investigation, urgent prob-

172  付録C:層序区分・用語法・手順に関する文献目録

lems (in Russian): *in* Problems of stratigraphy of Siberia in the light of recent data ; *Collected scientific papers of the SNIIGGiMS*, 282, p. 4-18.

Gurari, P. G, 1984, On some problems of stratigraphy (in Russian): *Sov. Geol.*, 5, p. 6-11.

Gurari, F. G., 1986, Lithostratigraphic units: *in* Regional and local stratigraphic units for the purpose of large-scale geological mapping of Siberia (in Russian ; F. G. Gurari and V. I. Krasnov, eds.) ; Collected scientific works, p. 21-29, SNIIGGiMS, Novosibirsk.

Guryev, Yu. A., 1988, On the least basic unit of local stratigraphic scale ; as a matter for discussion of the Stratigraphic Code of the USSR (in Russian): *Tectonics and Stratigraphy*, 29, p. 30-35.


Hallam, A., 1981, Facies interpretation and the stratigraphic record: W. H. Freeman, & CO., Oxford and San Francisco, 291 p.

Hammen, T. van der, 1965 (1964), Paläoklima, Stratigraphie und Evolution: *Geol. Rundsch.*, 54, p. 428-441.

Hancock, J. M., 1966, Theoretical and real stratigraphy: *Geol. Mag.*, 103, p. 179.

Hancock, J. M., 1977, The historic development of concepts of biostratigraphic correlation: *in* Concepts and methods of biostratigraphy (E. G. Kauffman and J. E. Hazel, eds.), p. 3-22, Dowden, Hutchison & Ross, Stroudsburg, Pa.

Hansen, W. R., (ed.), 1991, Suggestions to authors of the reports of the United States Geological Survey (7 th ed.): U. S. Geol. Survey, 289 p.

Haq, B. U., J. Hardenbol, and P. R. Vail, 1987, Chronology of fluctuating sea levels since the Triassic (250 million years ago to present): *Science*, 235, p. 1156-1167. (Comments by N. Christie-Blick, G. S. Mountain, and K. G. Miller ; by R. K. Mathews ; and by F. M. Gradstein, *et al*. ; and responses: *ibid*, 241, p. 596-602, 1988.).

Haq, B. U., J. Hardenbol, and P. R. Vail, 1988, Mesozoic and Cenozoic chronostratigraphy and cycles of sea-level change: *in* Sea-level changes——an integrated approach (C. K. Wilgus, *et al*., eds.) ; *Soc. Econ. Paleont. Mineral., Spec. Publ.*, 42, p. 71-108.

Harbaugh, J. W., 1968, Stratigraphy and geologic time: William C. Brown Company, Dubuque, Iowa, 113 p.

Hardenbol, J., and W. A. Berggren, 1978, A new Paleogene numerical time scale: *in* Contributions to the geologic time scale (G. V. Cohee, M. F. Glaessner, and H. D. Hedberg, eds.) ; *Am. Assoc. Petrol. Geol. Studies in Geology* 6, p. 213-234.

Harland, W. B., 1967, Review of "Stratigraphy, an introduction to principles" by D. T. Donovan : *Geol. Mag.*, 104, p. 192-194.

Harland, W. B., 1968, On the principle of a Late Pre-Cambrian stratigraphical standard scale : 23 rd *Int. Geol. Cong.*(Prague, 1968), *Proc, vol*. 4, p. 253-264.

Harland, W. B., 1969, Interpretation of stratigraphical ages in orogenic belts: *in* Time and place in orogeny (P. E. Kent, G. E. Satterthwaite, and A. M. Spencer, eds.) ; *Geol. Soc. London, Spec. Publ*. 3, p. 115-135.

Harland, W. B., 1970, Time, space and rock (An essay on some fundamentals of stratigraphy): West Commemoration Volume, p. 17-42, Today & Tomorrow's Printers & Publishers, Paridabad, India.

Hariand, W. B., 1971, Introduction to the Phanerozoic time-scale (A supplement): *Geol. Soc. London, Spec. Publ*. 5, p. 3-7.

Harland, W. B., 1973, Stratigraphic classification, terminology and usage——essay review of "An International Guide to Stratigraphic Classification, Terminology, and Usage, Introduction and Summary (H D Hedberg, ed.)": *Geol. Mag.,* 110, p. 567-574.

Harland, W. B., 1974, The Pre-Cambrian-Cambrian boundary: *in* Cambrian of the British Isles, Norden and Spitsbergen, vol. 2 of Lower Palaeozoic rocks of the world (C. H. Holland, ed.), p. 15-42, John Wiley and Sons, London.

Harland, W. B., 1975, The two geological time scales: *Nature,* 253, p. 505-507.

Harland, W. B., 1977, International Stratigraphic Guide, essay review: *Geol. Mag.,* 114, p. 229-235.

Harland, W. B., 1978, Geochronologic scales: *in* Contributions to the geologic time scale (G. V. Cohee, M. F. Glaessner, and H. D. Hedberg, eds.); *Am. Assoc. Petrol. Geol. Studies in Geology* 6, p. 9-32.

Harland, W. B., 1992, Stratigraphic regulation and guidance ; A critique of current tendencies in stratigraphic codes and guides: *Geol. Soc. Am. Bull.,* 104, p. 1231-1235.

Harland, W. B., A. G. Smith, and B. Wilcock, (eds.), 1964, The Phanerozoic time-scale: *Geol. Soc. London Quart. Jour.,* 120, 458 p.

Harland, W. B., E. H. Francis, and P. Evans, (eds.), 1971, The Phanerozoic time-scale (A supplement): *Geol. Soc. London Spec. Publ.* 5, 356 p.

Harland, W. B., *et al.,* 1982, A geologic time scale: Cambridge University Press, 131 p.

Harland, W. B., *et al.,* 1990, A geologic time scale 1989: Cambridge University Press, 163 p.

Harper, C. W., Jr., 1980, Relative age inference in paleontology: *Lethaia,* 13, p. 239-248.

Harrington, H. J., 1965, Space, things, time and events——an essay on stratigraphy: *Am. Assoc. Petrol. Geol. Bull.,* 49, p. 1601-1646.

Harrison, J. E., and Z. E. Peterman, 1980, Note 52 (of North Am. Comm. Strat. Nomen.)——A preliminary proposal for a chronometric time scale for the Precambrian of the United States and Mexico: *Geol. Soc. Am. Bull.,* Part I , 91, p. 377-380.

Harrison, J. E., and Z. E. Peterman, 1982, Report 9 (of North Am. Comm. Strat. Nomen.)—— Adoption of geochronometric units of division of Precambrian time: *Am. Assoc. Petrol. Geol. Bull.,* 66, p. 801-804.

Haug, E., 1911, Traitéde géologie, II——Les périodes géologiques: Colin, Paris, p. 539-928. (see particularly p. 539-564: principes généraux de la stratigraphie.).

Hay, W. W., 1972, Probabilistic stratigraphy: *Eclog. Geol. Helv.,* 65, p. 255-266.

Hay, W. W., 1974, Imprications of probabilistic stratigraphy for chronostratigraphy: *in* Contributions to the geology and paleobiology of the Caribbean and adjacent areas ; Kugler Festschrift Volume (P. Jung, ed.) ; *Verhandl. Naturf. Gesell. Basel,* 84, p. 164-171.

Hay, W. W., and P. Cepek, 1969, Nannofossils, probability, and biostratigraphic resolution (abstr.): *Am. Assoc. Petrol. Geol. Bull.,* 53, p. 721.

Hay, W. W., and J. R. Southam, 1978, Quantifying biostratigraphic correlation: *Ann. Rev. Earth Planet. Sci.,* 6, p. 353-375.

Hayami, I., 1973, An evolutionary interpretation of biostratigraphic zones (in Japanese with English abstract): *Jour. Geol. Soc. Japan,* 79, p. 219-235.

Hayami, I., and T. Ozawa, 1975, Evolutionary models of lineage zones: *Lethaia,* 8, p. 1-14.

Hays, J. D., 1971, Faunal extinction and reversals of the earth's magnetic field: *Geol. Soc. Am. Bull.,* 82, p. 2433-2447.

Hays, J. D., and N. D. Opdyke, 1967, Antarctic radiolaria, magnetic reversals, and climatic change: *Science*, 158, p. 1001-1011.
Hays, J. D., et al., 1969, Pliocene-Pleistocene sediments of the equatorial Pacific ; their paleomagnetic, biostratigraphic, and climatic record : *Geol. Soc. Am. Bull.*, 80, p. 1481-1513.
Hays, J. D., and W. A. Berggren, 1971, Quaternary boundaries and correlations : *in* The Micropalaeontology of Oceans (B. M. Funnell and W. R. Riedel, eds.), p. 669-691, Cambridge University Press.
Hazel, J. E., 1970, Binary coefficients and clustering in biostratigraphy : *Geol. Soc. Am. Bull.*, 81, p. 3237-3252.
Hazel, J. E., 1977, Use of certain multivariate and other techniques in assemblage zonal biostratigraphy ; examples utilizing Cambrian, Cretaceous and Tertiary benthic invertebrates : *in* Concepts and methods of biostratigraphy (E. G. Kauffman and J. E. Hazel, eds.), p. 187-212, Dowden, Hutchison & Ross, Stroudsburg, Pa.
Hébert, E., 1881, Nomenclature et classification géologiques ; Rapport du Comité Français, Commission pour l'unification de la nomenclature géologique : *Ann. Sci. Géol.*, 11, art. 4, p. 1-15.
Hedberg, H. D., 1937, Stratigraphy of the Rio Querecual section of northeastern Venezuela : *Geol. Soc. Am. Bull.*, 48, p. 1971-2024. (see p. 1975-1977 : section entitled "Some Stratigraphic Principles".).
Hedberg, H. D., 1941, Discussion of "Technique of stratigraphic nomenclature", by C. W. Tomlinson : *Am. Assoc. Petrol. Geol. Bull.*, 25, p. 2202-2206.
Hedberg, H. D., 1948, Time-stratigraphic classification of sedimentary rocks : *Geol. Soc. Am. Bull.*, 59, p. 447-462.
Hedberg, H. D., 1951, Nature of time-stratigraphic units and geologic time units : *Am. Assoc. Petrol. Geol. Bull.*, 35, p. 1077-1081.
Hedberg, H. D., 1954, Procedure and terminology in stratigraphic classification : 19 *th Int. Geol. Cong.* (Algiers, 1952), *Cong. Rept., fasc.* 13, p. 205-233.
Hedberg, H. D., 1958, Stratigraphic classification and terminology : *Am. Assoc. Petrol. Geol. Bull.*, 42, p. 1881-1896.
Hedberg, H. D., 1959 a, Stratigraphic classification and terminology : *Alberta Assoc. Petrol. Geol. Jour.*, 6, p. 192-208.
Hedberg, H. D., 1959 b, Toward harmony in stratigraphic classification : *Am. Jour. Sci.*, 257, p. 671-683.
Hedberg, H. D., 1961 a, The stratigraphic panorama (an inquiry into the bases for age determination and age classification of the earth's rock strata): *Geol. Soc. Am. Bull.*, 72, p. 499-5 18.
Hedberg, H.D., 1961 b, Stratigraphic classification of coals and coal-bearing sediments : *Geol. Soc. Am. Bull.*, 72, p.1081-1088.
Hedberg, H. D., 1962, Les zones stratigraphiques—Remarques sur un article de P. Hupé : *BRGM France, Serv. Inform. Géol. Bull. Trimest.*, 14 *th year*, 54, p. 6-11.
Hedberg, H. D., 1965 a, Earth history and the record of the rocks : *Am. Phil. Soc. Proc.*, 109, p. 99-104.
Hedberg, H. D., 1965 b, Chronostratigraphy and biostratigraphy : *Geol. Mag.*, 102, p. 451-461.
Hedberg, H. D., 1966, Note 33 (of Am. Comm. Strat. Nomen.)—Application to American Com-

mission on Stratigraphic Nomenclature for amendments to Articles 29, 31, and 37 to provide for recognition of erathem, substage, and chronozone as time-stratigraphic terms in the Code of Stratigraphic Nomenclature : *Am. Assoc. Petrol. Geol. Bull.*, 50, p. 560-561.
Hedberg, H. D., 1967 a, Geochronology (stratigraphic): *in* International Dictionary of Geophysics (S. K. Runcorn, ed.), vol. 1, p. 561-567, Pergamon Press, Elsmford, New York).
Hedberg, H. D., 1967 b, Geologic periods and systems : *in* International Dictionary of Geophysics (S. K. Runcorn, ed.), vol. 1, p. 600-605, Pergamon Press, Elsmford, New York.
Hedberg, H. D., 1967 c, Status of stratigraphic classification and terminology : *IUGS Geol. Newsl.*, 1967, 3, p. 16-29.
Hedberg, H. D., 1968 a, Comments with respect to the Precambrian part of the geochronologic time scale : *C. R. Edmonton meeting of IUGS Commission on Geochronology, June 17, 1967, Annexe* 1, p. 21-25.
Hedberg, H. D., 1968 b, Some views on chronostratigraphic classification : *Geol. Mag.*, 105, p. 192-199.
Hedberg, H. D., 1969 a, Review of "Chronostratigraphie und neostratotypen": *Am. Assoc. Petrol. Geol. Bull.*, 53, pt. I , p. 2203-2206.
Hedberg, H. D., 1969 b, The influence of Torbern Bergman (1735-1784) on stratigraphy : *Acta Univ. Stockholmiensis, Stockholm Contributions in Geology*, 20, p. 19-47.
Hedberg, H. D, 1970, Stratigraphic boundaries——a reply : *Eclog. Geol. Helv.*, 63, p. 673-684.
Hedberg, H. D., 1971, Recently published reports of the International Subcommission on Stratigraphic Classification : *Newsl. Stratigr.*, I, p. 59-60.
Hedberg, H. D., 1973 a, Impressions from a discussion of the ISSC International Stratigraphic Guide, Hannover, October 18, 1972 : *Newsl. Stratigr.*, 2, p. 173-180.
Hedberg, H. D., 1973 b, Reaction to an attack by Professor H. K. Erben on the International Subcommission on Stratigraphic Classification and its philosophy : *Newsl. Stratigr.*, 2, p. 181-184.
Hedberg, H. D., 1974, Basis for chronostratigraphic classification of the Precambrian : *Precambrian Research*, 1, p.165-177.
Hedberg, H. D., (ed.), 1976, International Stratigraphic Guide——A guide to stratigraphic classification, terminology and procedure : John Wiley and Sons, New York, 200 p.
Hedberg, H. D., 1978, Stratotypes and an international geochronologic scale : *in* Contributions to the geologic time scale (G. V. Cohee, M. F. Glaessner, and H. D. Hedberg, eds.) ; *Am. Assoc. Petrol. Geol. Studies in Geology* 6, p. 33-38.
Heilprin, A., 1887, The classification of the Post-Cretaceous deposits : *Acad. Nat. Sci. Philadelphia Proc.*, p. 314-322.
Heim, A., 1934, Stratigraphische Kondensation : *Eclog. Geol. Helv.*, 27, p. 372-383.
Heirtzler, J. R., *et al.*, 1968, Marine magnetic anomalies, geomagnetic field reversals, and motions of the oceanfloor and continents : *Jour. Geophys. Res.*, 73, p. 2119-2136.
Heiskanen, W. A., 1967, Geochronology (stratigraphic): *in* International Dictionary of Geophysics (S. K. Runcorn, ed.), vol. 1, p. 561-567, Pergamon Press, Elsmford, New York.
Henningsmoen, G., 1955, Om navn pa stratigrafiske enheter : *Norges Geol. Undersøkelse*, 191, p. 5-17.
Henningsmoen, G., 1961, Remarks on stratigraphic classification : *Norges Geol. Undersø kelse*, 213, p. 62-92.

176　付録C：層序区分・用語法・手順に関する文献目録

Henningsmoen, G., 1964, Zig-zag evolution : *Norsk Geologisk Tidsskrift*, 44, pt. 3, p. 341-352.
Henningsmoen, G., 1973, The Cambro-Ordovician boundary : *Lethaia*, 6, p. 423-439.
Henson, F. R. S., 1944, Stratigraphic classification and nomenclature : *Geol. Mag.*, 81, p. 166-169.(Review by B. W. Collins : *Am. Assoc. Petrol. Geol. Bull.*, 29, p. 1208-1211, 1945.).
Herak, M., 1975, Some comments on stratigraphic classification and terminology : *Geoloski Vjesnik*, sv. 28, p. 55-63.
Hoffman, A., 1981, Stochastic versus deterministic approach to paleontology ; the question of scaling or metaphysics : *Neues Jahrb. Geol. Paläont., Abh.*, 162, p. 80-96.
Hoffman, A., 1982, Community evolution and stratigraphy : *Newsl. Stratigr.*, 11, p. 32-36.
Hohn, M. E., 1978, Stratigraphic correlation by principal components ; effects of missing data : *Jour. Geol.*, 86, p. 524-532.
Hölder, H., 1960, Geologie und Paläontologie in Texten und ihrer Geschichte : K. Alber, Freiberg/München, 565 p.(see p. 439-446.).
Hölder, H., 1964, Jura : Handbuch der Stratigraphischen Geologie, vol. 4, F. Enke, Stuttgart, 603 p.(see p. 1-10.).
Hölder, H., 1971, Grundsätzliches zur Jura-Gliederung : *in* Colloque du Jurassique (Luxembourg, 1967) ; *BRGM France, Mém.* 75, p. 69-74.
Hölder, H., 1979, Wesen, Möglichkeiten und Grenzen der Biostratigraphie (Nature, possibilities and limitations of biostratigraphy) : *Newsl. Stratigr.*, 7, p. 171-192.
Hölder, H., and A. Zeiss, 1972, Zu der gegenwärtigen Diskussionüber Prinzipien und Methoden der Stratigraphie : *Neues Jahrb. Geol. Paläont., Monatsh. Jg.* 1972, H. 7, p. 385-399.
Holland, C. H., 1962, Diskussion zur Silur/Devon-Grenze : Internationale Arbeitstagungüber die Symposium-Band, Silur-Devon-Grenze und die Stratigraphie von Silur und Devon (Bonn-Bruxelles, 1960 ; H. K. Erben, ed., 1962), p. 304, E. Schweizerbart, Verlagsbuchhandlung, Stuttgart.
Holland, C. H., 1964, Stratigraphical classification : *Sci. Prog.*, 52, p. 439-451.
Holland, C. H., 1965, The Siluro-Devonian boundary : *Geol. Mag.*, 102, p. 213-221.
Holland, C. H., 1978, Stratigraphical classification and all that : *Lethaia*, 11, p. 85-90.(Comment by J. T. Temple : *ibid*, 11, 4, p. 40.).
Holland, C. H., 1983, Soviet and British stratigraphical classifications compared : *Geol. Soc. London Jour.*, 140, p. 845-847.
Holland, C. H., 1986, Does the golden spike still glitter ? : *Geol. Soc. London Jour.*, 143, p. 3-21.
Holland, C. H., 1989, Synchronology, taxonomy and reality : *Royal Soc. London Phil. Trans.*, ser. B, 325, p. 263-277.
Holland, C. H., J. D. Lawson, and V. G. Walmsley, 1963, The Silurian rocks of the Ludlow District, Shropshire : *British Museum (Nat. Hist.) Bull., Geology*, 8, p. 95-171.
Holmes, A, 1947, The construction of a geological time-scale : *Geol. Soc. Glasgow Trans.*, 21, p. 117-152.
Holmes, A., 1960, A revised geological time-scale : *Geol. Soc. Edmburgh Trans.*, 17, pt. 3, p. 183-216.
Holmes, A., 1963, Introduction : *in* The Precambrian : Vol. 1 of The geologic systems (K. Rankama, ed.), p. xi-xxiv, Interscience Publishers, New York.
Hornibrook, N. de B., 1965, A viewpoint on stages and zones : *New Zealand Jour. Geol. Geo-*

*phys.*, 8, p. 1195-1212.

Hornibrook, N. de B., 1971, Inherent instability of biostratigraphic zonal schemes : *New Zealand Jour. Geol. Geophys.*, 14, p. 727-733.

Horusitzky, F., 1955, On the problems of geochronology : *Földtani Közlöny* (*Hungarian Geol. Soc. Bull*)., 85, p. 106-121.

House, M. R., 1985, A new approach to an absolute timescale from measurements of orbital cycles and sedimentary microrhythms : *Nature*, 316, p. 721-725.

Hsieh Hsien-ming, 1959, Some considerations in connection with geochronologic and stratigraphic units (in Chinese): *Dizhi Lunping* (*Geol. Rev.*), 19, p. 381.

Hu Shi-zhong, 1987, The method of thinking on defining stratigraphic terms (in Chinese): *Dizhi Lunping* (*Geol. Rev.*), 33, p. 91-94.

Huang Ben-hong, 1959, Some considerations regarding geochronologic and stratigraphic units (in Chinese): *Dizhi Lunping* (*Geol. Rev.*), 19, p. 482-483.

Huang Ben-hong, 1960, On the terms "series" used in stratigraphic units and "epoch" used in geochronologic units (in Chinese): *Dizhi Lunping* (*Geol. Rev.*), 20, p. 141-142.

Hughes, N. F., 1964, Stages and boundaries in stratigraphy : *in* Colloque du Jurassique (Luxembourg, 1962) ; Volume des Comptes Rendus et Mémoires publiés par l'Institut grand-ducal, Section des Sciences naturelles, physiques, et mathématiques, p. 30.

Hughes, N. F., 1974, Beneficial regulation of procedure in editing stratigraphy : *Lethaia*, 7, p. 283-286.

Hughes, N. F., 1989, Fossils as information : Cambridge University Press, 136 p.

Hughes, N. F., *et al.*, 1967, A use of reference-points in stratigraphy : *Geol. Mag.*, 104, p. 634-635. (Comments by P. C. Sylvester-Bradley and reply ; *ibid.*, 105, p. 78-79 ; comments by P. E. Kent and reply : p. 80, 1968.).

Hupé, P., 1960, Les zones stratigraphiques : *BRGM France, Serv. Inform. Géol. Bull. Trimest.*, 49, p. 1-20. (Discussion by H. D. Hedberg : *ibid.*, 54, p. 6-11, 1962).

Huxley, T., 1862, The anniversary address : *Geol. Soc. London Quart. Jour.*, 18, p. xl-liv.

Indiana Geological Survey, Geological Names Committee (R. H. Shaver, Chairman), 1962, Note 28 (of Am. Comm. Strat. Nomen.)——Application to American Commission on Stratigraphic Nomenclature for an amendment of article 4 f of the Code of Stratigraphic Nomenclature on informal status of named aquifers, oil sands, coal beds, and quarry layers : *Am. Assoc. Petrol. Geol. Bull.*, 46, p. 1935.

Indiana Geological Survey, Geological Names Committee (R. H. Shaver, Chairman), 1963, Discussion of the Stratigraphic Code ; Beacon or gospel ? : *Am. Assoc. Petrol. Geol. Bull.*, 47, p. 850-851.

Ingle, J. C., 1973, Summary comments on Neogene biostratigraphy, physical stratigraphy, and paleo-oceanography in the marginal northeastern Pacific Ocean : *Initial reports of the Deep Sea Drilling Project*, 18, p. 949-960.

International Geological Congress (Paris, 1878), 1880, Cong. Rept., 313 p. (see particularly p. 60-142.).

International Geological Congress (Bologna, 1881), 1882, Cong. Rept., 657 p. (see particularly p. 89-126, 196-197, 429-658.).

International Geological Congress (Berlin, 1885), 1888, Cong. Rept., 546 p. (see p. lxxiv-cxiv,

279-530.).
International Geological Congress (London, 1888), 1891, Cong. Rept., 472 p. (see Appendices A, B, and C.).
International Geological Congress (St. Petersburg, 1897), 1899, Cong. Rept., 464 p. (see p. cxlii-li, 1-52.).
International Geological Congress (Paris, 1900), 1901, Cong. Rept., vol. l, 637 p. (see p. 152-160, 192-203.).
International Subcommission on Stratigraphic Terminology (ISST), 1961, Report 1——Statement of principles of stratigraphic classification and terminology : 21 *st Int. Geol. Cong. (Norden,* 1960), *Proc., pt.* 25, 38 p. (Italian translation, 1963 ; *Riv. Ital. Paleont. Strat.,* 69, p. 429-455.).
International Subcommission on Stratigraphic Terminology (ISST), 1964, Report 2——Definition of geologic systems : 22 *nd Int. Geol. Cong. (India), Proc., pt.* 18, 26 p. (Reprinted in large part in *Am. Assoc. Petrol. Geol. Bull.,* 49, p. 1694-1703, 1965.).
International Subcommission on Stratigraphic Classification (ISSC), 1970, Report 3——Preliminary report on lithostratigraphic units : 24 *th Int. Geol. Cong. (Montreal,* 1970), *Proc.,* 30 p.
International Subcommission on Stratigraphic Classification (ISSC), 1970, Report 4——Preliminary report on stratotypes : 24 *th Int. Geol. Cong. (Montreal,* 1970), *Proc.,* 39 p.
International Subcommission on Stratigraphic Classification (ISSC), 1971, Report 5——Preliminary report on biostratigraphic units : 24 *th Int. Geol. Cong. (Montreal,* 1970), *Cong. Rept.,* 50 p.
International Subcommission on Stratigraphic Classification (ISSC), 1971, Report 6——Preliminary report on chronostratigraphic units : 24 *th Int. Geol. Cong. (Montreal,* 1970), *Cong. Rept.,* 39 p.
International Subcommission on Stratigraphic Classification (ISSC), 1972, Report 7——(a) Introduction to an International Guide to Stratigraphic Classification, Terminology, and Usage ; (b) Summary of an International Guide to Stratigraphic Classification, Terminology, and Usage ; *Lethaia,* 1972, 5, p. 283-323 ; *Boreas,* 1972, l, p. 199-239. (Spanish translation by C. Petzall, 1973 ; *Bol. Geología* [*Venezuela*], 11, p. 287-331.).
International Subcommission on Stratigraphic Classification (ISSC), 1976, International Stratigraphic Guide——A guide to stratigraphic classification, terminology, and procedure (H. D. Hedberg, ed.), John Wiley and Sons, New York, 200 p.
International Subcommission on Stratigraphic Classification (ISSC), 1987 a, Unconformity-bounded stratigraphic units : *Geol. Soc. Am. Bull.,* 98, p. 232-237. (Discussion by J. G. Johnson : *ibid.,* 99, p. 443, 1987 ; Reply : *ibid.,* 99, p. 444, 1987.) (Discussion by M. A. Murphy : *ibid.,* 100, p. 155, 1988 : Reply : *ibid.,* 100, p. 156, 1988.).
International Subcommission on Stratigrapbic Classification (ISSC), 1987 b, Stratigraphic classification and nomenclature of igneous and metamorphic rock bodies : *Geol. Soc. Am. Bull.,* 99, p. 440-442. (Discussion by P. C. Bateman : *ibid.,* 100, p. 995-996, 1988 ; Reply : *ibid.,* 100, p. 996-997, 1988.) (Discussion by K. Laajoki : *ibid.,* 101, p. 753-754, 1989 ; Reply : *ibid.,* 101, p. 754, 1989.)
International Subcommission on Stratigraphic Classification (ISSC), and Subcommission on a Magnetic Polarity Time Scale, 1979, Magnetostratigraphic polarity units——A supplemen-

tary chapter of the ISSC *International Stratigraphic Guide* : *Geology*, 7, p. 578-583.
Irvine, T. N., 1982, Terminology for layered intrusions : *Jour. Petrol.*, 23, p. 127-162.
Irving, E., 1971, Nomenclature in magnetic stratigraphy : *Royal Astron. Soc. Geophys. Jour.*, 24, p. 529-531.
Irving, E., 1972, Paleomagnetic stratigraphy ; names or numbers ? : Comments, Earth Sci. : *Geophysics*, 2, p. 125-130.
Irving, E., 1974, Dissent magnetic——letter to editor : *Geotimes*, 19, p. 14.
Ivanova, E. A., 1955, On the question of connection of stages of evolution of organic world with the stages of evolution of the Earth's crust (in Russian): *Dokladi USSR Acad. Sci.*, 105, p. 151-157.

Jaanuson, V., 1960, The Viruan (Middle Ordovician) of Oland : *Uppsala Univ. Geol. Inst. Bull.*, 38, p. 207-288.
Jackson, J. A., (eds.), 1987, Glossary of Gology (4 th ed.): American Geological Institute, 769 p.
Jaeger, H., 1981, Trends in stratigraphischer Methodik und Terminologie : *Zeitschr. geol Wiss.*, 9, p. 309-332.
James, H. L., 1960, Problems of stratigraphy and correlation of Precambrian rocks with particular reference to the Lake Superior region : *Am. Jour. Sci. (Bradley volume)*, 258-A, p. 101-114.
James, H. L., 1972, Note 40 (of Am. Comm. Strat. Nomen.)——Subdivision of Precambrian ; An interim scheme to be used by U. S. Geological Survey : *Am. Assoc. Petrol. Geol. Bull.*, 56, p. 1128-1133. (Discussions by M. J. Frarey and W. F. Fahrig and reply by H. L. James : *ibid.*, 56, p. 2083-2086.).
James, H. L., 1981, Reflections on problems of time subdivision and correlation : *Precambrian Research*, 15, p. 191-198.
Jaworowski, K., 1964, Przestrzenna koncepcja facji i niektóre terminy facjalne : *Przegl. Geol.*, 11, p. 461-463.
Jeletzky, J. A., 1956, Paleontology, basis of practical geochronology : *Am. Assoc. Petrol. Geol. Bull.*, 40, p. 679-706. (Discussion by R. M. Stainforth : *ibid.*, 40, p. 2289-2290, 1956.).
Jeletzky, J. A., 1965, Is it possible to quantify biochronological correlation ? : *Jour. Paleont.*, 39, p. 135-140.
Jenkins, D. G., 1966, Standard Cenozoic stratigraphic zonal scheme : *Nature*, 211, p. 178.
Jenkins, D. G., 1971, The reliability of some Cenozoic planktonic foraminiferal "datum-planes" used in biostratigraphic correlation : *Jour. Foraminiferal Research*, 1, p. 82-86.
Jepsen, G. L., 1940, Paleocene faunas of the Polecat Bench Formation, Park County, Wyoming, Part 1 : *Am. Phil. Soc. Proc.*, 83, p. 217-340. (see p. 219-243.).
Jewett, J. M., 1962, The concept of time in stratigraphic classification : *Kansas Acad. Sci. Trans.*, 65, p. 97-109.
Johnson, J. G., 1979, Intent and reality in biostratigraphic zonation : *Jour. Paleont.*, 53, p. 931-942.
Johnson, J. G., 1981, Chronozones and other misapplications of chronostratigraphic concepts : *Lethaia*, 14, p. 285-286.
Johnson, J. G., 1992, Belief and reality in biostratigraphic zonation : *Newsl. Stratigr.*, 26, p. 41-48.

180 付録 C:層序区分・用語法・手順に関する文献目録

Johnson, J. G., and W. W. Niebuhr II, 1976, Anatomy of an assemblage zone : *Geol. Soc. Am. Bull.*, 87, p. 1693-1703.
Johnson, M. R., (ed.), 1987, Guidelines for standardised lithostratigraphic descriptions (by the South African Comntittee for Stratigraphy): *Geological Survey of South Africa Circular* l, 18 p.
Johnson, M. R., and I. C. Rust, 1988, Terranes, tectonostratigraphy and unconformity-bounded units ; a review of current nomenclature : *South African Jour. of Geology*, 91, p. 522-526.(Discussions by H. de la R. Winter and C. S. Kingsley : *ibid*, 92, p. 295-298, 1989.).
Jukes-Browne, A. J., 1899, Zones and "chronological" maps : *Geol. Mag.*, n. s., decade 4, 6, p. 216-219.
Jukes-Browne, A. J., 1903, The term "Hermera": *Geol. Mag.*, n. s., decade 4, 10, p. 36-38.
Jukes-Browne, A. J., 1912, The student's handbook of stratigraphical geology (2 nd ed.): Edward Stanford, London, 668 p.

Kaemmel, T., 1966, Das Äquivalent der Biozone in der Radiogeochronologie――der Vertrauensbereich : *Geologie (Berlin)*, 15, p. 989-992.(English and Russian abstract.).
Kagarmanov, A. Kh., 1986, Horizon as a provincial stratigraphic unit (in Russian): *Mem. Leningrad Min. Inst.*, 107, p. 3-10.
Kahler, F., 1955, Stratigraphische Begriffe : *Verhandl. Geol. Bundesanst, Wien*, p. 242-246.
Karogodin, Yu. N., 1980, Principles of cyclicity (rhythmicity) in stratigraphy (in Russian): *in* Debatable problems of lithostratigraphy, Novosibirsk, p. 79-91.
Karogodin, Yu. N., 1985, Regional stratigraphy ; systematic aspects (in Russian): "Nedra", Moscow, 179 p.
Karogodin, Yu. N., 1986, Lithostratigraphic supplement of Stratigraphic Code of the USSR (in Russian): Inst. of Geology and Geophysics, Novosibirsk, Preprint, 10, 40 p.
Karogodin, Yu. N., and Yu. P. Smimov, 1977, On the significance of stratotypes and reference sections of cyclic stratigraphic units ; cyclostratons (in Russian): *in* Theoret. and method. problems of sedimentation cyclicity, Novosibirsk, p. 124-135.
Kauffman, E. G., 1970, Population systematics, radiometrics and zonation――a new biostratigraphy : *in* North Am. Paleont. Conv.(Chicago, 1969), Proc., Part F (Correlations by fossils), p. 612-666.
Kauffman, E. G., 1977, Evolutionary rates and biostratigraphy : *in* Concepts and methods of biostratigraphy (E. G. Kauffman and J. E. Hazel, eds.), p. 109-141, Dowden, Hutchison & Ross, Stroudsburg, Pa.
Kauffman, E. G., 1988, Concepts and methods of high-resolution event stratigraphy : *Ann. Rev. Earth Planet. Sci.*, 16, p. 605-654.
Kauffman, E. G., and J. E. Hazel, (eds.), 1977, Concepts and methods of biostratigraphy : Dowden, Hutchison & Ross, Stroudsburg, Pa., 658 p.(Review by A. Martinsson : *Lethaia*, 12, p. 296, 1979.).
Kauter, K., F. Stammberger, and G. Tischendorf, 1968, Vergleichende Tabelle der letzten veröffentlichten geochronologischen Zeitskalen der phänerozoischen Epochen: IUGS Kommission für Geochronologie. *Zeitschr. Angew. Geol.*, 14, H. 8, p. 440-442.
Kay, M., 1947, Analysis of stratigraphy : *Am. Assoc. Petrol. Geol. Bull.*, 31, p. 162-168.
Kay, M., 1956, Precambrian and Protozoic : *Am. Assoc. Petrol. Geol. Bull.*, 40, p. 1722-1723.

Kegel, W., 1937, Über Richtprofile : *Deutsche Geol. Gesell. Zeitschr.*, 90, H. 4, p. 224-226.
Keller, B. M., 1950, Stratigraphic subdivisions (in Russian): *Izv. USSR Acad. Sci., ser. geol.*, 6, p. 3-25.
Keller, B. M., 1964, Principles of establishment and subdivision of the Upper Pre-Cambrian (in Russian): *in* Stratigraphy of the USSR, vol. 2, p. 578-586, Moscow.
Keller, B. M., 1973, The Riphean and its place in the single stratigraphic scale of the Precambrian (in Russian): *Sov. Geol.*, 6, p. 3-17. (English translation in *Int. Geol. Rev.*, 16, 1974, p. 714-726.).
Keller, B. M., 1980 a, Principles and methods of constructing a geochronologic scale (in Russian): *in* Summary accounts of science and technology ; *VINITI Gen. geol.*, 11, p. 18-27.
Keller, B. M., 1980 b, Stratigraphic units of the Precambrian (in Russian): *in* Stratigraphic classification——Materials for the problem (B. S. Sokolov, ed), p. 116-124, "Nauka", Leningrad.
Keller, G., 1957, Fortschritte in der Methodik und Ergebnisse geologischer Zeitrechnung : *Naturwiss. Rundsch.* (Stuttgart), 10, p. 169-172.
Kennett, J. P., (ed.), 1980, Magnetic stratigraphy of sediments : Scientific and Academic Editions, Papers in Geology, v. 54, 448 p.
Keyes, C. R., 1923 a, Contraposed criteria of geological classification : *Pan-Am. Geol.*, 39, p. 51-54.
Keyes, C. R., 1923 b, Uniformity in geological classification : *Pan-Am. Geol.*, 39, p. 239-246.
Keyes, C. R., 1923 c, Taxonomy of periods in geology : *Pan-Am. Geol.*, 40, p. 151-156.
Keyes, C. R., 1924, Stratigraphical geology——Global concurrence of geological periods of time : *Pan-Am. Geol.*, 41, p.317-320.
Keyes, C. R., 1927, Standardization of geological terminology : *Pan-Am. Geol.*, 48, p. 213-217.
Keyes, C. R., 1931 a, Continental stratigraphy in third dimension : *Pan-Am. Geol.*, 56, p. 27-46.
Keyes, C. R., 1931 b, Diastatic framework of our geological chronology : *Pan-Am. Geol.*, 56, p. 85-115.
Keyes, C. R., 1934, Practicability in geological nomenclature : *Pan-Am. Geol.*, 61, p. 231-234.
Keyes, C. R., 1935 a, Stratigraphic disuse of group rank : *Pan-Am. Geol.*, 63, p. 73-76.
Keyes, C. R., 1935 b, Priority vs. usage in geological terminology : *Pan-Am. Geol.*, 64, p. 141-144.
Keyes, C. R., 1936, Diastatic measure of biotic chronology : *Pan-Am. Geol.*, 66, p. 363-376.
Keyes, C. R., 1937 a, Homotaxial principle in geological classification : *Pan-Am. Geol.*, 67, p. 215-230.
Keyes, C. R., 1937 b, Absolute scale of geological ages : *Pan-Am. Geol.*, 67, p. 231-234.
Khalfin, L. L., 1955, On some problems of regional stratigraphy (in Russian): *in* Materialy Novosibirskoi konferencii po ucheniiu o geologicheskih faciiah, Novosibirsk, vol. 1, p. 45-55.
Khalfin, L. L., 1960, Principle of biostratigraphic parallelization (in Russian): *Trudy, SNIIG-GiMS*, 8, p. 5-26.
Khalfin, L. L., 1967, The rule of subsequent bedding ; The Steno-Hutton Rule (in Russian): *Trudy, SNIIGGiMS*, 57, p.5-29.
Khalfin, L. L., 1969, The principle of Nikitin-Chemyshev——the theoretical basis of stratigraphic classification (in Russian): *in* Problemy Stratigrafii (L. L. Khalfin, ed.) ; *Trudy,*

SNIIGGiMS, . 94, p. 7-42, Novosibirsk. (English translation by Israel Program for Scientific Translations as Classification in Stratigraphy, Jerusalem, 1971, for U. S. Dept. of Int. and Nat. Sci. Foundation, p. 3-34.).

Khalfin, L. L., 1970, The A. P. Karpinskij principle and the unit boundaries of the International Stratigraphic Time Scale (in Russian): *in* Materialy po regional'noy geologii Sibiri ; *Trudy, SNIIGGiMS*, 110, p. 4-10.

Khalfin, L.L., 1973, On the methodological bases of stratigraphic classification (in Russian): *Trudy, SNIIGGiMS*, 169, p.3-21.

Khalfin, L. L., 1980 a, Suite ; data for analyzing the notion (in Russian): *Trudy, SNIIGGiMS*, 260, p. 5-18.

Khalfin, L. L., 1980 b, Theoretical problems of stratigraphy (in Russian): "Nauka", Novosibirsk, 200 p.

Khramov, A. N., 1958, Paleomagnetism and stratigraphic correlation (in Russian): Gostoptechizdat, (English translation by A. J. Loikine, 1960, Canberra, Australia, 178 p.).

Kitts, D. B., 1966, Geologic time : *Jour. Geol.*, 74, p. 127-146.

Kitts, D. B., 1989, Geological time and psychological time : *Earth Sci. Hist.*, 8, p. 190-191.

Kleinpell, R. M., 1938, Miocene stratigraphy of California : Am. Assoc. Petrol. Geol. Tulsa, Oklahoma, 450 p. (see particularly p. 87-99.).

Kleinpell, R. M. (Reported by J. S. Brown), 1960, Principles of biostratigraphy : *Alberta Assoc. Petrol. Geol. Jour.*, 8, p. 136-137.

Kobayashi, T., 1944-1945, Concept of time in geology, Pt. 1, 1944, On the major classification of the geological age : *Imp. Acad. Tokyo Proc.*, 20, p. 475-478. Pt. 2, 1944, The length of the Sinian time estimated by the stratigraphical method : *ibid*, 20, p. 479-498. Pt. 3, 1944, An instant in the Phanerozoic Eon and its bearing on geology and biology : *ibid*, 20, p. 742-750. Pt. 4, 1945, An explanation of the relation between mutation and saltation together with an advice to the uniformitarian : *ibid*, 21, p. 70-73. Pt. 5, 1945. Time scale of the Diluvium and relation among various kinds of time in historical sciences : *ibid*, 21, p. 74-77.

Koenig, J. W., 1961, Stratigraphic principles and policy : *in* The stratigraphic succession in Missouri (W. B. Howe and J. W. Koenig, eds.), State of Missouri, Geological Survey and Water Resources, 2 nd ser., vol. 40, Rolla, Missouri, 185 p. (see p. 137-158.)

Kölbel, H., 1963, Internationale Beschlusse zur stratigraphischen Gliederung und Nomenklatur des Jura-Systems : *Deutsche Geol. Gesell. Ber.*, 8, p. 390-394.

Kopek, G., E. Dudich, Jr., and T. Kecskeméti, 1971 a, Le probléme de coupes-repéres, probléme central des recherches stratigraphiques : *Hung. Magy. Allami Földt. Intez., Evk.*, 54, pt. 1, p. 347-357. (with discussion.).

Kopek, G., E. Dudich, Jr., and T. Kecskeméti, 1971 b, Opornyy razrez kak osnovnoy vopros stratigraficheskikh issledovaniy (Type section as basic problem in stratigraphic studies): *Hung. Magy. Allami Földt. Intez., Evk.*, 54 (1969), pt. 4, p. 119-123.

Kosanke, R. M., *et al.*, 1960, Classification of the Pennsylvanian strata of Illinois : *Illinois State Geol. Sur. Rept. Invest.* 214, 84 p.

Koshelkina, Z. V., 1974, The relationship of zonal scales, the zone and its place in the stratigraphic scale (in Russian): *Trudy, Sev. -Vost. Kompleks. Inst., USSR Acad. Sci.*, 63, p. 11 -18.

Kosygin, Yu. A., Yu. S. Salin, and V. A. Solovyev, (eds.), 1974, Stratigraphy and mathematics (in Russian): Inst. Tektoniki i Geofiz., Khabarovsk, 207 p.

Kosygin, Yu. A., Yu. S. Salin, and V. A. Solovyev, 1975, Classical, rational and constructive stratigraphy (in Russian): *Izv. Kazakhstan Acad. Sci., ser. geol.*, 5, p. 83-85.

Kosygin, Yu. A., and Yu. S. Salin, 1979, Stratigraphy and geological time (in Russian): *Sov. Geol.*, 11, p. 7-18.

Kosygin, Yu. A., et al., (eds.), 1979, General stratigraphy——Handbook of terminology (in Russian): Khabarovsk, 441 p.

Kottlowski, F. E., 1958, Formation or formation——Discussion of Report 4 (of Am. Comm. Strat. Nomen.)——Nature, Usage and Nomenclature of Rock Units: *Am. Assoc. Petrol. Geol. Bull.*, 42, p. 893-894.

Kovalevsky, O. P., 1969, The boundaries of geologic systems (in Russian): *in* Problemy Stratigrafii (L. L. Khalfin, ed.) ; *Trudy, SNIIGGiMS.*, 94, p. 131-137, Novosibirsk. (English translation by Israel Program for Scientific Translations as Classification in Stratigraphy, Jerusalem, 1971, for U. S. Dept. of Int. and Nat. Sci. Foundation, p. 116-121).

Kovalevsky, O. P., 1971, Analysis of main criticisms of rules of stratigraphic classification and terminology (in Russian): *Sov. Geol.*, 2, p. 43-55. (English translation in *Int. Geol. Rev.*, 14, 4, 1972, p. 205-213.).

Kovalevsky, O. P., 1980, Results of discussing the Project Stratigraphic Code of the USSR (in Russian): *in* Stratigraphic Classification——Materials for the problem (B. S. Sokolov, ed), p. 11-32, "Nauka", Leningrad.

Kovalevsky, O. P., 1984, Foreign stratigraphic codes (in Russian): *in* Express——information. General and regional geology, geological mapping, 2, p. 1-25.

Kovalevsky, O. P., 1986, New stratigraphic code of North America (in Russian): *Izv. USSR Acad. Sci., ser. geol.*, 4, p.130-135.

Krasheninnikov, V. A., 1969, Geographic and stratigraphic distribution of planktonic foraminifera in Paleogene deposits in tropical and subtropical regions (in Russian): *Trudy, Geol. Inst. USSR Acad. Sci.*, 202, 202 p.

Krasnov, I. I., 1961, Recent state and further tasks of mapping and working out of stratigraphic nomenclature of the Quaternary deposits in the USSR (in Russian): *in* Materialy Vsesoiuznogo sovescania po izucheniiu chetvertichnogo perioda, Moscow, vol. 1, p. 89-98.

Krasnov, I. I., 1971, Problems of the study of stratigraphic units for detailed subdivision of the Anthropogene (in Russian): *in* Problemy periodizatsii pleistotsena. Mat. Simpoziuma, Leningrad.

Krasnov, I. I., and K. V. Nikiforova, 1973, A stratigraphic scheme for the Quaternary (Anthropogene) System, refined on the basis of materials obtained in recent years (in Russian): *in* Stratigrafiya, Paleogeografiya i Litogenez Antropogena Evrazii, p. 157-188, Geol. Inst. USSR Acad. Sci.

Krasnov, V. I., 1980, The problem of lithostratigraphic units and their place in stratigraphic classification (in Russian): *in* Stratigraphic classification——Materials for the problem (B. S. Sokolov, ed), p. 135-146, "Nauka", Leningrad.

Krasnov, V. I., 1986, Terminology, rules and practice of establishing regional and local lithostratigraphic units (in Russian): *in* Regional and local stratigraphic units for the purpose of large-scale geological mapping of Siberia (in Russian ; F. G. Gurari and Krasnov, V. I., eds.) ; Collected scientific works, p. 5-16, SNIIGGiMS, Novosibirsk.

184 付録C:層序区分・用語法・手順に関する文献目録

Krasnov, V. I., and A. P. Shcheglov, 1969, Classification of rocks according to the tectonic conditions of their formation (in Russian): *in* Problemy Stratigrafii (L. L. Khalfin, ed.) ; *Trudy, SNIIGGiMS*, . 94, p. 121-130, Novosibirsk. (English translation by Israel Program for Scientific Translations as Classification in Stratigraphy, Jerusalem, 1971, for U. S. Dept. of Int. and Nat. Sci. Foundation, p. 107-115.).

Krassilov, V. A., 1974, Causal biostratigraphy : *Lethaia*, 7, p. 173-179.

Krassilov, V. A., 1977, Evolution and biostratigraphy (in Russian): "Nauka", Moscow, 256 p.

Krassilov, V. A., 1978, Organic evolution and natural stratigraphical classification : *Lethaia*, 11, p. 93-104.

Krishtofovich, A. N., 1939, The new system of regional stratigraphy (in Russian): *Sov. Geol.*, 9, p. 68-76.

Krishtofovich, A. N., 1946, Uniformity in geological terminology and a new system of regional stratigraphy (in Russian): *Paleontologicheskiy Sbornik*, 4, p. 46-76.

Krumbein, W. C., 1951, Some relations among sedimentation, stratigraphy, and seismic exploration : *Am. Assoc. Petrol. Geol. Bull.*, 35, p. 1505-1522.

Krumbein, W. C., and L. L. Sloss, 195 l, Stratigraphy and sedimentation : W. H. Freeman & CO., San Francisco, 497 p.

Krumbein, W. C., and L. L. Sloss, 1963, Stratigraphy and Sedimentation (2nd ed.): W. H. Freeman & Co., San Francisco, 660 p.

Krut, I. V., 1974 a, On the construction of a stratigraphic theory (in Russian): *Izv. USSR Acad. Sci., ser. geol.*, 7, p. 38-49.

Krut, I. V., 1974 b, On the construction of a stratigraphic theory——paleobiogeocoenotic organization and stratigraphic subdivisions (in Russian): *Izv. USSR Acad. Sci., ser. geol.*, 8, p. 26-37.

Krutzsch, W., and D. Lotsch, 1964, Contributionàla question de la subdivision du Tertiaire en deux systèmes indépendants ; Le Palógène et le "Néogène": *in* Colloque sur le Paléogène (Bordeaux, 1962) ; *BRGM France, Mém*. 28, p. 931-936.

Krymgoi'ts, G. Ya., 1964, On the importance of some concepts in stratigraphy (in Russian): *Trudy, VSEGEI, n. s.*, 102, p. 20-24.

Krymgol'ts, G. Ya., 1968, Some criteria for the establishment of stratigraphic boundaries (in Russian): Vestn. LGU, 24, Geol. Geogr., 4, p. 175-176.

Krymgol'ts, G. Ya., 1980, Zone, Iona etc. (in Russian): *in* Stratigraphic classification——Materials for the problem (B. S. Sokolov, ed), p. 146-153, "Nauka", Leningrad.

Kulp, J. L., 1960 a, Absolute age determination of sedimentary rocks : *Fifth World Petroleum Cong.* (*New York*, 1959), *Proc., sec. l*, p. 689-704.

Kulp, J. L., 1960 b, The geological time scale : 21 *st Int. Geol. Cong.* (*Norden*, 1960), *Cong. Rept., pt.* 3, p. 18-27.

Kulp, J. L., (ed.), 196 la, Geochronology of rock systems : *N. Y. Acad. Sci. Ann.*, 91, Art. 2, p. 159-594. (A series of 57 papers by various authors resulting froma conference on geochronology of rock systems held by the New York Academy of Sciences, March 3-5, 1960.).

Kulp, J. L., 1961 b, Geologic time scale : *Science*, 133, p. 1105-1114.

Kutscher, F., 1960, Stratigraphische Tagesfragen : *Notizbl. Hess. Landesamt Bodenforsch, Wiesbaden*, 88, p. 107-121.

Laffite, R., 1972, La notion stratigraphique d'étage : *in* Colloque sur les méthodes et tendances de la stratigraphie (Orsay, 1970) : *BRGM France, Mém*. 77, *pt*. 1, p. 17-25.

Laffite, R., et al., 1972 a, Some international agreement on essentials of stratigraphy : *Geol. Mag.*, 109, p. 1-15.

Laffite, R., et al., 1972 b, InternationaleÜbereinkunftüber die Grundlagen der Stratigraphie : *Akad. Wiss. Lit. Mainz, math. -nat. Kl., Abh.*, 1, 24 p.

Laffite, R., et al., 1972 c, Essai d'accord international sur les problèmes essentiels de la stratigraphie : *Soc. Géol. France, C. R. Sommaire, fasc*. 13, p. 36-35.

Lane, A. C., 1906, The geologic day : *Jour. Geol.*, 14, p. 425-429.

Lapparent, A. de, 1885, Traitéde Geólogie : Savy, Paris, 1504 p.(see p. 698-712 : Principes de la classification des formations sédimentaires.).

Lapworth, C., 1879, On the tripartite classification of the Lower Paleozoic rocks : *Geol. Mag., n. s.*, 6, p. 1-15.

Larson, R. L., and W. C. Pitman III, 1972, Worldwide correlation of Mesozoic magnetic anomalies, and its implication : *Geol. Soc. Am. Bull.*, 83, p. 3645-3662.

Larson, R. L., and T. W. C. Hilde, 1975, A revised time scale of magnetic reversals for the Early Cretaceous and Late Jurassic : *Jour. Geophys. Res*., 80, p. 2586-2594.

Lawson, J. D., 1962, Stratigraphical boundaries : Internationale Arbeitstagungüber die Symposium-Band, Silur-Devon-Grenze und die Stratigraphie von Silur und Devon (Bonn-Bruxelles, 1960 ; H. K. Erben, ed., 1962), p. 136-142, E. Schweizerbart, Verlagsbuchhandlung, Stuttgart.

Lawson, J. D., 1971 a, The Silurian-Devonian boundary——Letter to Editor : *Geol. Soc. London Jour.*, 127, pt. 6, p. 629-630.

Lawson, J. D., 1971 b, Stratigraphic principles and the Silurian-Devonian boundary (in Russian with English abstract): *Mezhdunar. Simp. Granitsa Silura Devona, Biostrat. Silura, Nizhego Srednego Devona, Trudy, no*. 3, 1, p. 135-144.

Lawson, J. D., 1979 a, Stability of stratigraphic nomenclature : *Newsl. Stratigr.*, 7, p. 159-165.

Lawson, J. D., 1979 b, Fossils and lithostratigraphy : *Lethaia*, 12, p. 189-191.

Lawson, J. D., 1981, Stability of stratigraphic nomenclature——Answers to a questionnaire : *Newsl. Stratigr.*, 10, p. 45-51.

Lecompte, M., 1960, L'argument paléontologique en stratigraphie, quelques exemples critiques en Ardenne et dans l'Eifel : *2 lst Int. Geol. Cong.(Norden, 1960), Cong. Rept., pt.* 21, p. 261-263.

Lecompte, M., 1961, Faciès marins et stratigraphie dans le Dévonien de l'Ardenne : *Soc. Géol. Belgique Ann., t*. 85, *Bull*. 1, p. B 17-B 57.

Le Conte, J., et al., 1898, A symposium on the classification and nomenclature of geologic time-divisions : *Jour. Geol* ., 6, p. 333-355.

Legrand, P., 1964, Considérations sur l'évolution de quelques concepts de stratigraphie (Application a l'exploration d'un nouveau bassin sédimentaire): *BRGM France, Dépt. Inform. Géol. Bull. Trimest.*, 16 th year, 62, p. 1-8.

Lehmann, J. G., 1756, Versuch einer Geschichte von Flötz-Gebürgen, betreffend deren Entstehung, Lage, etc., Berlin, 76 p.

Leighton, M. M., 1958, Principles and viewpoints in formulating the stratigraphic classification of the Pleistocene : *Jour. Geol* ., 66, p. 700-709.

Lemon, R. R., 1990, Principles of stratigraphy : Merrill, Columbus, Ohio, 559 p.
Leonov, G. P., 1953, On the question of principle and criteria of regional-stratigraphic subdivision of the sedimentary formations (in Russian): in Pamiati professora A. N. Mazarovicha, Moscow, p. 31-57.
Leonov, G. P., 1955, On the question of correlation of stratigraphic and geochronological subdivisions (in Russian): Vest. MGU (Moskovskii Gosudarstvennyi Universitet.), ser. geol., 8, p. 17-31.
Leonov, G. P., 1973-1974, Principles of stratigraphy (in Russian), vol. 1, 530 p. ; vol. 2, 486 p., MGU.
Leonov, G. P., V. P. Alimarina, and D. P. Naidin, 1965, On principle and methods of establishment of stage subdivisions of standard scale (in Russian): Vest. MGU, ser. geol., 4, p. 15-28.
Levin, B. S., 1980, On the concepts of stratigraphic scales ; a common dualistic and a multiple one (in Russian): in Ecosystems in stratigraphy, Vladivostok, p. 73-77.
Librovich, L. S., 1948, Sur la méthode paléontologique en stratigraphie : Mat. VSEGEI, Paleon. i Strat., Sbornik, 5. (French translation by Mme. Jayet, S. I. G., Paris.).
Librovich, L. S., and N. K. Ovechkin, 1963, Problems and rules for the study and description of stratotypes and stratigraphic reference cross sections (in Russian): VSEGEI, Interdepartmental Strat. Comm. USSR, Leningrad. (English translation in *Int. Geol. Rev.*, 7, p. 1141-1150).
Lloyd, A. J., 1964, The Luxembourg Colloquium and the revision of the stages of the Jurassic System : *Geol. Mag.*, 101, p. 249-259. (Comments by T. G. Miller and D. V. Ager : *ibid.*, 101, p. 469-472, 1964 : reply by A. J. Lloyd : *ibid.*, 102, p. 88, 1965.).
Longwell, C. R., (ed.), 1949, Sedimentary facies in geologic history : *Geol. Soc. Am. Mem.* 39, 171 p.
Lowman, S. W., 1949, Discussion : in Sedimentary facies in geologic history (C. R. Longwell, ed.) ; *Geol. Soc. Am. Mem.* 39, p. 145-151.
Lucas, J., and M. Bonhomme, 1972, Stratigraphie et géochronologie. Rapport sur les méthodes géochronologiques appliquées a la stratigraphie : in Colloque sur les méthodes et tendances de la stratigraphie (Orsay, 1970) ; *BRGM France, Mém.* 77, pt. 2, p. 936-941.
Lüttig, G., 1960, Vorschläge für eine geochronologische Gliederung des Holozäns in Europa : *Eiszeitalter und Gegenwart*, 11, p. 51-63.
Lüttig, G., 1964, Prinzipielles zur Quartär-Soratigraphie : *Geol. Jahrb.*, 82, p. 177-202.
Lüttig, G., 1967, Schleswig als Standardregion fur die Internationale Holozän-Stratigraphie : in Frühe Menschheit und Umwelt, Teil II , p. 252-260.
Lüttig, G., 1968, Ansichten, Bestrebungen und Beschlüsse der Subkommission für Europäische Quartärstratigraphie der INQUA : *Eiszeitalter und Gegenwart*, 19, p. 283-288.
Lüttig, G., 1970, Sprachlich-nomenklatorische Anregungen zur Unterscheidung von deutschsprachlichen Begriffen der Litho-und Ortho-Stratigraphie : *Newsl. Stratigr.*, 1, p. 53-58.
Lyell, C., 1830-1833, Principles of geology, 3 vols., Murray, London, vol. 1 (1830) 511 p., vol. 2 (1832) 330 p., vol. 3 (1833) 109 p.
Lyell, C., 1837, Principles of geology : Kay, Philadelphia, 2 vols., 1 st American ed. (see particularly v. 2, p. 186-513.).

Lyell, C., 1838, Elements of geology : Murray, London, 543 p.
Lyell, C., 1839, Éléments de géologie. (French translation, Pitois Levrault, Paris, appendix, p. 6 16-621.).

McGillavry, H. J., 1952, Wat is Stratigraphie : Rede uitgesproken bij de aanvaarding van het Ambt van Gewoon Hoogleraar aan de Universiteit van Amsterdam, Amsterdam, 16 p.
Macqueen, R. W., and S. S. Oriel, 1977, Note 47 (of Am. Comm. Strat. Nomen.) ——Application for amendment of Articles 27 and 34 of Stratigraphic Code to introduce point-boundary stratotype concept : *Am. Assoc. Petrol. Geol. Bull.*, 61, p. 1083-1085.
Makedonov, A. V., 1968, Principles and methods of regional stratigraphy of coal basins, correlation of sections and synonymy of coal beds (in Russian) : *in* Metody korrelyatsii uglenosnykh tolshch i sinonimika ugol'nykh plastov, "Nauka", p. 10-50.
Makridin, V. P., and M. S. Mesezhnikov, 1987, Paleobiogeographic zonation and its signifıcance for biostratigraphy (in Russian) : *Sov. Geol.*, 1, p. 59-65.
Mallory, V. S., 1970, Biostratigraphy——a major basis for paleontologic correlation : *in* North Am. Paleont. Conv. (Chicago 1969), Proc., pt. F (Correlation by fossils), p. 553-566.
Mamet, B., 1972, Quelques aspects de l'analyse sequentielle : *in* Colloque sur les méthodes et tendances de la stratigraphie (Orsay 1970) ; *BRGM France, Mém. 77, pt. 2*, p. 663-677.
Mann, C. J., 1970, Isochronous, synchronous, and coetaneous : *Jour. Geol.*, 78, p. 749-752.
Marcou, J., 1897 a, Rules and misrules in stratigraphic classification : Am. Geol., 19, p. 35-49.
Marcou, J., 1897 b, Rules and misrules in stratigraphic classification : Am. Geol., 19, p. 111-131.
Markov, K. K., 1962, The main stratigraphic boundaries of the Quaternary System (in Russian) : Trudi Komissi po izucheniiu chetvertichnogo perioda, USSR Acad. Sci., 20, p. 140-142.
Marr, J. E., 1898, The principles of stratigraphic geology : Cambridge University Press, 304 p. (2 nd ed., 1905).
Martinsson, A., 1973 a, Editor's column ; Stratotypes : *Lethaia*, 6, p. 101-102.
Martinsson, A., 1973 b, Editor's column ; Ecostratigraphy : *Lethaia*, 6, p. 441-443.
Martinsson, A., (ed.), 1977, The Silurian-Devonian boundary : IUGS ser. A, no. 5, E. Schweizerbart'sche Verlagsbuchhandlung, Stuttgart, 349 p.
Maubeuge, P. L., 1959, Les méthodes modernes de la stratigraphie du Jurassique ; ses buts, ses problémes : *Soc. Belg. Géol. Bull.*, 68, fasc. 1, p. 59-103.
Maxey, G. B., 1964, Hydrostratigraphic units : *Jour. Hydrology*, 2, p. 121-129.
McCammon, R. B., 1970, On estimating the relative biostratigraphic value of fossils : *Uppsala Univ. Geol. Inst. Bull.*, n. s., 2, p. 49-57.
McElhinny, M. W., 1978, The magnetic polarity time scale : prospects and possibilities in magnetostratigraphy : *in* Contributions to the geologic time scale (G. V. Cohee, M. F. Glaessner, and H. D. Hedberg, eds.) ; *Am. Assoc. Petrol. Geol. Studies in Geology* 6, p. 57-65.
McElhinny, M. W., and P. J. Burek, 1971. Mesozoic palaeomagnetic stratigraphy : *Nature*, 232, p. 98-102.
McGowran, B., 1986, Beyond classical biostratigraphy : *Petroleum Exploration Soc. Austl. Jour.*, 9, p. 28-41.
McKee, E. D., 1949, Facies changes in the Colorado plateau : *in* Sedimentary facies in geologic history (C. R. Longwell, ed.) ; *Geol. Soc. Am. Mem.* 39, p. 35-48.

McKee, E. D., and C. W. Weir, 1953, Terminology for stratification and cross-stratification in sedimentary rocks: *Geol. Soc. Am. Bull.*, 64, p. 381-389.
McKerrow, W. S., 1971, Palaeontological prospects——the use of fossils in stratigraphy: *Geol. Soc. London Jour.*, 127, p. 455-464.
McLaren, D. J., 1959, The role of fossils in defining rock units with examples from the Devonian of western and arctic Canada: *Am. Jour. Sci.*, 257, p. 734-751.
McLaren, D. J., 1969, Report of IUGS Committee on the Silurian-Devonian Boundary and Stratigraphy, August 9, 1968: *IUGS Geol. Newsl.*, 1969, p. 24-34.
McLaren, D. J., 1970, Presidential address; time, life and boundaries: *Jour. Paleont.*, 44, p. 801-815.
McLaren, D. J., 1972, Report from the Committee on the Silurian-Devonian Boundary and Stratigraphy to the president of the Commission on Stratigraphy: *IUGS Geol. Newsl.*, 1972, p. 268-288.
McLaren, D. J., 1977, The Silurian-Devonian Boundary Committee; afinal report: *in* The Silurian-Devonian boundary (A. Martinsson, ed.), IUGS ser. A, no. 5, p. 1-34, E. Schweizerbart'sche Verlagsbuchhandlung.
McLaren, D. J., 1978, Dating and correlation, a review: *in* Contributions to the geologic time scale (G. V. Cohee, M. F. Glaessner, and H. D. Hedberg, eds.); *Am. Assoc. Petrol. Geol. Studies in Geology* 6, p.1-7.
McLean, J. D., 1968, Foraminiferal zones and zone charts——an analysis and a compilation: *in* Manual of micropaleontological stratigraphy, v. 7, McLean Paleont. Lab., Alexandria, Virginia.
Melton, F. A., 1932, Time-equivalent versus lithologic extension of formations: *Am. Assoc. Petrol. Geol. Bull.*, 16, p. 1039-1043.
Menner, V. V., 1951, Principles of correlation of multifacial suites (in Russian): Materialy paleontologicheskogo soveshtchaniya po paleozoiu, Moscow, p. 122-138.
Menner, V. V., 1962, Biostratigraphic principles of correlation of marine, lagoon and continental suites (in Russian): *Trudy, Geol. Inst. USSR Acad. Sci.*, 65, 475 p.
Menner, V. V., 1971, Geological significance of stratigraphic subdivisions (in Russian): *Byul. Mosk. Obshch. Ispyt. Prirody, Otd. Geol.*, 46, p. 9-16. (English translation in *Int. Geol. Rev.*, 14, 1972, p. 112-117.).
Menner, V. V., 1975, The three basic problems in stratigraphy (in Russian): *Vest. MGU, ser. Geol.*, 6, p. 7-18.
Menner, V. V., 1977 a, The general scale of stratigraphic subdivisions (in Russian): *Izv. USSR Acad. Sci., ser. geol.*, 11, p. 8-15.
Menner, V. V., 1977 b, Quaternary System; position in the general scale, lower boundary units (in Russian): *in* On the Neogene-Anthropogene boundary:"Nauka i Teknika", Minsk, p. 7-25.
Menner, V. V., 1978, The nature of stratigraphic units (in Russian): *in* Problems of stratigraphy and historical geology, Moscow, p. 9-20.
Menner, V. V., 1979, General scale of stratigraphic categories in the light of recent results of geologic studies (in Russian): *Byul. Mosk. Obshch. Ispyt. Prirody, Otd. Geol.*, 54, 2, p. 31-48.
Menner, V. V., 1980, Zones in the practice of stratigraphic studies; History of establishing,

types and nature (in Russian): *Izv. USSR Acad. Sci., ser. geol.,* 3, p. 5-17.
Menner, V. V., 1984, Units of international standard stratigraphic scale (present state and prospects): 27 *th Int. Geol. Cong.* (*Moscow*, 1984), *Cong. Rept., vol.* 1, *sec. C.* 01., p. 3-7.
Menner, V. V., 1987, Regional stratigraphic scales and units of international geochronological scale (in Russian): *in* Historical geology ; results and prospects, Moscow, p. 11-17.
Menner, V. V., 1991, General problems of stratigraphy——selected works (in Russian): "Nauka", Moscow, 288 p.
Menner, V. V., 1992, Regional stratigraphy and paleontological problems——selected works (in Russian): "Nauka", Moscow, 214 p.
Menner, V. V., B. M. Keller, and E. V. Shantser, 1980, The scale of stratigraphic (chronostratigraphic) categories used in geologic practice : 26 *th Int. Geol. Cong.* (*Paris*, 1980), Papers presented by the Soviet geologists, Paleontology, Stratigraphy, Moscow.
Menner, V. V., and Yu. B. Gladenkov, 1986, On level of detail of stratigraphic scales (in Russian): *Izv. USSR Acad. Sci., ser. geol.,* 11, p. 5-17.
Mesezhnikov, M. S., 1966, Zones of regional stratigraphic systems (in Russian): *Sov. Geol.,* 7, p. 3-16.
Mesezhnikov, M. S., 1969, Zonal stratigraphy and zoogeography of the sea basins (in Russian): *Geol. i Geoftz.* (*Russian Geol., Geophys*), 20, 7, p. 45-53.
Mesezhnikov, M. S., and D. L. Stepanov, 1976, Just what is rational stratigraphy (in Russian): *in* The Idea of Rational Stratigraphy (A. M. Sadykov, ed.) ; *Sov. Geol.,* 7, p. 153-157.
Meyen, S. V., 1974 a, Controversial questions in the theory of stratigraphy (in Russian): *Priroda*, 12, p. 16-22.
Meyen, S. V., 1974 b, The concepts "naturalness" and "simultaneousness" in stratigraphy (in Russian): *Izv. USSR Acad. Sci., ser. geol.,* 6, p. 79-90.
Meyen, S. V., 1980, Ecosystem and principles of interchangeability of features (in Russian): *in* Ecosystems in stratigraphy, Vladivostok, p. 16-21.
Meyen, S. V., 1981, From general towards theoretical stratigraphy (in Russian): *Sov. Geol.,* 9, p. 58-69.
Meyen, S. V., 1985, Structure of theoretical stratigraphy (in Russian): *Izv. USSR Acad. Sci., ser. geol.,* 11, p. 8-16.
Meyen, S. V., 1989, Introduction to the theory of stratigraphy (in Russian): "Nauka", Moscow, 216 p.
Middleton, G. V., 1973, Johannes Walther's Law of the correlation of facies : *Geol. Soc. Am. Bull.,* 84, p. 979-987.
Miller, F. X., 1977, The graphic correlation method in stratigraphy : *in* Concepts and methods of biostratigraphy (E. G. Kauffman and J. E. Hazel, eds.), p. 165-186, Dowden, Hutchison & Ross, Stroudsburg, Pa.
Miller, T. G., 1964, The Luxembourg Colloquium : *Geol. Mag.,* 101, p. 469-471.
Miller, T. G., 1965, Time in stratigraphy : *Paleontology*, 8, pt. 1, p. 113-131.
Mintz, L. W., 1972, Historical geology——the science of a dynamic earth : Menill, Columbus, Ohio, 785 p.
Mitchum, R. M., Jr., 1977, Seismic stratigraphy and global changes of sea level, Part 11 ; Glossary of terms used in seismic stratigraphy : *in* Seismic stratigraphy——applications to hydrocarbon exploration (C. E. Payton, ed.) ; *Am. Assoc. Petrol. Geol. Mem.* 26, p. 205-212.

Mitchum, R. M., Jr., and P. R. Vail, 1977, Seismic stratigraphy and global changes of sea level, Part 7 ; Seismic stratigraphic interpretation procedure : *in* Seismic stratigraphy——applications to hydrocarbon exploration (C. E. Payton, ed.) ; *Am. Assoc. Petrol. Geol. Mem*. 26, p. 135-143.

Mitchum, R. M., Jr., P. R. Vail, and J. B. Sangree, 1977, Seismic stratigraphy and global changes of sea level, Part 6 ; Stratigraphic interpretation of seismic reflection patterns in depositional sequences : *in* Seismic stratigraphy——applications to hydrocarbon exploration (C. E. Payton, ed.) ; *Am. Assoc. Petrol. Geol. Mem*. 26, p. 117-133.

Mitchum, R. M., Jr., P. R. Vail, and S. Thompson III, 1977, Seismic stratigraphy and global changes of sea level, Part 2 ; The depositional sequence as a basic unit for stratigraphic analysis : *in* Seismic stratigraphy——applications to hydrocarbon exploration (C. E. Payton, ed.) ; *Am. Assoc. Petrol. Geol. Mem*. 26, p. 53-62.

Moiseyeva, A. I., 1980, Working-out of stratigraphic nomenclature in the USSR (in Russian): *in* Stratigraphic classification——Materials for the problem (B. S. Sokolov, ed), p. 76-89, "Nauka", Leningrad.

Momper, J. A., 1966, Stratigraphic principles——with some applications to the Permo-Pennsylvanian of the Denver Basin : Wyoming Geol. Assoc., 20th Annual Conf., 1966, p. 90 a-90 r.

Monty, C. L. V., 1967, Pour une codification de la nomenclature stratigraphique Belge : *Soc. Géol. Belgique Ann*., *v*. 90, *Bull*. 3, p. B 203-B 253.

Monty, C. L. V., 1968, D'Orbigny's concepts of stage and zone : *Jour. Paleont*., 42, p. 689-701.

Moore, P. F., 1958, Nature, usage, and definition of marker-defined vertically segregated rock units ; Discussion : *Am. Assoc. Petrol. Geol. Bull*., 42, p. 447-450.

Moore, R. C., 1933, Historical geology : McGraw Hill, New York, 673 p.

Moore, R. C., 1936, Stratigraphic classification of the Pennsylvanian rocks of Kansas : *State Geol. Survey of Kansas, Bull*. 22, 256 p. (see especially p. 29.).

Moore, R. C., 1941, Stratigraphy : *in* Geology, 1888-1938 ; *Geol. Soc. Am*. (50 *th Anniversary volume*), p. 178-220.

Moore, R. C., 1948, Stratigraphical paleontology : *Geol. Soc. Am. Bull*., 59, p. 301-326.

Moore, R. C., 1949, Meaning of facies : *in* Sedimentary facies in geologic history (C. R. Longwell, ed.) ; *Geol. Soc. Am. Mem*. 39, p. 1-34.

Moore, R. C., 1950, Stratigraphical classification : *Jour. Geol. Soc. Japan*, 56, p. 39-47.

Moore, R. C., 1952 a, Orthography as a factor in stability of stratigraphical nomenclature : *State Geol. Survey of Kansas, Bull*. 96, *pt*. 9, p. 363-372.

Moore, R.C., 1952 b, Stratigraphical viewpoints in measurement of geologic time : *Am. Geophys. Union Trans*., 33, p.150-156.

Moore, R. C., 1955, Invertebrates and geologic time scale : *in* Crust of the Earth (A. Poldervaart, ed.) ; *Geol. Soc. Am*., *Spec. Paper* 62, p. 547-573.

Moore, R. C., 1957 a, Minority report of Am. Comm. Strat. Nomen. Report 5——Nature, usage, and nomenclature of biostratigraphic units : *Am. Assoc. Petrol. Geol. Bull*., 41, p. 1888.

Moore, R. C., 1957 b, Modern methods of paleoecology : *Am. Assoc. Petrol. Geol. Bull*., 41, p. 1775-1801.

Morley, L. W., and A. Larochelle, 1964, Paleomagnetism as a means of dating geological events : *in* Geochronology in Canada (F. F. Osborne, ed.) ; *Royal Soc. Canada Spec. Pabl*.

8, p. 39-51, University Toronto Press.

Morrison, R. B., 1967, Principles of Quaternary soil stratigraphy : *in* Quaternary Soils (R. B. Morrison and H. E. Wright, Jr., eds.) ; 7 *th Cong. INQUA Proc., v.* 9., p. 1-69, University of Utah Press.

Morrison, R. B., 1968, Means of time-stratigraphic division and long-distance correlation of Quaternary successions : *in* Means of correlation of Quaternary successions (R. B. Morrison and H. E. Wright, Jr., eds.) ; 7 *th Cong. INQUA Proc., vol.* 8, p. 1-113, University of Utah Press).

Morrison, R. B., 1969, The Pleistocene-Holocene boundary ; an evaluation, etc. : *Geologie en Mijnbouw*, 48, pt. 2, p. 363-371.

Morrison, R. B., and H. E. Wright, Jr., (eds.), 1968, Means of correlation of Quaternary successions : 7 *th Cong. INQUA Proc.*, Uninersity of Utah Press, 631 p.

Morton, N., (ed.), 1971, The definition of standard Jurassic stages : *in* Colloque du Jurassique (Luxembourg, 1967) ; *BRGM France, Mém.* 75, p. 83-93.

Mu En-zhi, 1954, Stratigraphic terms (in Chinese) : *Dizhi Zhishi (Geol. Knowledge)*, 4, p. 18-19.

Müller, A. H., 1951, Grundlagen der Biostratonomie : *Deutsche Akad. Wiss. Lit. Mainz, math. - nat. Kl., Abh.,* 1950, p.1-147

Muller, S. W., 1941, Standard of the Jurassic System : *Geol. Soc. Am. Bull.,* 52, p. 1427-1444.

Muller, S. W., and H. G. Schenck, 1943, Standard of Cretaceous System : *Am. Assoc. Petrol. Geol. Bull.,* 27, p. 262-278.

Munier-Chalmas, E., and A. de Lapparent, 1893, Note sur la nomenclature des terrains sédimentaires : *Soc. Géol. France Bull.,* 3 me sér., 21, p. 438-488.

Murchison, R. I., 1839, The Silurian System : London, 768 p. (see anonymous review ; *Edinburgh Review, April* 1841, 147, p. 1-41.).

Murchison, R. I., 1841, First sketch of some of the principal results of a second geological survey of Russia : *Philos. Mag. and Jour. Sci.,* 3rd ser., 19, p. 417-422.

Murphy, M. A., 1977, On time-stratigraphic units : *Jour. Paleont.,* 51, p. 213-219.

Nabholz, W. K., 1951, Beziehungen zwischen Fazies und Zeit : *Eclog. Geol. Helv.,* 44, p. 131-158.

Nalivkin, D. V., 1956, A study of facies ; The environment of deposition (in Russian) : "Nauka", Moscow, v. 1, 534 p., v. 2, 393 p. (Reviewed by M. Burgunker in 1959 ; *Int. Geol. Rev.,* 1, p. 103-111.).

Newell, N. D., 1962 a, Paleontological gaps and geochronology : *Jour. Paleont.,* 36, p. 592-610.

Newell, N. D., 1962 b, Geology's time clock : *Nat. Hist.,* 71, p. 32-37.

Newell, N. D., 1966, Problems of geochronology : *Acad. Nat. Sci. Philadelphia Proc., vol.* 118, p. 63-89.

Newell, N. D., 1967 a, Paraconformities : *in* Essays in Palaeontology and Stratigraphy (R. C. Moore commemorative volume, C. Teichert and E. L. Yochelson, eds.) ; *University of Kansas, Dept. Geol., Spec. Publ.* 2, p. 349-367.

Newell, N. D., 1967 b, Revolutions in the history of life : *Geol. Soc. Am., Spec. Paper* 89, p. 63-91.

Newell, N. D., 1972, Stratigraphic gaps and chronostratigraphy : 24 *th Int. Geol. Cong.* (Mont-

*real*, 1972), *sec. 7, Proc.*, p. 198-204.

Newell, N. D., 1973, The very last moment of the Paleozoic Era : *in* The Permian and Triassic Systems and their mutual boundary (A. Logan and L. V. Hills, eds.) ; *Canadian Soc. Petrol. Geol. Mem.* 2, p. 1-10.

Newton, A. R., 1968, Correlation and nomenclature in the Precambrian : *in* Annexure to v. 71, Symposium on the Rhodesian Basement Complex ; *Geol. Soc. South Africa Trans*, 71, p. 215-224, Geol. Soc. South Africa, Rhodesian Branch.

Nikitin, I. F., and A. I. Zhamoida, (eds.), 1984, Practical stratigraphy——working out of stratigraphic base for large-scale geological survey (in Russian with English summary and table of contents): "Nedra", Leningrad, 320 p.

Nikolov, T., I. Sapunov, and J. Stephanov, 1965, Notes concerning the orthography of stage names (in Bulgarian): *Bulgarian Geol. Soc. Rev.*, 26, p. 115-117.

North, F. K., 1964, The geological time-scale : *in* Geochronology in Canada (F. F. Osbome, ed.) ; *Royal Soc. Canada Spec. Publ.* 8, p. 5-8, University Toronto Press.

North American Commission on Stratigraphic Nomenclature (prepared by J. B. Henderson, W. G. E. Caldwell, and J. E. Harrison), 1980, Report 8——Amendment of Code concerning terminology for igneous and high-grade metamorphic rocks : *Geol. Soc. Am. Bull.*, Part I, 91, p. 374-376.

North American Commission on Stratigraphic Nomenclature (prepared by J. E. Harrison and Z. E. Peterman), 1980, Note 52——A preliminary proposal for a chronometric time scale for the Precambrian of the United States and Mexico : *Geol. Soc. Am. Bull.*, Part I, 91, p. 377-380.

North American Commission on Stratigraphic Nomenclature (prepared by J. E. Harrison and Z. E. Peterman), 1982, Report 9——Adoption of geochronometric units for division of Precambrian time : *Am. Assoc. Petrol. Geol. Bull.*, 66, p. 801-804.

North American Commission on Stratigraphic Nomenclature (prepared by R. H. Fakundiny and S. A. Longacre), 1989, Note 57——Application for amendment of North American Stratigraphic Code to provide for exclusive informal use of morphological terms such as *batholith, intrusion, pluton, stock, plug, dike, sill, diapir, and body* : *Am. Assoc. Petrol. Geol. Bull.*, 73, p. 1452-1453.

Odell, J., 1975, Error estimation in stratigraphic correlation : *Math. Geol.*, 7, p. 167-182.

Odin, G. S., (ed.), 1982 a, Numerical dating in stratigraphy (vol. 2): John Wiley & Sons, New York, 1040 p.

Odin, G. S., 1982 b, The Phanerozoic time scale revisited : *Episodes*, 1982, 3, p. 3-9.

Odin, G. S., 1984, The numerical age of system, series, and stage boundaries of the Phanerozoic column : *in* Stratigraphy quo vadis ? (E. Seibold and J. D. Meulenkamp, eds.) ; *Am. Assoc. Petrol. Geol. Studies in Geology* 16, p. 61-64.

Ogg, J. G., and W. Lowrie, 1986, Magnetostratigraphy of the Jurassic/Cretaceous boundary : *Geology*, 14, p. 547-550.

Ogose, S., 1950, An opinion on the classification of strata (in Japanese with English abstract.): *Jour. Geol. Soc. Japan*, 56, p. 459-469.

Ogose, S., 1953, On the stratigraphic nomenclature (in Japanese): *Jour. Geol. Soc. Japan*, 59, p. 65-74.

Omalius d'Halloy, J. B. d', 183 la, Eléments de Geólogie : Levrault, Paris, 558 p.(see p. 79-97 : De la division des terrains.).

Omalius d'Halloy, J. B. d', 183 lb, Observations sur la classification des terrains : *Soc. Géol. France Bull.*, 1 *st sér.*, 1 (1830-1831), 9, p. 213-220.

Oppel, A., 1856-1858, Die Juraformation Englands, Frankreichs und des südwestlichen Deutschlands : Jahreshefte Vereins für vaterländische Naturkunde in Württemberg, 12 (1856), p. 121-556, 13(1857), p. 141-396, 14(1858), p. 129-291, Ebner & Seubert, Stuttgart.

Oppel, A., 1862, Palaeontologische Mittheilungen aus dem Museum des Königl : Bayer Staates, Stuttgart, 322 p.

Orbigny, A. d', 1849-1852, Coursélémentaire de paléontologie et de géologie stratigraphiques, vol. 1 (1849), 299 p. ; vol. 2 (in 2 parts, 1852), 847 p. : Masson, Paris.

Oriel, S. S., 1959, Problems of stratigraphic boundaries : *in* Paleotectonic maps——Triassic System ; *U. S. Geol. Surv. Misc. Geol. Invest.*, Map 1-300, p. 5.

Oriel, S. S., 1975, Note 41 (of Am. Comm. Strat. Nomen.)——Application for amendment of article 8 of Code, concerning smallest formai rock-stratigraphic unit : *Am. Assoc. Petrol. Geol. Bull.*, 59, p. 134-135.

Oriel, S. S., R. W. Macqueen, J. A. Wilson, and B. Dalrymple, 1976, Note 44 (of Am. Comm. Strat. Nomen.)——Application for addition to Code concerning magnetostratigraphic units : *Am. Assoc. Petrol. Geol. Bull.*, 60, p. 273-277.

Orombelli, G., 1971, Concetii stratigrafici utilizzabili nello studio dei depositi continentali quaternari : *Riv. Ital. Paleont. Strat.*, 77, p. 265-291.

O'Rourke, J. E., 1976, Pragmatism versus materialism in stratigraphy : *Am. Jour. Sci.*, 276, p. 47-55.

Otto, G. H., 1938, The sedimentation unit and its use infield sampling : *Jour. Geol.*, 46, p. 569-582.

Ovechkin, N. K., 1957, Some debated questions on stratigraphic classification (in Russian): *Sov. Geol.*, *Sbornik*, 55, p.8-30.

Ovechkin, N. K., 1961, The degree of study of stratigraphy of the territory of the USSR and further tasks (in Russian): *VSEGEI, Byul.*, 3, p. 5-24.

Owen, D. E., 1978, Usage of stratigraphic nomenclature and concepts in the Journal of Sedimentary Petrology *or* time, place, and rocks——how to keep them separate : *Jour. Sed. Petro.*, 48, p. 355-358.

Owen, D. E., 1987, Commentary ; usage of stratigraphic terminology in papers, illustrations and talks : *Jour. Sed. Petro.*, 57, p. 363-372.

Owens, B., 1970, A review of the palynological methods employed in the correlation of Paleozoic sediments : *Liège Univ., Cong. Colloq.* (1969), *vol.* 55, p. 99-112.

Oyen, F. H. van, 1964, La palynologie stratigraphique dans le cadre de la stratigraphie paléontologique : *Inst. Français du Petrole Rev.*, 19, p. 183-195.

Paech, W., 1971, Zur Analyse des Begriffe der geologischen Formation : *Zeitschr. Angew. Geol.*, 17, p. 195-201.

Page, D., 1859, Classification of the materials composing the earth's crust into systems, groups and series ; Chapter 6, p. 85-96, of Advanced text-book of geology (2 nd ed.): Blackwood, Edinburgh and London, 403 p.

Palmer, A. R., 1965, Biomere——a new kind of biostratigraphic unit : *Jour. Paleont.*, 39, p. 149 -153.
Palmer, A. R., 1983, The decade of North American Geology 1983 ; Geologic Time Scale : *Geology*, 11, p. 503-504.
Parker, F. L., 1965, Irregular distributions of planktonic foraminifera and stratigraphic correlation : *in* Progress in oceanography (vol. 3 ; V. A. Martin and L. S. Robert, eds.), p. 267-272, Pergamon Press, Oxford.
Patterson, J. R., 1987, Superposition and the Law of Regularity in stratal order——keys to practice and theory of global stratigraphy : *Jour. Petrol.*, 10, p. 195-206.
Patterson, J. R., and T. P. Storey, 1957, Lithologic versus stratigraphic concepts : *Am. Assoc. Petrol. Geol. Bull.*, 41, p. 2139-2142. (Discussion by R. M. Stainforth : *ibid.*, 42, p. 192-193, 1958.).
Perrodon, A., 1971, Des méthodes et des tendances de la stratigraphie : *Newsl. Stratigr.*, 1, 4, p. 19-28.
Perrodon, A, 1972, Conclusions et essai de synthèse : *in* Colloque sur les méthodes et tendances de la stratigraphie (Orsay, 1970) ; *BRGM France, Mém. 77, pt.* 2, p. 985-999.
Pia, J. von, 1930, Grundbegriffe der Stratigraphie mit ausführlicher Anwendung auf die europäische Mitteltrias : F. Deuticke, Leipzig-Vienna. 253 p.
Pia, J. von, 1937, Das Wesen der geologischen Chronologie : *Deuxème Congrès pour l'avancement des 6 tudes de stratigraphie carboniftiere (Heerlen,* 1935), *Cong. Rept., vol.* 2, p. 857 -902.
Pichamuthu, C. S., 1970, On the use of the term "Archaean" in Precambrian stratigraphy : *Curr. Sci. (India),* 39, p. 525-528.
Plumb, K. A., 1991, New Precambrian time scale : *Episodes,* 14, p. 139-140.
Plumb, K. A., and H. L. James, 1986, Subdivision of Precambrian time ; recommendations and suggestions by the Subcommission on Precambrian Stratigraphy : *Precambrian Research,* 32, p. 65-92.
Poag, C. W., and P. C. Valentine, 1976, Biostratigraphy and ecostratigraphy of the Pleistocene basin, Texas-Louisiana continental shelf : *Gulf Coast Assoc. Geol. Soc. Trans.,* 26, p. 185-256.
Pomerol, C., 1973, Stratigraphie et paléogéographie : Ére cénozoïque, Doin. Paris. 272 p.
Pomerol, C., 1975, Stratigraphie et paléogéographie : Ére mésozoïque, Doin, Paris. 384 p.
Pomerol, C., 1988, Limitesévénementielles ou limites conventionnelles en stratigraphie ? : *Soc. Géol. France Bull., 8 th sér.,* 4, 2, p. 357-360.
Pomerol, C., and C. Babin, 1977, Précambrien-Ére paléozoïque : Doin, Paris. 430 p.
Pomerol, C., *et al.,* 1980, Stratigraphie et Paléogéographie——principes et méthodes : Doin, Paris, 209 p.
Pomerol, C., *et al.,* 1987, Stratigraphie——méthodes, principes, applications : Doin, Paris, 282 p.
Pompeckj, J.F., 1914, Die Bedeutung des schwäbischen Jura für die Erdgeschichte : Schweizerbartsche Buch., Stuttgart, 64 p.
Powell, J. W., 1882, Plan of publication : *U. S. Geol. Survey 2 nd Ann. Report,* 588 p. (see p. xl-xlviii) : *2 nd Int. Geol. Cong. (Bologna,* 1881), *Cong. Rept.,* p. 627-641.
Powell, J. W., 1888, Methods of geologic cartography in use by the United States Geological Survey : *3 rd Int. Geol. Cong. (Berlin,* 1885), *Cong. Rept.,* p. 221-240.

Poyarkov, V. V., 1974, On a method for distinguishing regional stratigraphic subdivisions ; formations (in Russian): *Byul. Mosk. Obshch. Ispyt. Prirody, Otd. Geol.*, 49, p. 5-12.

Predtechensky, N. N. (compiler), 1983, Purpose and rules for studying and describing key stratigraphic horizons (in Russian): VSEGEI, Interdepartmental Strat. Comm. USSR, Leningrad, 33 p.

Prevot, M., 1972, Inversions de la polaritégéomagnétique et stratigraphie : *in* Colloque sur les méthodes et tendances de la stratigraphie (Orsay, 1970) ; *BRGM France, Mém.* 77, pt. 2, p. 891-903.

Procter, R. M., 1966, Interrelationship of paleontology and stratigraphic studies : *in* A review of current and future stratigraphic research in Canada ; Geol. Survey of Canada, Topical Report 116.

Prothero, D. R., 1990, Interpreting the stratigraphic record : W. H. Freeman, & CO., New York, 410 p.

Prozorovsky, V. A., 1987 a, Stratigraphic scales (in Russian): *Byul. LGU, ser. 7 (geol. geoph.)*, 1, p. 61-68.

Prozorovsky, V. A., 1987 b, On category of main stratigraphic units (in Russian): *Byul. Mosk. Obshch. Ispyt. Prirody, Otd. Geol.*, 62, 5, p. 37-42.

Quennell, A. M., 1960, Report of East-central Regional Comm. for Geology, Sub-Comm. on Stratigraphical Nomenclature : *Comm. Tech. Co-op. Africa south of Sahara, Publ.* 44, p. 11-26.

Quenstedt, W., 1951-1952, Über grundlegende Begriffe der Stratigraphie und ihre Anwendung : *Acta Albertina (Regensburger Naturwissenschaften)*, 20, p. 47-52.

Raggatt, H. G., 1953, A. N. Z. A. A. S. Standing Committee on stratigraphic nomenclature, first and second meetings : *Austl. Jour. Sci.*, 15, p. 122-125.

Raggatt, H. G., 1956, Time division of Precambrian : *Am. Assoc. Petrol. Geol. Bull.*, 40, p. 388. (Discussion by M. Kay : Precambrian and Protozoic ; *ibid.*, 40, p. 1722-1723, 1956.).

Raggatt, H. G., 1957, Time division of Precambrian : *Am. Assoc. Petrol. Geol. Bull.*, 41, p. 333.

Ramsbottom, W. H. C., 1977, Major cycles of transgression and regression in the Namurian : *Yorkshire Geol. Soc. Proc., v.* 41, p. 261-291.

Ramsbottom, W. H. C., 1978, Namurian mesothems in South Wales and northern France : *Geol. Soc. London Jour.*, 135, pt. 3, p. 307-312.

Rankama, K., 1970, Proterozoic, Archean and other weeds in the Precambrian rock garden : *Geol. Soc. Finland Bull.*, 42, p. 211-222.

Rastall, R. H., 1944, Palaeozoic, Mesozoic, and Kainozoic ; a geological disaster : *Geol. Mag.*, 81, p. 159-165.

Rat, P., 1972, Étude sur la zone et son emploi en stratigraphie : *Comité Français de Stratigraphie, Cong. Rept. de la séance de travail du 18 mars 1972 à Dijon, Feuille no.* 4, 11 p.

Rat, P., 1980, Le temps en géologie ; approche stratigraphique : *Soc. Géol. France Libre Jubilaire du Cent Cinquantenaire*, 1830-1980, *Mém. Hors-Série* 20, p. 107-118.

Rat, P., 1984, Noséchelles stratigraphiques son entièrementévénementielles : *Soc. Géol. France Bull.*, 7 me sér., 26, p. 1171-1175

Rausser-Chemousova, D. M., 1953, Periodicity in the evolution of foraminifera of the Upper

Paleozoic and its importance for subdivision and correlation of sections (in Russian): Materialy paleontologicheskogo soveshtchaniya po paleozoyu, May 14-17, 1951, USSR Acad. Sci., Moscow.

Rausser-Chernousova, D. M., 1966, Zur Frage des Zonenbegriffes in der Biostratigraphie: *Eclog. Geol. Helv.,* 59, p. 21-31.

Rausser-Chernousova, D. M., 1967, Zones of the international and regional stratigraphic scales (in Russian): *Izv. USSR Acad. Sci., ser. geol.,* 7.

Rausser-Chermousova, D. M., 1980, On local stratigraphic zones (in Russian): *Izv. USSR Acad. Sci., ser. geol.,* 3, p. 18-28.

Reguant, S., 1971, Los conceptos de facies en estratigrafía: *Acta Geol. Hispánica,* 6, 4, p. 97-101.

Reguant, S., 1989, Nomenclaturas estratigráfircas nacionales e internacionales ; descripción y evaluación : *in* División de unidades estratigráficas en el análisis de cuencas (J. A. Vera, ed.) ; *Soc. Geol. España Rev.,* 2, nos. 3-4, p. 177-188.

Reguant, S., O. Riba, and A. Maldonado, 1975, Acerca de los tránsitos verticales y horizontales en las secuencias estratigráficas : *Bol. Estratigr.,* 2, p. 19-32.

Reiss, Z., 1966, Significance of stratigraphic categories——a review : *in* IUGS Com. Stratigr., Committee Mediterranean Neog. Stratigr., Proc. Third Session (Berne, 1964, C. W. Drooger, *et al.,* eds.), p. 9-17, E. J. Brill, Leiden.

Reiss, Z., 1968, Planktonic foraminiferids, stratotypes, and a reappraisal of Neogene chronostratigraphy in Israel : *Israel Jour. Earth -Sci.,* 17, 4, p. 153-169.

Remane, J., 1975, Versuch einer pragmatischen Stratigraphie : *Newsl. Stratigr.,* 4, p. 6-19.

Renevier, E., 1897, Chronographie géologique : 6 *th Int. Geol. Cong.* (*Zurich,* 1894), *Cong. Rept.,* p. 521-695. (see particularly p. 528-581 : Les facies ou formations ; and p. 695 : Postscriptum.).

Renevier, E., 1901, Report of Commission Internationale de Classification Stratigraphique : 8 *th Int. Geol. Cong.* (*Paris,* 1900), *Cong. Rept., fasc.* 1, p. 192-203.

Renevier, E., *et al.,* 1882, Rapport du comitésuisse sur l'unification de la nomenclature : 2 *nd Int. Geol. Cong.* (*Bologne,* 1881), *Cong. Rept.,* p. 535-548.

Renzi, M., J. Martinell, and S. Reguant, 1975, Biostratigrafía, tafonomía, y paleoecología : *Acta Geol. Hispánica, Anno X,* 2, p. 80-86.

Riba, O., 1989, Unidades tectosedimentarias y secuencias deposicionales : *in División de unidades estratigráficas en el análisis de cuencas (J. A. Vera, ed.)* ; *Soc. Geol. España Rev.,* 2, nos. 3-4, p. 189-198.

Richarz, S., 1926, Biotic basis of stratigraphy : (Review in *Pan -Am. Geol.,* 46, p. 101-110.).

Richmond, G. M., and J. C. Frye, 1957, Note 19 (of Am. Comm. Strat. Nomen.)——Status of soils in stratigraphic nomenclature : *Am. Assoc. Petrol. Geol. Bull.,* 41, p. 758-763.

Richmond, G. M., and J. G. Fyles, 1964, Note 30 (of Am. Comm. Strat. Nomen.)——Application to American Commission on Stratigraphic Nomenclature for an amendment of Article 31, Remark (b) of the Code of Stratigraphic Nomenclature on misuse of the term "stage": *Am. Assoc. Petrol. Geol. Bull.,* 48, p. 710-711.

Richter, R., 1954, Die Priorität in der Stratigraphie und der Fall Kiblenzium/Siegenium/Emsium : *Senckenbergiana Lethaea,* 34, p. 327-338.

Riedel, W. R., 1973, Cenozoic planktonic micropaleontology and biostratigraphy : *Ann. Rev. Earth*

*Planet. Sci.*, 1, p. 241-268.

Riedel, W. R., M. N. Bramlette, and F. L. Parker, 1963, "Piiocene-Pleistocene" boundary in deep-sea sediments : *Science*, 140, p. 1238-1240.

Rioult, M., 1971, Alcide d'Orbigny et lesétages du Jurassique : *in* Colloque du Jurassique (Luxembourg, 1967) ; *BRGM France, Mém*. 75, p. 17-33.

Rivero, F. C. de, 1965, Códigos estratigráficas ; unos comentarios : *Asoc. Venezolana Geol.*, *Min. y Petróleo Bol. Informativo*, 8, p. 219-223.

Rivière, A., 1972, Place et rôle des méthodes paléoclimatiques en stratigraphie : *in* Colloque sur les méthodes et tendances de la stratigraphie (Orsay, 1970) ; *BRGM France, Mém*. 77, pt. 2, p. 699-703.

Robison, R.A., A.V. Rosova, A.J. Rowell, and T.P. Fletcher, 1977, Cambrian boundaries and divisions : *Lethaia*, 10, p. 257-262.

Roche, A., 1972, Faiblesses et possibilités de la méthode paléomagnétique dans son emploi en stratigraphie : *in* Colloque sur les méthodes et tendances de la stratigraphie (Orsay, 1970) ; *BRGM France, Mém*. 77, *pt*. 2, p. 853-855.

Rodgers, J., 1950, The nomenclature and classification of sedimentary rocks : *Am. Jour. Sci.*, 248, p. 297-311.

Rodgers, J., 1954, Nature, usage, and nomenclature of stratigraphic units ; a minority report : *Am. Assoc. Petrol. Geol. Bull.*, 38, p. 655-659.

Roger, J., 1972, Vue d'ensemble sur les méthodes paléontologiques en stratigraphie ; la biostratigraphie : *in* Colloque sur les méthodes et tendances de la stratigraphie (Orsay, 1970) ; *BRGM France, Mém*. 77, *pt*. 1, p. 449-457.

Rogers, J., 1959, The meaning of correlation : *Am. Jour. Sci.*, 257, p. 684-691.

Rogers, J., and R. B. McConnell, 1959, Note 23 (of Am. Comm. Strat. Nomen.) ——Need for rock -stratigraphic units larger than group : *Am. Assoc. Petrol. Geol. Bull.*, 43, p. 1971-1975.

Rognon, P., 1972, Utilisation de certaines discontinuités sédimentaires d'origine climatique comme repères stratigraphiques : *in* Colloque sur les méthodes et tendances de la stratigraphie (Orsay, 1970) ; *BRGM France, Mém*. 77, *pt*. 2, p. 705-713.

Ross, C. A., 1970, Concepts in late Paleozoic correlations : *in* Radiometric dating and paleontologic zonation (O. L. Bandy, ed.) ; *Geol. Soc. Am. Spec. Paper* 124, p. 7-36.

Rotay, A. P., 1953, Paleontological method and stratigraphy (in Russian): Materialy paleontologicheskogo soveshtchaniya po paleozoyu 1951, p. 88-91, USSR Acad. Sci., Moscow.

Rotay, A.P., 1962, Paleontological method and problem of species in stratigraphy (in Russian): Izd. Kievskogo Univ., Kiev, 44 p.

Rozanov, A. Yu., (ed.), 1977, Stratigraphic subdivisions (in Russian): Results of science and technology ; *Stratigraphy and Paleontology*, 8, 112 p.

Rueller, K. H., 1971, Die Korrelation von Stratigraphie und physikalischen Daten der seismischen Aufnahmen, ein Versuch : Ingenieurmässige Lagerstättenbeschreibung, p. 273-296, Clausthal-Zellefeld.

Ruhe, R. V., 1965, Quaternary paleopedology : *in* The Quaternary of the United States (H. E. Wright, Jr., and D. G. Frey, eds.), p. 755-764, Princeton University Press.

Ruzhentsev, V. E., 1977, Biochronotype or stratotype ? (in Russian): *Paleontologitcheckiy Zhour.*, 2, p. 23-34.

Ryan, W. B. F., 1973, Paleomagnetic stratigraphy : *Initial reports of the Deep Sea Drilling Project*,

13, part 2, p. 1380-1387.

Sadaykov, A. M., 1969, A system of universal stratigraphic classification (in Russian): *Izv. USSR Acad. Sci., ser. geol.*, 1.

Sadaykov, A. M., 1974, Ideas of rational stratigraphy ; as exemplified by central Kazakhstan (in Russian): "Nauka", Alma-Ata, 184 p.

Sadaykov, A. M., 1977, Cyclicity and ideas of rational stratigraphy (in Russian): *in* Major problems of sedimentogenesis cyclicity ; p. 192-195, "Nauka", Alma-Ata.

Sadler, P. M., 1981, Sediment accumulation rates and the completeness of stratigraphic sections : *Jour. Geol.*, 89, p. 569-584.

Salin, Yu. S., 1976, A mathematical formulation of traditional methods of stratigraphic correlation (in Russian): *Izv. USSR Acad. Sci., ser. geol.*, 8, p. 85-92.

Salin, Yu. S., 1979, Constnrctive stratigraphy (in Russian): "Nauka", Moscow, 173 p.

Salvador, A., 1980, A guide set for units of polarity : *Geotimes*, 25, p. 21-23.

Samuel, O., and I. Brocková, (eds.), 1979, Slovac nomenclature of stratigraphic units (in Slovak): *Geologicképráce Správy*, 73, p. 241-264.

Savitskiy, V. E., 1969, Rules of stratigraphic classification and terminology and the nature of chronostratigraphic units (in Russian): *in* Problemy Stratigrafii (L. L. Khalfin, ed.) ; *Trudy, SNIIGGiMS*, . 94, p. 84-99, Novosibirsk. (English translation by Israel Program for Scientif ic Translations as Classification in Stratigraphy, Jerusalem, 1971, for U. S. Dept. of Int. and Nat. Sci. Foundation, p. 73-86.).

Savitskiy, V. E., 1970, Principles of determination of lower Cambrian boundary and boundaries of other major chronostratigraphic units of the Phanerozoic (in Russian): *in* Materialy po regional'noy geologii Sibiri ; *Trudy, SNIIGGiMS*, . 110, p. 11-23.

Savitskiy, V. E., 1975, Formation, horizon, informal stage (in Russian): *in* Materialy po regional'noy geologii Sibiri ; *Trudy, SNIIGGiMS*, . 216, p. 6-11.

Schaub, H., 1968, A propos de quelquesétages du Paiéocène et de l'Eocène du bassin de Paris et leur corrélation avec lesétages de la Téthys : *in* Colloque sur l'Eocène (Paris, 1968) ; *BRGM France, Mém.* 58, p. 643-653.

Scheltema, R. S., 1977, Dispersal of marine invertebrate organisms ; paleobiogeographic and biostratigraphic implications : *in* Concepts and methods of biostratigraphy (E. G. Kauffman and J. E. Hazel, eds.), p. 73-108, Dowden, Hutchison & Ross, Stroudsburg, Pa.

Schenck, H. G., 1940, Applied paleontology : *Am. Assoc. Petrol. Geol. Bull.*, 24, p. 1752-1778.

Schenck, H. G., 1961, Guiding principles in stratigraphy : *Geol. Soc. India Jour.*, 2, p. 1-10.

Schenck, H. G., H. D. Hedberg, and R. M. Kleinpell, 1935, Stage as a stratigraphic unit (abstr.): Pam-Am. Geol., 64, p. 70-71 ; *Geol. Soc. Am. Proc.* for 1935, p. 347-348, June 1936.

Schenck, H. G., and R. M. Kleinpell, 1936, Refugian stage of Pacific Coast Tertiary : *Am. Assoc. Petrol. Geol. Bull.*, 20, p. 215-225.

Schenck, H. G., *et al.*, 1941, Stratigraphic nomenclature—Discussion : *Am. Assoc. Petrol. Geol. Bull.*, 25, p. 2195-2212.

Schenck, H. G., and S. W. Muller, 1941, Stratigraphic terminology : *Geol. Soc. Am. Bull.*, 52, p. 1419-1426.

Schenck, H. G., and J. J. Graham, 1960, Subdividing a geologic section : *Sci. Rep. Tohoku Univ., ser. 2 (Geol.) Spec. vol.* 4 (*Professor Shoshiro Hanzawa Memorial Volume*), p. 92-

99.
Schindewolf, O. H., 1944, Grundlagen und Methoden der paläontologischen Chronologie : Gebrüder Borntraeger, Berlin-Zehlendorf, 139 p.(2 nd ed., 1945.).

Schindewolf, O. H., 1950, Grundlagen und Methoden der paläontologischen Chronologie (3 rd ed.): Berlin-Nikolassee, Naturwissenschaftlicher Verlag, 152 p.

Schindewolf, O. H., 1954 a, Über einige stratigraphische Grundbegriffe : Roemeriana, 1, Dahlgrün-Festschrift, p. 23-38.(English translation in *Int. Geol. Rev.*, 1, 1959, p. 62-70.).

Schindewolf, O. H., 1954 b, Über die möglichen Ursachen der grossen erdgeschichtlichen Faunenschnitte : *Neues Jahrb. Geol. Paläont., Monatsh.*, 10, p. 457-465.

Schindewolf, O. H., 1955 a, Kleinforaniniferen und paläontologischen Chronologie : *Neues Jahrb. Geol. Paläont., Monatsh.*, 2, p. 82-84.

Schindewolf, O. H., 1955 b, Die Entfaltung des Lebens im Rahmen der geologischen Zeit : *Studium Generale*, 8, p. 489-497, Springer-Verlag, Berlin.

Schindewolf, O. H., 1957, Comments on some stratigraphic terms : *Am. Jour. Sci.*, 255, p. 394-399.

Schindewolf, O. H., 1958, Zur Ausspracheüber die grossen erdgeschichtlichen Faunenschnitte und ihre Verursachung : *Neues Jahrb. Geol. Paläont., Monatsh.*, 6, p. 270-279.

Schindewolf, O. H., 1960, Stratigraphische Methodik und Terminologie : *Geol. Rundsch.*, 49, p. 1-35.

Schindewolf, O. H., 1963, Neokatastrophismus ? : *Deutsche Geol. Gesell. Zeitschr.*, Jahrg. 1962, 114, pt. 2, p. 430-445.

Schindewolf, O. H., 1964, Logic and method of stratigraphy : *Geol. Soc. South Africa Trans. and Proc.*, 67, p. 306-310.

Schindewolf, O. H., 1970 a, Stratigraphical principles : *Newsl. Stratigr.*, 1, 2, p. 17-24.

Schindewolf, O. H., 1970 b, Stratigraphie und Stratotypus : *Akad. Wiss. Lit. Mainz, math.-nat. Kl., Abh.*, 2, 134 p.(Essay review by Z. de Csema : *Am. Jour. Sci.*, 272, p. 189-194, 1972.).

Schoch, R. M., 1989, Stratigraphy ; Principles and methods : Van Nostrand Reinhold, New York, 375 p.

Schopf, J. M., 1960, Emphasis on Holotype ( ? ) : *Science*, 131, p. 1043.

Schuchert, C. E., 1916, Correlation and chronology in geology on the basis of paleogeography : *Geol. Soc. Am. Bull.*, 27, p. 491-514.

Schuchert, C. E., 1937, What is the basis of stratigraphic chronology ? : *Am. Jour. Sci.*, 34, p. 475-479.

Schuchert, C.E., 1943, Stratigraphy of the eastern and central United States : Wiley, New York, 1013 p.(see p.1-10 and 18-24.).

Schuchert, C. E., and J. Barrell, 1914, A revised geological time-table for North America : *Am. Jour. Sci., ser.* 4, 38, p. 1-27.

Schultz, E. H., 1982, The chronosome and supersome ; terms proposed for low-rank chronostratigraphic units : *Canadian Petrol. Geol. Bull.*, 30, p. 29-33.

Scott, G. H., 1960, The type locality concept in time-stratigraphy : *New Zealand Jour. Geol. Geophys.*, 3, p. 580-584.

Scott, G. H., 1965, Homotaxial stratigraphy : *New Zealand Jour. Geol. Geophys.*, 8, p. 859-862.

Scott, G. H., 1967, Time in stratigraphy : *New Zealand Jour. Geol. Geophys.*, 10, p. 300-301.

Scott, G. H., 1971, Revision of the Hutchinsonian, Awamoan, and Altonian stages (Lower Miocene, New Zealand) ——1 : *New Zealand Jour. Geol. Geophys.*, 14, p. 705-726.
Scott, G. H., 1978, Stratotypes and lithostratigraphic definitions : *Newsl. Stratigr.*, 7, p. 1-7.
Sdzuy, K., 1960, Zur Wende Präkambrium/Kambrium : *Paläont. Zeitschr.*, 34, p. 154-160.
Sdzuy, K., 1962, Richtschnitt oder Leitfossil？: Internationale Arbeitstagungüber die Symposium-Band, Silur-Devon-Grenze und die Stratigraphie von Silur und Devon (Bonn-Bruxelles, 1960 ; H. K. Erben, ed., 1962), p. 231-233, E. Schweizerbart, Verlagsbuchhandlung, Stuttgart.
Seaber, P. R., 1988, Hydrostratigraphic units : *in* Hydrogeology (W. Back, J. S. Resenshein, and P. R. Seaber, eds.) ; The Geology of North America, v. 0-2, p. 9-14, Geol. Soc. America.
Sedgwick, A., 1838, A synopsis of English series of stratified rocks. . . : *Geol. Soc. London Proc.*, 2, 58, p. 675-690.
Seibold, E., and J. D. Meulenkanlp, (eds.), 1984, Stratigraphy quo vadis？: *Am. Assoc. Petrol. Geol. Studies in Geology* 16, 70 p.
Seitz, O., 1931, Über Raum-und Zeitvorstellung in der Stratigraphie und deren Bedeutung für die stratigraphischen Grundprinzien : Sitzungsber Preuss. Geol. Landesamt., H. 6, p. 87-99, Berlin.
Seitz, O., 1932, Ergänzende Bemerkungenüber stratigraphische Raum und Zeitbegriffe : *Jahrb. Preuss. Geol. Landesamt. für* 1931, 52, p. 520-522, Berlin.
Seitz, O., 1958, Gibt es eine Chronostratigraphie？: *Geol. Jahrb.*, 75, p. 647-650.
Semikhatov, M. A., 1973, The general stratigraphic scale of the Upper Precambrian ; the present state and perspectives (in Russian): *Izv. USSR Acad. Sci., ser. geol.*, 9, p. 3-17.
Semikhatov, M. A., 1979, The new stratigraphic scale of Precambrian of the USSR ; analysis and the lessons gained (in Russian): *Izv. USSR Acad. Sci., ser. geol.*, 11, p. 5-22.
Senes, J., 1987, Some notes to the terms standard, regional and local stages : *Geologica Carpatica*, 38, p. 691-693.
Serra, O., 1972, Diagraphies et stratigraphie : *in* Colloque sur les méthodes et tendances de la stratigraphie (Orsay, 1970) ; *BRGM France, Mém.* 77, *pt.* 2, p. 775-832.
Shantser, E. V., 1960, Units of single and local stratigraphic scales of the Quaternary (Anthropogene) system. Draft of determination with respect to the North Eurasia (in Russian): *Byul. MSK.*, 2, p. 61-64.
Shantser, E. V., 1980, Climate-stratigraphic units of the Quaternary (Anthropogen) System and their place in stratigraphic classification (in Russian): *in* Stratigrapbic classification—— Materials for the problem (B. S. Sokolov, ed), p. 153-164, "Nauka", Leningrad.
Shantser, E. V., I. I. Krasnov, and K. V. Nikiforova, 1973, Stratigraphic classification, terminology and principles for constructing a general stratigraphic scale applicable to the Quaternary (Anthropogene) System (in Russian): Moscow, 37 p.
Shaw, A. B., 1964, Time in stratigraphy : McGraw-Hill, New York, 365 p.
Shaw, A. B., 1969, Adam and Eve, paleontology, and the non-objective arts : *Jour. Paleont.*, 43, p. 1085-1098.
Shi Tie-min, 1959, The problem of stratigraphic units in the nomenclature of regional stratigraphic subdivisions (in Chinese): *Dizhi Lunping (Geol. Rev.)*. 19, p. 380-381.
Sigal, J., 1961, Existe-t-il plusieurs stratigraphies？: *BRGM France, Serv, Inform. Géol. Bull. Trimest.*, 13*th year*, 51, p.2-5.

Sigal, J., 1964, Une thérapeutique homéopathique en chronostratigraphie ; les parastratotypes (ou prétendus tels): *BRGM France, Serv. Inform. Géol. Bull. Trimest.*, 64, p. 1-8.

Simakov, K. V., 1974 a, Time in stratigraphy (in Russian): *in* Methodologicheskye Voprosy Geologicheskikh Nauk. Izd. "Naukova Dumka", Kiev, p. 81-106.

Simakov, K. V., 1974 b, Stratigraphy, geochronometry and geochronology (in Russian): *in* Osnovnye Problemy Biostratigrafii i Paleogeografii Severo-Vostoka SSSR : *Trudy Sev. - Vost. Kompleks. Inst. USSR Acad. Sci.*, 62, p. 17-25.

Simakov, K. V., 1975, The international stratigraphic scale——calendar and metrics of geologic time (in Russian): *Izv. USSR Acad. Sci., ser. geol.*, 4, p. 114-123.

Simakov, K. V., 1977, Theoretical fundamentals for subdividing geologic time (in Russian): *Geol. i Geofiz. (Russian Geol., Geophys.)*, 28, 4, p. 49-57.

Simon, W., 1948, Zeitmarken der Erde ; Grund und Grenze geologischer Forschung (Die Wissenschaft, v. 98): Vieweg and Sohn, Braunschweig, 232 p.

Simon, W., 1960, Geologische Zeitrechnung in Dilemma : *Naturwiss. Rundsch.*, 13, p. 461-465.

Simon, W., 1962, Stratigraphische Gliederung, Terminologie, und Nomenklatur : *in* Leitfossilien der Mikropalaontologie, p. 23-29, Borntraeger, Berlin.

Simon, W., and H. J. Lippolt, 1967, Geochronologie als Zeitgerüst der Phylogenie : *in* Die Evolution der Organismen, vol. 1 (G. Heberer, ed.), p. 161-237, Fischer, Stuttgart.

Simonson, R.W., 1952, Lessons from the first half century of soil survey ; Pt. I, Classification of soils : *Soil Sci.*, 74, p.249-257.

Sloss, L. L., 1958, Paleontologic and lithologic associations : *Jour. Paleont.*, 32, p. 715-729.

Sloss, L. L., 1960 a, Concepts and applications of stratigraphic facies in North America : *2 lst Int. Geol. Cong. (Norden, 1960), Proc., pt.* 12, p. 7-18.

Sloss, L. L., 1960 b, Interregional time-stratigraphic correlation (abstr.): *Geol. Soc. Am. Bull.*, 71, pt. 2, p. 1976.

Sloss, L. L., 1963, Sequences in the cratonic interior of North America : *Geol. Soc. Am. Bull.*, 74, p. 93-113.

Sloss, L. L., 1984, The greening of stratigraphy 1933-1983 : *Ann. Rev. Earth Planet. Sci.*, 12, p. 1-10.

Sloss, L. L., 1988, Forty years of sequence stratigraphy : *Geol. Soc. Am. Bull.*, 100, p. 1661-1665.

Sloss, L. L., 1991, The tectonic factor in sea level change ; a countervailing view : *Jour. Geophys. Res.*, 96, B 4, p. 6609-6617.

Sloss, L. L., 1992, Tectonic episodes of cratons ; conflicting North American concepts : *Terra Nova*, 4, p. 320-328.

Sloss, L. L., W. C. Krumbein, and E. C. Dapples, 1949, Integrated facies analysis : *in* Sedimentary facies in geologic history (C. R. Longwell, ed.) ; *Geol. Soc. Am. Mem.* 39, p. 91-123.

Smith, D. G., and M. D. Pewtrell, 1979, A use of network diagrams in depicting stratigraphic time-correlation : *Geol. Soc. London Jour.*, 136, p. 21-28.

Smith, W., 1815, A memoir to the map and delineation of the strata of England and Wales, with a part of Scotland : John Cary, London, 51 p.

Smith, W., 1816-1819, Strata identified by organized fossils containing prints on coloured paper of the most characteristic specimens in each stratum : W. Arding, London, 32 p., 17 plates.

Smith, W., 1817, Stratigraphical system of organized fossils, with reference to the specimens of the original collection in the British Museum ; explaining their state of preservation and their use in identifying the British strata : E. Williams, London, 118 p.

Snelling, N., 1964, A review of recent Phanerozoic time-scales : in The Phanerozoic time-scale (W. B. Harland, A. G. Smith, and B. Wilcock, eds.) ; Geol. Soc. London Quart. Jour., 120, p. 29-36.

Snelling, N., 1985, The chronology of the geological record : Geol. Soc. London Mem. 10, 343 p.

Snelling, N., 1987, Measurement of geological time and the geological time scale : Modern Geology, 11, p. 365-374.

Sohl, N. F., 1977 a, Note 45 (of Am. Comm. Strat. Nomen.)――Application for amendment concerning terminology for igneous and high-grade metamorphic rocks : Am. Assoc. Petrol. Geol. Bull., 61, p. 248-251.

Sohl, N. F., 1977 b, Note 46 (of Am. Comm. Strat. Nomen.)――Application for amendment of Articles 8 and 10 of Code, concerning smallest formal rock-stratigraphic unit : Am. Assoc. Petrol. Geol. Bull., 61, p. 252.

Sohl, N. F., 1978, Note 48 (of Am. Comm. Strat. Nome.)――Application for amendment of Code of Stratigraphic Nomenclature to provide guidelines concerning formal terminology of oceanic rocks : Am. Assoc. Petrol. Geol. Bull., 62, p.1185-1186.

Sokolov, B. S., 1971, Biochronology and stratigraphical boundaries (in Russian): in Problemy obschey i regional'noy geologii, p. 155-178, Inst. Geol. Geofiz. Novosibirsk.

Sokolov, B. S., 1974 a, Periodicity (stagewise)――development of the organic world and biostratigraphic boundaries (in Russian): Geol. i Geofiz. (Russian Geol., Geophys.), 25, 1, p. 3-10.

Sokolov, B. S., 1974 b, The problem of the Precambrian-Cambrian boundary (in Russian): Geol. i Geofiz. (Russian Geol., Geophys.), 25, 2, p. 3-29.

Sokolov, B. S., 1977, Prospects of the Precambrian biostratigraphy (in Russian): Geol. i Geofiz. (Russian Geol., Geophys.), 28, 11, p. 54-70.

Sokolov, B. S., 1978, Stage character of the organic world evolution and biostratigraphic boundaries (in Russian): in Trans. of the X VIII Session of the All-Union Paleont. Society, p. 5-11, "Nauka". Leningrad.

Sokolov, B. S., 1980, On the fundamentals of stratigraphic classification (in Russian): in Stratigraphic classification――Materials for the problem (B. S. Sokolov, ed), p. 7-11, "Nauka", Leningrad.

Southam, J. R., W. W. Hay, and T. R. Worsley, 1975, Quantitative formulation of reliability in stratigraphic correlation : Science, 188, p. 357-359. (Discussion by G. F. Brockman : ibid, 190, p. 1116, 1975.).

Spieker, E. M., 1956, Mountain-building chronology and nature of geologic time scale : Am. Assoc. Petrol. Geol. Bull., 40, p. 1769-1815.

Spizharsky, T. N., 1987, Geological time and stratigraphic classification (in Russian): Sov. Geol., 8, p. 45-53.

Stainforth, R. M., 1956, Meaning of the word stratigraphy : Am. Assoc. Petrol. Geol. Bull., 40, p. 2289-2290.

Stainforth, R. M., 1958, Stratigraphic concepts ; Discussion : Am. Assoc. Petrol. Geol. Bull.,

42, p. 192-193.
Stamp, L.D., 1923, An introduction to stratigraphy (British Isles): Thomas Murby & Co., London, 368 p. (3rd ed., 1957, 381 p.).
Stanton, T. W., 1930, Stratigraphic names ; Report of Committee on Stratigraphic Nomenclature : *Am. Assoc. Petrol. Geol. Bull.*, 14, p. 1070-1079.
Steiner, J., 1979, Regularities of the revised Phanerozoic Time Scale and the Precambrian Time Scale : *Geol. Rundsch.*, 68, p. 825-831.
Steinker, P. J., and D. C. Steinker, 1972, The meaning of facies in stratigraphy : *The Compass*, 49, p. 45-53.
Steno, N., 1669, De solido intra solidum naturaliter contento dissertationis prodomus : Florence, 76 p.
Stepanov, D. L., 1958, Principles and methods of biostratigraphic investigations (in Russian): *Trudy, VNIGRI, Leningrad*, 113, 180 p. (French translation by Mme. Jayet, S. I. G., Trad. 2231, 148 p.).
Stepanov, D. L., 1967, Basic principles of stratigraphy (in Russian): *Izv. USSR Acad. Sci., ser. geol.*, 10, p. 103-114.
Stepanov, D. L., 1974, General geological bases for using the paleontological method in stratigraphy (in Russian): *in* Biostratigrafiya Mezozoya osadochnykh basseinov SSSR : *Trudy, VNIGRI, Leningrad*, 350, p. 5-33.
Stepanov, D. L., and M. S. Mesezhnikov, 1979, General Stratigraphy ; Principles and methods of stratigraphic investigations (in Russian): "Nedra", Leningrad, 423 p. (see p. 327-380 : Chapter 8 ——Stratigraphic classification and nomenclature.).
Stephanov, J., 1966, The International stratigraphic scheme and the boundary between the Middle and Upper Jurassic :"*Strasimir Dimitrov*" *Inst. Geol. Bull.*, 15, p. 79-88.
Stephenson, L. W., 1917, Tongue, a new stratigraphic term, with illustrations from the Mississippi Cretaceous : *Washington Acad. Sci. Jour.*, 7, p. 243-250.
Stevenson, R. E., 1955, Two suggested rules for stratigraphic nomenclature : *Am. Assoc. Petrol. Geol. Bull.*, 39, p.2524-2525.
Stockwell, C. H., 1964, Principles of time-stratigraphic classification in the Precambrian : *in* Geochronology in Canada (F. F. Osborne, ed.) ; *Royal Soc. Canada Spec. Pabl.* 8, p. 52-60, University Toronto Press.
Stokes, W. L., 1978, A plan for reforming the geologic time scale : *Jour. Geol. Education*, 26, p. 136-141.
Storey, T. P., and J. R. Patterson, 1959, Stratigraphy——traditional and modern concepts : *Am. Jour. Sci.*, 257, p. 707-721.
Størmer, L., 1966, Concepts of stratigraphic classification and terminology : *Earth Sci. Rev.*, 1, p. 5-28.
Stubblefield, C. G., 1954, The relationship of paleontology to stratigraphy : *Advancement of Science*, 42, p. 149-159.
Suggate, R.P., 1960, Time-stratigraphic subdivision of the Quaternary as viewed from New Zealand : *Quaternaria*, 5, p.5-17.
Sutton, A. H., 1940, Time and stratigraphic terminology : *Geol. Soc. Am. Bull.*, 51, p. 1397-1412.
Suzuki, K., 1950, Critical review of the stratigraphical classification in recent years (in Japa-

nese with English abstract): *Jour. Geol. Soc. Japan*, 56, p. 383-397.

Svoboda, J., (ed.), 1960, Prager Arbcitstagungüber die Stratigraphie des Silurs und Devons : Geological Survey, Praha.

Swain, F. M., 1949, Oniap, offlap, overstep, and overlap : *Am. Assoc. Petrol. Geol. Bull.*, 33, p. 634-636.

Swann, D. H., and H. B. Willman, 1961, Megagroups in Illinois : *Am. Assoc. Petrol. Geol. Bull.*, 45, p. 471-483.

Sylvester-Bradley, P. C., 1967, Towards an international code of stratigraphic nomenclature : *in* Essays in Palaeontology and Stratigraphy (R. C. Moore commemorative volume, C. Teichert and E. L. Yochelson, eds. ; *University of Kansas, Dept. Geol., Spec. Publ.* 2, p. 349-367).

Sylvester-Bradley, P. C., 1968, Hierarchy in stratigraphical nomenclature : *Geol. Mag.*, 105, p. 78.

Sylvester-Bradley, P. C., 1977, Biostratigraphic tests of evolutionary theory : *in* Concepts and methods of biostratigraphy (E. G. Kauffman and J. E. Hazel, eds.), p. 41-63, Dowden, Hutchison & Ross, Stroudsburg, Pa.

Tan Sin Hok, 1931, On Cycloclypeus――its phylogeny and signification for the biostratigraphy in general and for the stratigraphy of the Tertiary of the Indo-Pacific region : Overgedrukt vit de "Handelingen" van het Zesde Nederlandsch-Indish Natuurwetenschappelijk Congress (Bandoeng, Java, 1931), p. 641-644.

Tedford, R. H., 1970, Principles and practices of mammalian geochronology in North America : *in* North Am. Paleont. Conv. (Chicago, 1969), Proc., pt. F (Correlation by fossils), p. 666 -703.

Teichert, C., 1950, Zone concept in stratigraphy : *Am. Assoc. Petrol. Geol. Bull.*, 34, p. 1585-1588.

Teichert, C., 1958 a, Some biostratigraphical concepts : *Geol. Soc. Am. Bull.*, 69, p. 99-120.

Teichert, C., 1958 b, Concepts of facies : *Am. Assoc. Petrol. Geol. Bull.*, 42, p. 2718-2744.

Tenchov, Y. G., 1979, General impression and notes on the "International Stratigraphic Guide -a guide to stratigraphic classification and procedure": *Newsl. Stratigr.*, 7, p. 155-158.

Termier, H., and G. Termier, 1964, Les temps fossilifères, 1. Paléozoïque Inférieur : Masson, Paris, 689 p. (see p. 1-14 : Introduction.).

Teslenko, Yu. V., 1969, The problem of the relationship between the general and regional stratigraphic scales (in Russian): *in* Problemy Stratigrafii (L. L. Khalfin, ed.) ; *Trudy, SNI-IGGiMS*, 94, p. 79-83, Novosibirsk. (English translation by Israel Program for Scientific Translations as Classification in Stratigraphy, Jerusalem, 1971, for U. S. Dept. of Int. and Nat. Sci. Foundation, p. 68-72.).

Teslenko, Yu. V., 1972, Nature of the boundaries of chronostratigraphic units of the international stratigraphic scale (in Russian): *Geol. Zhurn., Kiev*, 32, p. 22-28.

Teslenko, Yu. V., 1976, Principles of the stratigraphy of sedimentary formations (in Russian): Izd. "Naukova Dumka", Kiev, 139 p.

Teslenko, Yu. V., 1982, Short reference book on stratigraphic terminology ; for Phanerozoic sedimentary formations (in Russian): "Nankova Dumka", Kiev, 157 p.

Teslenko, Yu. V., 1986, On main taxonomic unit of regional stratigraphic scales (in Russian): *Geol.*

*Zhurn., Kiev*, 46, p. 31-35.

Théobald, N., and A. Gama, 1959, Stratigraphie : Doin, Paris, 385 p.(see p. 7-24.).

Thomel, G., 1973 a, A propos de la zoneà*Actinocamax plenus* ; principe et application de la méthodologie biostratigraphique : *Ann. Mus. Hist. Nat. Nice, supple. H. S.*, 1, p. 1-28.

Thomel, G., 1973 b, De la méthode en biostratigraphie : *Acad. Sci., Paris, Cong. Rept., vol.* 277, *ser. D*, p. 703-706.

Ting Pei-chin, 1958, Applying stratigraphic nomenclature (in Chinese): *Dizhi Lunping* (*Geol. Rev.*), 18, p. 245-246.

Ting Pei-chin, 1959, Concepts of the new stratigraphic code of China (in Chinese): *Dizhi Lunping* (*Geol. Rev.*), 19, p.433-434.

Tintant, H., 1972 a, Paléontologie des invertébrés et stratigraphie : *in* Colloque sur les méthodes et tendances de la stratigraphie (Orsay, 1970) : *BRGM France, Mém.* 77, *pt.* 1, p. 33-39.

Tintant, H., 1972 b, La conception biologique de l'espèce et son application en stratigraphie : *in* Colloque sur les méthodes et tendances de la stratigraphie (Orsay, 1970) : *BRGM France, Mém.* 77, *pt.* 1, p. 77-87.

Tomlinson, C. W., 1940, Technique of stratigraphic nomenclature : *Am. Assoc. Petrol. Geol. Bull.*, 24, p. 2038-2048. (Discussion by H. G. Schenck, *et al.*, H. D. Hedberg, J. E. Eaton, and R. T. White and replies by C. W. Tomlinson : *ibid.*, 25, p. 2195-2211, 1941.).

Tracey, J. I., Jr., 1989, Surveying the nomenclature of geologic time : *Earth Sci. Hist.*, 8, p. 183-189.

Trendall. A. F., 1966, Towards rationalism in Precambrian stratigraphy : *Geol. Soc. Austl. Jour.*, 13, pt. 2, p. 517-526.

Troelsen, J. C., and Th. Sorgenfrei, 1956, Principerne for stratigrafisk inddeling og nomenklatur (Procedure and terminology in stratigraphic classification): *Dansk Geol. Foren., Meddel.* Bd. 13, H. 3, p. 145-152.

Trueman, A. E., 1923, Some theoretical aspects of correlation : *Geologists' Assoc. Proc.*, 34, p. 193-206.

Trümper, E., 1969, Zu einigen Problemen des Begriffes "Leitflossil": *Deutsche Gesell. Geol. Wiss., Ber., Reihe A, Geol. Paläont.*, 14, p. 349-355.

Truswell, J. F., 1967, A critical review of stratigraphic terminology as applied in South Africa : *Geol. Soc. South Africa Trans. and Proc.*, 70, p. 81-116 (Discussion by R. V. Dingle and reply by J. F. Truswell, *ibid.*, p. 189.).

Ulrich, E. O., 1911, Revision of the Paleozoic systems : *Geol. Soc. Am. Bull.*, 22, p. 281-680.

Ulrich, E. O., 1916, Correlation by displacements of the strandline and the function and proper use of fossils in correlation : *Geol. Soc. Am. Bull.*, 27, p. 451-490.

Ulrich, E. O., 1953, Stratigraphic nomenclature in reports of the U. S. Geological Survey : U. S. Geol. Survey, 54 p.

USSR Commission for Stratigraphic Classification, Terminology and Nomenclature, 1977, Report 5, Discussion of the project Strataigraphic Code of the USSR (in Russian): *in* Resolutions of the Interdepartmental Stratigraphic Committee, 17, p. 66-70.

Vail, P. R., *et al.*, 1977, Seismic stratigraphy and global changes of sea level : *in* Seismic stratigraphy——applications to hydrocarbon exploration (C. E. Payton, ed.) ; *Am. Assoc. Petrol. Geol. Mem.* 26, p. 49-212.

Vail, P. R., and R. M. Mitchum, Jr., 1977, Seismic stratigraphy and global changes of sea level ; Part 1, Overview : *in* Seismic stratigraphy and global changes of sea level, Part 1 : Overview : *in* Seismic stratigraphy——applications to hydrocarbon exploration (C. E. Payton, ed.) ; *Am. Assoc. Petrol. Geol. Mem.* 26, p. 51-52.

Vail, P. R., R. M. Mitchum, Jr., and S. Thompson III, 1977, Seismic stratigraphy and global changes of sea level ; Part 3, Relative changes of sea level from coastal onlap : *in* Seismic stratigraphy——applications to hydrocarbon exploration (C. E. Payton, ed.) ; *Am. Assoc. Petrol. Geol. Mem.* 26, p. 63-81.

Vail, P. R., R. M., Mitchum, Jr., and S. Thompson III, 1977, Seismic stratigraphy and global changes of sea level ; Part 4, Global cycles of relative changes of sea level : *in* Seismic stratigraphy——applications to hydrocarbon exploration (C. E. Payton, ed.) ; *Am. Assoc. Petrol. Geol. Mem.* 26, p. 83-97.

Vail, P. R., R. G. Todd, and J. B. Sangree, 1977, Seismic stratigraphy and global changes of sea level ; Part 5, Chronostratigraphic significance of seismic reflections : *in* Seismic stratigraphy——applications to hydrocarbon exploration (C. E. Payton, ed.) ; *Am. Assoc. Petrol. Geol. Mem.* 26, p. 99-116.

Valentine, J. W., 1963, Biogeographic units as biostratigraphic units : *Am. Assoc. Petrol. Geol. Bull.*, 47, p. 457-466.

Valentine, K. W. G., 1977, Biogeography and biostratigraphy : *in* Concepts and methods of biostratigraphy (E. G. Kauffman and J. E. Hazel, eds.), p. 143-162, Dowden, Hutchison & Ross, Stroudsburg, Pa).

Valentine, K. W. G., and J. B. Dalrymple, 1976, Quaternary buried paleosols ; A critical review : *Quaternary Research*, 6, p. 209-222.

Van Andel, Tj. H., 1981, Consider the incompleteness of the geological record : *Nature*, 294, p. 397-398.

Van Couvering, J. A., and W. A. Berggren, 1977, Biostratigraphic basis of the Neogene time scale : *in* Concepts and methods of biostratigraphy (E. G. Kauffman and J. E. Hazel, eds.), p. 283-306, Dowden, Hutchison & Ross, Stroudsburg, Pa.

Van Hinte, J. E., 1968, On the Stage : *Geologie en Mijnbouw*, 47, p. 311-315.

Van Hinte, J. E., 1969, The nature of biostratigraphic zones : 1 *st Int. Conf. on Planktonic Microfossils (Geneva, 1967), Proc. (P. Bronnimann and H. H. Renz, eds.)*, 2, p. 267-272.

Van Hinte, J. E., 1976 a, A Jurassic time scale : *Am. Assoc. Petrol. Geol. Bull.*, 60, p. 489-497.

Van Hinte, J. E., 1976 b, A Cretaceous time scale : *Am. Assoc. Petrol. Geol. Bull.*, 60, p. 498-516.

Van Hinte, J. E., 1977, Review of *International Stratigraphic Guide* : *Marine Micropaleont.*, 2, p. 201-205.

Van Hinte, J. E., 1978, On boundary stratotypes, discussion : *Marine Micropaleont.*, 3, p. 197-198. (Reply by W. A. Berggren, B. U. Haq, and J. A. Van Couvering : *ibid*, p. 198-200.).

van Morkhoven, F. P. C. M., 1966, The concept of paleoecology and its practical application : *Gulf Coast Assoc. Geol. Soc. Trans.*, 16, p. 305-313.

Van Wagoner, J. C., 1985, Reservoir facies distribution as controlled by sea-level change (abstr.) : *Soc. Econ. Paleont. Mineral., Annual Midyear Meeting (Golden, Coiorado, Aug.*

1985), *Proc.*, p. 91-92.
Van Wagoner, J. C., R. M. Mitchum, Jr., H. W. Posamentier, and P. R. Vail, 1987, Seismic·stratigraphic interpretation using sequence stratigraphy, Pt. 2——Key definitions of sequence stratigraphy : *in* Atlas of seismic stratigraphy (A. W. Bally, ed.) ; *Am. Assoc. Petrol. Geol. Studies in Geology* 27, v. 1, p. 11-14.
Van Wagoner, J. C., *et al.*, 1988, An overview of the fundamentals of sequence stratigraphy and key definitions : *in* Sea-level changes : an integrated approach (C. K. Wilgus, *et al.*, eds.) ; *Soc. Econ. Paleont. Mineral., Spec. Publ.*, 42, p.39-45.
Van Wagoner, J. C., R. M. Mitchum, K. M. Campion, and V. D. Rahmanian, 1990, Siliciclastic sequence stratigraphy in well logs, cores, and outcrops ; concepts of high-resolution correlation of time and facies : *Am. Assoc. Petrol. Geol. Methods in Exploration Series no.* 7, 55 p.
Vella, P., 1962, Biostratigraphy and paleoecology of Mauriceville District, New Zealand : *Royal Soc. New Zealand Geol. Trans.*, 1, 12, p. 183-199.
Vella, P., 1964, Biostratigraphic units : *New Zealand Jour. Geol. Geophys.*, 7, p. 615-625.
Vella, P., 1965, Sedimentary cycles, correlation, and stratigraphic classification : *Royal Soc. New Zealand Geol. Trans.*, 3, p. 1-9.
Vera, J. A., O. Riba, and S. Reguant, 1989, Glosario de términos relacionados con el análisis de cuencas : *in* División de unidades estratigráficas en el análisis de cuencas (J. A. Vera, ed.) ; *Soc. Geol. España Rev.*, 2, p. 381-401.
Vereshchagin, V. N., 1980, Suite——the major stratigraphic unit (in Russian): *in* Stratigraphic classification——Materials for the problem (B. S. Sokolov, ed), p. 130-135, "Nauka", Leningrad.
Verwoerd, W. J., 1964, Stratigraphic classification ; a critical review : *Geol. Soc. South Africa Trans. and Proc.*, 67, p. 263-282. (Discussions by A. R. Newton, J. F. Truswell, H. de la R. Winter, O. H. Schindewolf, and H. D. Hedberg, and replies by W. J. Verwoerd : *ibid*, p. 313-316.).

Wagenbreth, O., 1965, Über Unschärfebeziehungen in der Geologie : *Wiss. Zeitschr. Humboldt Univ.*, 4/5, p. 686-692.
Wagenbreth, O., 1966, Bemerkungen zum Zeitbegriffin der historischen Geologie und zur Frage einer Unschärfebeziehung bei rhythmischer oder zyklischer Schichtengliederung : *Wiss. Zeitschr. Hochsch. Architektur Bauw. Weimar*, 13, p. 617-625.
Wager, L. R., 1964, The history of attempts to establish a quantitative time-scale : *in* The Phanerozoic time-scale (W. B. Harland, A. G. Smith, and B. Wilcock, eds.) ; *Geol. Soc. London Quart. Jour.*, 120, p. 13-28.
Walcott, C. D., 1893, Geologic time as indicated by the sedimentary rocks of North America : *Jour. Geol.*, 1, p. 639-676.
Walliser, O. H., 1966, Die Silur/Devon-Grenze-Ein Beispiel biostratigraphischer Methodik : *Neues Jahrb. Geol. Paläont., Abh.*, 125, p. 235-246.
Wang Chao-Siang, 1964, In defense of traditional stratigraphy : *Geol. Soc. China Proc.*, 7, p. 40-47.
Wang Chao-Siang, 1973, Stratigraphic classification and terminology ; an actualistic appraisal and proposal : *Geol. Rundsch.*, 62, p. 947-958.
Wang Hong, 1966, On rock-stratigraphic units (in Chinese with English abstract): *Acta Geol.*

Sinica, 46, p. 1-13.

Wang Hong-zhen, 1980, Stratigraphic systems and geologic time (in Chinese): in Text book of historical geology (Wang Hong-zhen and Liu Ben-pei, eds.) ; Geol. Publ. House, Beijing, p. 721.

Wang Hong-zhen, 1989, Classification and disciplinary branches of stratigraphy (in Chinese): Dizhi Lunping (Geol. Rev.), 35, p. 271-276.

Wang Hong-zhen, 1992, On the use of Sinian from the viewpoint of stratigraphic nomenclature and the chronostratigraphic classification of the Precambrian of China (in Chinese): Jour. Stratigraphy (Acta Stratigraphica Sinica), 6, p. 241-246.

Wang Qiang, 1992, Some problems on Chinese Quaternary (in Chinese with English abstract): Marine Geol. and Quaternary Geol., 12, p. 87-94.

Wang Yue-lun, 1958, How to classify stratigraphic units (in Chinese): Geol. Publ. House, Beijing.

Waterhouse, J. B., 1966, Time in stratigraphy : *New Zealand Jour. Geol. Geophys.*, 9, p. 541-544. (Discussion by G. H. Scott : *ibid*., 10, p. 300-301, 1967.).

Waterhouse, J. B., 1976, The significance of ecostratigraphy and need for biostratigraphic hierarchy in stratigraphic nomenclature : *Lethaia*, 9, p. 317-325.

Watkins, N. D., 1972, Review of the development of the geomagnetic polarity time scale and discussion of prospects for itsfiner definition : *Geol. Soc. Am. Bull*., 83, p. 551-574.

Watkins, N. D. (convener), 1973, Magnetic polarity time scale : *Geotimes*, 18, p. 21-22.

Watson, R. A., 1983, A critique chronostratigraphy : *Am. Jour. Sci.*, 283, p. 173-177. (Discussion by S. G. Lucas and reply by R. A. Watson : *ibid*., 285, p. 764-767, 1985.).

Watson, R. A., and H. E. Wright, Jr., 1980, The end of the Pleistocene ; a general critique of chronostratigraphic classification : *Boreas*, 9, p. 153-163.

Wedekind, R., 1916, Über die Grundlagen und Methoden der Biostratigraphie : Gebrüder Borntraeger, Berlin-Zehlendorf, 60 p.

Wedekind, 1918, Über Zonenfolge und Schichtenfolge : *Zent. ralbl., Min. Gel. Paläont.*, 1918, p. 268-283.

Wegmann, E., 1962-1963, L'exposéoriginal de la notion de faciès par A. Gressley (1811-1865): *Sciences de la Terre*, 9, p. 83-119.

Weller, J. M., 1958, Stratigraphic facies differentiation and nomenclature : *Am. Assoc. Petrol. Geol. Bull.*, 42, pt.1, p.609-639.

Weller, J. M., 1960, Stratigraphic principles and practice : Harper and Bros., New York, 725 p. (see p. 32-48.).

Wells, J. W., 1944, Middle Devonian bone beds of Ohio : *Geol. Soc. Am. Bull.*, 55, p. 273-302.

Wells, J. W., 1947, Provisional paleoecological analysis of the Devonian rocks of the Columbus region : *Ohio Jour. Sci.*, 47, p. 119-126.

Wells, J. W., 1963, Coral growth and geochronometry : *Nature*, 197, p. 948-950.

Wengerd, S. A., 1971 (1969), Chronostratigraphic analysis and the time surface : *Soc. Geol. Mexicana Bol.*, 32, p. 1-13.

Westoll, T. S., *et al.*, 1971, The Silurian-Devonian boundary : *Geol. Soc. London Jour.*, 127, pt. 3, p. 285-288.

Wezel, F. C., 1975, Diachronism of depositional and diastrophic events : *Nature*, 253, p. 255-257.

Wheeler, H. E., 1958 a, Primary factors in biostratigraphy : *Am. Assoc. Petrol. Geol. Bull.*, 42, pt. 1, p. 640-655.
Wheeler, H. E., 1958 b, Time-stratigraphy : *Am. Assoc. Petrol. Geol. Bull.*, 42, p. 1047-1063.
Wheeler, H. E., 1959 a, Note 24 (of Am. Comm. Strat. Nomen.)——Unconformity-bounded units in stratigraphy : *Am. Assoc. Petrol. Geol. Bull.*, 43, p. 1975-1977.
Wheeler, H. E., 1959 b, Stratigraphic units in space and time : *Am. Jour. Sci.*, 257, p. 692-706.
Wheeler, H. E., 1963, Post-Sauk and Pre-Absaroka Paleozoic stratigraphic patterns in North America : *Am. Assoc. Petrol. Geol. Bull.*, 47, p. 1497-1526.
Wheeler, H. E., 1964, Baselevel, lithosphere surface, and time stratigraphy : *Geol. Soc. Am. Bull.*, 75, p. 599-610.
Wheeler, H. E., and E. M. Beesley, 1948, Critique of the time-stratigraphic concept : *Geol. Soc. Am. Bull.*, 59, p. 75-86.
Wheeler, H. E., et al., 1950, Stratigraphic classification : *Am. Assoc. Petrol. Geol. Bull.*, 34, p. 2361-2365.
Wheeler, H. E., and V. S. Mallory, 1953, Designation of stratigraphic units : *Am. Assoc. Petrol. Geol. Bull.*, 37, p. 2407-2421. (Discussion by A. G. Fisher and reply by H. E. Wheeler and V. S. Mallory, Arbitrary cut-offin stratigraphy : *ibid.*, 38, p. 926-931, 1954.).
Wheeler, H. E., and V. S. Mallory, 1954, Analysis and classification of stratigraphic units (abstr.): *Geol. Soc. Am. Bull.*, 65, pt. 2, p. 1324.
Wheeler, H. E., and V. S. Mallory, 1956, Factors in lithostratigraphy : *Am. Assoc. Petrol. Geol. Bull.*, 40, p. 2711-2723. (Comments by J. R. Patterson and T. P. Storey : Lithologic versus stratigraphic concepts : *ibid.*, 41, p. 2139-2142, 1957.).
Whitaker, J. H. M., 1962, Diskussion zur Silur/Devon-Grenze : Internationale Arbeitstagungüber die Symposium-Band, Silur-Devon-Grenze und die Stratigraphie von Silur und Devon (Bonn-Bruxelles, 1960 ; H. K. Erben, ed., 1962), p 310-311, E. Schweizerbart, Verlagsbuchhandlung, Stuttgart.
Wickman, F. E., 1948, Isotope ratios ; a clue to the age of certain marine sediments : *Jour. Geol.*, 56, p. 61-66.
Wieczorek, J., 1988, Principles of Polish stratigraphic classification——a critique evaluation (in Polish): *Plzegl. geol.*, 36, p. 98-102.
Wiedmann, J., 1967, Die Jura/Kreide-Grenze und Fragen stratigraphischer Nomenklatur : *Neues Jahrb. Geol. Paläont., Monatsh.*, 12, p. 736-746.
Wiedmann, J., 1968, Das Problem stratigraphischer Grenzziehung und die Jura/Kreide-Grenze : *Eclog. Geol. Helv.*, 61, p. 321-386. (Discussion by H. D. Hedberg : *ibid.*, 63, p. 673-684.).
Wiedmann, J., 1970, Problems of stratigraphic classification and the definition of stratigraphic boundaries : *Newsl. Stratigr.*, 1, p. 35-48.
Wiedmann, J., 1971, Die Jura/Kreide-Grenze Prioritäten, Diastrophen oder Faunenwende ? : in Colloque du Jurassique (Luxembourg, 1967) ; *BRGM France, Mém.* 75, p. 333-338.
Wilgus, C. K., et al. (eds.), 1988, Sea-level changes ; an integrated approach : *Soc. Econ. Paleont. Mineral., Spec. Publ.*, 42, 407 p.
Williams, H. S., 1893 a, The making of the geological time scale : *Jour. Geol.*, 1, p. 180-197.
Williams, H. S., 1893 b, The elements of the geological time scale : *Jour. Geol.*, 1, p. 283-295.
Williams, H. S., 1894, Dual nomenclature in geological classification : *Jour. Geol.*, 2, p. 145-160.

210 付録C:層序区分・用語法・手順に関する文献目録

Williams, H. S., 1895, Geological biology : Holt, New York, 395 p.(see p. 1-77.).
Williams, H. S., 1898, The classification of stratified rocks : *Jour. Geol.*, 6, p. 671-678.
Williams, H. S., 1901, The discrimination of time-values in geology : *Jour. Geol.*, 9, p. 570-585.
Williams, H. S., 1903, The correlation of geological faunas : *U. S. Geol. Survey Bull*. 210, 147 p.
Williams, H. S., 1905, Bearing of some new paleontologic facts on nomenclature and classification of sedimentary formations : *Geol. Soc. Am. Bull.*, 16, p. 137-150.
Williams, J. S., 1954, Problem of boundaries between geologic systems : *Am. Assoc. Petrol. Geol. Bull.*, 38, p. 1602-1605.
Williams, J. S., and A. T. Cross, 1952, Note 13 (of Am. Comm. Strat. Nomen.)——Third Congress of Carboniferous stratigraphy and geology : *Am. Assoc. Petrol. Geol. Bull.*, 36, p. 169-172.
Willis, B., 1901, Individuals of stratigraphic classification : *Jour. Geol.*, 9, p. 557-569.
Willman, H. B., D. H. Swann, and J. C. Frye, 1958, Stratigraphic policy of the Illinois State Geological Survey : *Illinois State Geol. Survey Circular* 249, 14 p.
Wilmarth, M. G., 1925, The geologic time classification of the United States Geological Survey compared with other classifications ; accompanied by the original definition of era period, and epoch terms : *U. S. Geol. Survey Bull*. 769, 138 p.
Wilson, J. A., 1959, Stratigraphic concepts in vertebrate paleontology : *Am. Jour. Sci.*, 257, p. 770-778.
Wilson, J. A., 1960, Stratigraphic practice in North American vertebrate paleontology : 21 *st Int. Geol. Cong.*(*Norden*, 1960). *Proc., pt*. 22, p. 102-110.
Wilson, J. A., 1971, Stratigraphy and classification : Abh. hess. L. -Amt Bodenforsch, H. 60, Heinz Tobien Festschrift, p. 195-202.
Winder, C. G., 1959, Contacts of sedimentary formations—a resume : *Alberta Assoc. Petrol. Geol. Jour.*, 7, 7, p. 149-156.
Woodford, A. O., 1963, Correlation by fossils ; *in* The fabric of geology (C. C. Albritton, Jr., ed.) , p. 75-111, Addison-Wesley, New York.
Woodford, A. O., 1965, Historical geology : W. H. Freeman, & CO., San Francisco and London, 512 p.(see p. 153-190.).
Woodring, W. P., 1953, Stratigraphic classification and nomenclature : *Am. Assoc. Petrol. Geol. Bull.*, 37, p. 1081-1083.
Woodward, H. B., 1892, On geological zones : *Geol. Assoc. Proc., v*, 12, p. 295-315.
Woodward, H. B., 1907, The history of the Geological Society of London : Geol. Soc. London), 336 p.(see p. 18-24 on recommendations in 1808 for uniformity in geological nomenclature.).
Woodward, H. P., 1929 a, Standardization of geologic time-units : *Pan -Am. Geol.*, 51, p. 15-22.
Woodward, H. P., 1929 b, Priority in stratigraphic nomenclature : *Science, n. s.*, 70, p. 96-97.

Xiao Jin-dong, 1987, My humble opinion about the lithostratigraphic unit "formation" in recent Stratigraphic Guide of China (in Chinese): *Information of Geol. Sci. and Technol., Wuhan College of Geology*, 6, 3, p. 27-32.
Xie Xian-ming, 1959, Some considerations in connection with geochronologic and stratigraphic units (in Chinese): *Dizhi Lunping* (*Geol. Rev.*), 19, p. 482-483.

Yang Hong-da, 1957, Subdivision of rock strata and method of correlation (in Chinese): Geol. Publ. House, Beijing. 86 p.

Yarkin, V. I., 1980, Stratigraphic units and Stratigraphic Code (in Russian): *in* Stratigraphic classification——Materials for the problem (B. S. Sokolov, ed), p. 69-76, "Nauka", Leningrad.

Yarkin, V. I., A. I. Zhamoida, et al., 1971, Principal provisions of the project for a Stratigraphic Code in the USSR (in Russian): *Sov. Geol.*, 7, p. 47-55.

Yin Zan-xun, 1960, Explanatory notes on the project of Stratigraphic Code of China (in Chinese): *in* All China Stratigraphic Commission, Project of a Stratigraphic Code and its explanation, p. 8-33, Sci. Press, Beijing.

Yin Zan-xun, 1966, Delimitation and naming of the largest units in the history of the earth (in Chinese): *Dizhi Lunping (Geol. Rev.)*, 24, p. 51-52.

York, D., and R. M. Farquhar, 1972, The Earth's age and geochronology: Pergamon Press, Elsmford, New York, 197 p.

Young, K., 1960, Biostratigraphy and the new paleontology: *Jour. Paleont.*, 34, p. 347-358.

Yu Jian-hua, and Fang Yi-ting, 1982, Some opinions on the second draft of the Stratigraphic Code of China (in Chinese): *Jour. Stratigraphy (Acta Stratigraphica Sinica)*, 6, p. 82-84.

Yuan E-rong, 1990, A discussion of the stratigraphic characteristics and stratigraphic unit of low-grade metamorphic rock terrains (in Chinese with English abstract): *Earth Sci. Jour., China Univ. Geosciences*, 15, p. 137-144.

Yuferev, O. V., 1969, Paleobiogeographic belts and subdivisions of the stage scale (in Russian): *Izv. USSR Acad. Sci., ser. geol.*, 5, p. 77-84. (English translation in *Int. Geol. Rev*)., 12, p. 560-566..

Yuferev, O. V., 1976, On zonal subdivision belts in biostratigraphy (in Russian): *in* X X V JGC, Dovlady Sovetsk. Geologov. Paleontologiya. Morskaya Geologiya. :"Nauka", Moscow, p. 24-31.

Zagwijn, W. H., 1957, Vegetation, climate, and time-correlations in the early Pleistocene of Europe: *Geologie en Mijnbouw, n. s.*, Jaarg. 19, p. 233-244.

Zaltsman, I. G., 1973, The basic unit of a regional stratigraphic scale (in Russian): *in* Problemy Stratigrafii: *Trudy, SNIIGGiMS*, 169, p. 61-68.

Zeiss, A., 1968(1967), Untersuchungen zur Paläontologie der Cephalopoden des Unter-Tithon der Südlichen Frankenalb:*Bayerische Akad. Wiss. Lit. Mainz, math.-nat. Kl.*, Abh. Neue *Poige*, 132, 190 p. (see particularly p. 127-133.).

Zentrales Geologisches Institut der Deutschen Demokratischen Republik, (ed.), 1968, Grundriss der Geologie der Deutschen Demokratischen Republik, Band 1 Geologische Entwicklung des Gesamtgebietes: Akad. Verlag, Berlin, 454 p.

Zeuner, F. E., 1952, Dating the past ; an introduction to geochronology (3rd ed.): Methuen and Co. Ltd., London. 495 p.

Zhamoida, A. I., (ed.), 1965, Stratigraphic classification, terminology, and nomenclature (in Russian): "Nedra", Leningrad, 70 p. (English translation in *Int. Geol. Rev.*, 8, pt. 2, p. 1144-1150, 1966.).

Zhamoida, A. I., 1969, Principal problems of stratigraphic classification, terminology and nomenclature (in Russian): *in* Geologicheskoe stroenie SSSR, t. 5, Izd. :"Nedra", Leningrad, p. 21-36.

Zhamoida, A. I., 1977, Notes on the theory of stratigraphy (in Russian): *Sov. Geol.*, 8, p. 151-156.

Zhamoida, A. I., 1979, The significance of the geographical criterion in stratigraphic classification ; to the publication of the "Stratigraphic Code of the USSR" (in Russian): Records of the Leningrad Inst. of Mines., vol. 81, p. 11-19.

Zhamoida, A. I., 1980, Characteristic features and relations between major stratigraphic units (in Russian): *in* Stratigraphic classification——Materials for the problem (B. S. Sokolov, ed), p. 23-63, "Nauka", Leningrad.

Zhamoida, A. I., 1984, Comparing the Soviet Stratigraphic Code with the International Guide : *Episodes*, 7, p. 9-11.

Zhamoida, A. I., 1988, On the characteristic of zonal biostratigraphic units (in Russian): *Izv. USSR Acad. Sci., ser. geol.*, 11, p. 27-33.

Zhamoida, A. I., 1989, On the preparation of the second edition of the Stratigraphic Code of the USSR. Basic principles of the Project (in Russian): *Sov. Geol.*, 2, p. 49-56.

Zhamoida, A. I., O. P. Kovalevskiy, and A. I. Moiseyeva, 1969, A survey of foreign stratigraphic codes (in Russian): Interdepartmental Strat. Comm. USSR, Trans., vol. 1, 103 p., Moscow. (English translation by Israel Program for Scientific Translations as Classification in Stratigraphy, Jerusalem, 1971, for U. S. Dept. of Int. and Nat. Sci. Foundation, 72 p.).

Zhamoida, A. I., O. P. Kovalevskiy, A. I. Moiseyeva, and V. I. Yarkin, 1973, Principal controversial problems of the project for a Stratigraphic Code for the USSR ; summary of comments (in Russian): *Interdepartmental Strat. Comm. USSR.*, 13, p. 42-56.

Zhamoida, A. I., O. P. Kovalevskiy, A. I. Moiseyeva, and V. I. Yarkin (compilers), 1974, Project of a Stratigraphic Code for the USSR ; second version (in Russian): VSEGEI, Interdepartmental Strat. Comm. USSR, Leningrad), 40 p.

Zhamoida, A. I., and V. V. Menner, 1974, Two fundamental principles of stratigraphic classification (in Russian): *in* Problemy geologii i poleznykh iskopaemykh na X X IV sessii Mezhdunarodnogo geologicheskogo kongyessa, USSR Acad. Sci., Moscow, p. 144-151.

Zhamoida, A. I., and A. I. Moiseyeva, 1980, International Stratigraphic Guide and Stratigraphic Code of the USSR——similarities and differences (in Russian): *Sov. Geol.*, 1, p. 55-65.

Zhamoida, A. I., and A. I. Moiseyeva, 1986, On activity of International Commission on Stratigraphic Classification (1976-1986) (in Russian): *Izv. USSR Acad. Sci., ser. geol.*, 12, p. 115-119.

Zhang Hong-zhao, 1955, Developmental history of Chinese geology (2 nd ed.) (in Chinese): Commerce Business Press, Shanghai, 149 p.

Zhang Jia-qi, 1959, A new variant of nomenclatural rules for regional stratigraphic units (in Chinese): *Dizhi Lunping (Geol. Rev.)*, 19, p. 432-433.

Zhang Shou-xin, 1975, Formation : its meaning and usage (in Chinese with English abstract): *Scientia Geologica Sinica*, 3, p. 285-292.

Zhang Shou-xin, 1979, The evolving conception of the stratigraphic classification and the revision of the Stratigraphic Code of China (in Chinese): *Jour. Stratigraphy (Acta Stratigraphica Sinica)*, 3, p. 103-112.

Zhang Shou-xin, 1981, A brief introduction to the Stratigraphic Guide of China : *Scientia Geologica Sinica*, 19, 4, p. 414-412.

Zhang Shou-xin, 1985, The principles of stratigraphic classification and nomenclature of loess sequences : *in* Liu Tung-sheng, *et al.*, Loess and the environment p. 227-230, China

Ocean Press, Beijing.

Zhang Shou-xin, 1986, Concepts of modern stratigraphy (in Chinese): *Zhongguo Dizhi (Chinese Geology)*., 10, p. 12-13.

Zhang Shou-xin, 1987, Accurate dating of geological time and the geological event (in Chinese): *in* The trends of geological science of the present age (Zhang Bin-xi, ed.), p. 3-7, Geol. Publ. House, Beijing.

Zhang Shou-xin, 1989 a, Theoretical stratigraphy——the concepts of modem stratigraphy (in Chinese): Sci. Press, Beijing, 165 p.

Zhang Shou-xin, 1989 b, The theory and practice of stratigraphy (in Chinese): *in* Modern stratigraphy (Wu Ri-tang and Zhang Shou-xin, eds.), p. 196-213, China University Geosciences Press, Wuhan.

Zhang Shou-xin, and Wu Ri-tang, 1991, The east European and the Western stratigraphic codes and their influence upon Chinese stratigraphic works ; Interchange of geoscience ideas between the East and West : X V th International Symposium of INHIGEO Proc., p. 181-188.

Zhao Yi-yang, 1959, Unification of stratigraphic terminology (in Chinese): *Dizhi Lunping (Geol. Rev.)*, 19, p. 229-230.

Zhao Zong-fu, 1948, Some concepts on the usage of Chinese stratigraphic terms (in Chinese): *Dizhi Lunping (Geol. Rev.)*, 13, p. 83-93.

Zhizhchenko, B. P., 1972, A complex approach to the problem of stratigraphy of Cenozoic deposits (in Russian): *Sov. Geol.*, 2, p. 41-57.

Zhou Wen-fu, 1964, Some problems of the "project of a unifled stratigraphic scheme" (in Chinese): *Kexue Tongbao*, 4, p. 364.

Zhuang Shou-qiang, 1988, Relativism of time and synchroneity of a biozone (in Chinese): *Jiangsu Geology*, 4, p. 19-22.

Zhuang Shou-qiang, 1990, Discussion about some questions in the Chinese Stratigraphic Guide (in Chinese with English abstract): *Jour. China Univ. Mining and Technology*, 19, p. 92-97.

Ziegler, B., 1971, Grenzen der Biostratigraphie im Jura und Gedanken zur stratigraphischen Methodik : *in* Colloque du Jurassique (Luxembourg, 1967) ; *BRGM France, Mém*. 5, p. 35-67.

Zinov'ev, M. S., E. E. Migacheva, and B. P. Sterlin, 1965, On volume, principles of establishment of zones and their correlation (in Russian): *Sov. Geol.*, 5, p. 11-17.

Zubakov, V. A., 1964, The critical survey of question on taxonomic rank of the Quaternary deposits (in Russian): *Trudy, VSEGEI, n. s*., 102, p. 80-103.

Zubakov, V.A., 1967, Paleontologic criteria of volume and rank of stratigraphic subdivisions (in Russian): *Int. Geol. Rev.*, 9, p.1415-1422. (Review-translation of Trans. of 8 th session. All-Union Paleontological Soc. in 1962 :"Nedra", Moscow, 1966.).

Zubakov, V. A., 1969 a, Controversial problems of stratigraphic classification and terminology (in Russian): *in* Problemy Statigrafii (L. L. Khalfin, ed.) ; *Trudy, SNIIGGiMS*, . 94, p. 43-65, Novosibirsk. (English translation by Israel Program for Scientific Translations as Classif ıcation in Stratigraphy, Jerusalem, 1971, for U. S. Dept. of Int. and Nat. Sci., Foundation, p. 35-55.).

Zubakov, V. A., 1969 b, Chronostratigraphic classification of the climatostratigraphic units (in Russian): *Izv. USSR Acad. Sci.*, *ser. geol.*, 1, p. 149-152.

Zubakov, V. A., 1978, Rhythmostratigraphic units——A project of additions to the Stratigraphic Code of the USSR (in Russian): VSEGEI, Interdepartmental Strat. Comm. USSR, Leningrad, 72 p.

Zubakov, V. A., 1980, On a complete stratigraphic classification (in Russian): *in* Stratigraphic classification——Materials for the problem (B. S. Sokolov, ed), p. 90-115, "Nauka", Leningrad.

Zubakov, V. A., 1982, "Zveno" as a least unit of the general stratigraphic scale ; with example from Pliocene (in Russian): *in* Present day meaning of paleontology for stratigraphy : 24 *th Session of All - Union Paleontological Society (Leningrad ), Proc.*, p. 33-43.

# あとがき

　『当ガイド』は，国際地質科学連合（IUGS）・国際層序委員会（ICS）・国際層序区分小委員会（ISSC）発行の『International Stratigraphic Guide（The Guide）』（Second edition；1994）の全訳である．
　地層の区分・命名という作業は地質学において最も基本的である．しかし，近年，日本で発行されている文献のなかには，正しい手順にしたがって命名されていない地層名があることが指摘されてきた．21世紀は地球規模の視野で地質が論じられる時代である．こんな時代だからこそ，世界共通の基準のもとに地域の地質が記載されることが，よりいっそう重要になる．インターネットなどを通じて世界各地の情報が瞬時に集約できる時代も遠くないことを考えると，日本の地域地質が国際的な基準にそって記載されることが，今後の地質学研究において必要不可欠となろう．
　ことの重要性は日本地質学会地質基準委員会において指摘され，地層の命名に関してあらたな委員会（日本地質学会地層命名規約策定委員会）を設置し，地層命名について検討することになった．当委員会の当面の目標は「日本地質学会地層命名規約」を作成することにあった．その作業は『当ガイド』の原著である『The Guide』にしたがってなされることになり，並行してその翻訳がなされた．『当ガイド』はその翻訳をもとに作成されたものである．
　「地層命名規約策定委員会」は，1998年より活動を開始し，2000年4月に「日本地質学会地層命名の指針」（地質学会ニュース；vol.3, no.4, p.3）を出版して2000年6月に解散した．同時に，地層名に関する全般的問題を扱う「地層名委員会」があらたに発足し，「同指針」の英文版と『The Guide』の訳本の出版をめざして活動を開始した．そして指針の英文版を2000年10月に出版した（地質学会ニュース；vol.3, no.10, p.14-15）．「同指針」とその英文版はこのあとがきの末尾に再録した．
　『The Guide』では，堆積岩体のみならず火成岩体・変成岩体の層序学的な取りあつかいが記述されているので，それらの関係者の方がたにも『当ガイド』に注目していただきたい．いっぽう，『The Guide』では，意図することは規

約ではなく指針であり，"論理と価値を確信できないうちは強制的なものと考えないでほしい"と強調されている．翻訳した『当ガイド』も当然ながらその精神を受けつぐものである．訳文の編集過程でこれまで一般に使用されている日本語の層序用語あるいは訳語について不充分な面が多々あることや，同一概念のものにたいして複数の用語が使用されていることをあらためて認識させられた．『当ガイド』は今後の地層の命名にさいして重要な指針となるが，同時に今後の議論の材料をも提供するところも少なくないと考えている．

　『当ガイド』の刊行にあたっては，まず委員が各章を分担して翻訳をおこなった．訳文がそろったところで，水野篤行と天野一男が，全体にわたって訳文・訳語のチェック・調整・統一，担当委員との意見交換などの編集作業をおこないながら最終原稿を作成した．

　『当ガイド』の編集過程では多数の方がたからのご協力をいただいた．Dorrik A. V. Stow 教授，Ian West 博士（サウサンプトン大）には原文の解釈に関してさまざまなアドバイスをいただき，ISSC 委員長の A.C.Riccardi 博士からはアドバイスとともに励ましのお便りをいただいた．国立科学博物館の斎藤靖二博士には，最終段階で全般にわたって貴重なご意見をいただいた．佐久間あゆみ氏（大阪市立大学）には第4章・第5章の翻訳にあたりご助言いただいた．共立出版の齊藤　昇氏には，『当ガイド』の企画段階から一貫してお世話いただいた．とくに翻訳原稿の最終とりまとめの段階では訳文の改善のうえで多大なご助言をいただいた．氏のご協力なくして，『当ガイド』は日の目を見なかったであろう．以上の方がたに心より感謝の意を表したい．また，さまざまな段階で，ご意見をお寄せいただいた会員諸氏に感謝する．

　なお，翻訳と並行して，委員の新井房夫博士にはテフラについて，木村克己博士には付加帯層序について，八尾　昭教授には中生代微化石層序について精力的にご検討をいただいた．これらは原著の『The Guide』の今後の改訂版出版のさいに日本が世界に貢献できる可能性を秘めた分野である．あわせて感謝したい．

2001年7月25日

日本地質学会地層名委員会

委員長　天野一男

地層命名規約策定委員会・地層名委員会委員および担当部分（アルファベット順）

天野一男（委員長：茨城大学理学部：まえがき・序文・第1章・層序用語集・文献の前文・全体調整）
新井房夫（群馬大学名誉教授）
平野弘道（早稲田大学教育学部：第9章A〜C）
保柳康一（信州大学理学部：第6章）
兼岡一郎（東京大学地震研究所：第9章D〜K）
木村克己（産業技術総合研究所地質調査総合センター）
熊井久雄（大阪市立大学理学部：第4章・第5章）
水野篤行（日本地質学会事務局：全体調整）[*1]
新妻信明（静岡大学理学部：第8章）
楡井 久（茨城大学広域水圏環境科学教育研究センター：第10章）
能條 歩（北海道教育大学岩見沢校：第2章・第3章）
小笠原憲四郎（筑波大学地球科学系：第7章）
清水恵助（九州工業大学工学部）[*2]
高山俊昭（十文字学園女子大学社会情報学部）
柳沢幸夫（産業技術総合研究所地球科学情報研究部門）
八尾 昭（大阪市立大学理学部）

*1：地層名委員会からの委員
*2：地層命名規約策定委員会のみの委員

　付録Aの層序用語集は各章の担当者が関連した項目の翻訳をおこなったが，生層序に関する用語の一部については八尾が担当した．

218 あとがき

# 日本地質学会地層命名の指針

(1952年2月18日制定；2000年4月1日改訂)

I. 本指針は，日本地質学会が採用する岩相層序単元区分に基づく「地層の命名」に関する学術的手続きについての指針である．

II. 本指針は，地層名に関する先取権の尊重を基本原則とし，地層の名称に関する混乱をなくすことが目的で，地質学の自由で闊達な研究を制約するものではない．また将来的に，地質学の発展にあわせた合理的指針となるよう検討を重ねてゆく基本資料でもある．

III. 本指針は，基本的に国際層序ガイド第2版(1994)に従って作られている．また，岩相層序単元以外の層序単元の命名に関する手続きにも，本指針を適用するよう勧める．

IV. 本指針は，1952年制定の「日本地質学会地層命名規約」にかわるものであり，2001年1月1日以降に日本地質学会が編集・発行する出版物に関して適用する．これ以前に命名されたものに関しては，本指針の手続きに沿っていなくても有効な名称と見なすが，著しい不都合が生じる場合は関係する研究者による速やかな再定義が望まれる．また出版物等において慣例的・便宜的に使用するような地層名に関して，何ら規制するものではない．

V. 新たに命名あるいは再定義する層序単元（新単元）は，基本的にVIの1～9の項目に定める手続きを踏まえて学術的出版物に公表した後，初めて有効な地層名と認められるものとする．

VI. 地層命名の手順

1. 地層名および層序単元
a) 地層の命名は「層(Formation)」を基本単元とする．「層」は「亜層群(Subgroup)」・「層群(Group)」・「超層群(Supergroup)」にまとめることができ，「部層(Member)」，「単層(Bed)」および「流堆積物(Flow Deposit)」に細分できる．
b) 地層の命名や再定義の際には，「流堆積物」・「単層」・「部層」・「層」・「亜層群」・「層群」・「超層群」などの単元名を明記する．英語表記の場合は地名，単元名および岩相名の頭文字は大文字とする．
c) 「層」・「亜層群」・「層群」・「超層群」の名称は「地名＋単元名」とする．なお，「噴出岩体」や「変成岩体」などを除いて，岩相名を使用すべきでない．
d) 「混在岩体」・「噴出岩体」・「変成岩体」・「貫入岩体」・「二次的移動集積物」などについては，「岩体(rock body)」を基本的に「層」と同格とみなし，単元名には，氷上花崗岩体(Hikami Granite)などのように，「地名＋岩相名」を使用してもよい．
e) 「複合岩体(Complex)」は，「秩父複合岩体(Chichibu Complex)」などのように，「地名＋複合岩体」として命名・使用する．
f) 「部層」については「広瀬川凝灰岩部層(Hirosegawa Tuff Member)」のように，単純で明確な特徴をあらわす岩相名を付し，「地名＋岩相名＋単元名」で命名する．
g) 「単層」と「流堆積物」は最小単元である．ある「層(Formation)」中に認められる鍵層などのように特に有用なものは，「単層」として命名して使用することができる．その命名に際しては八戸凝灰岩単層(Hachinohe Tuff Bed)などのように「地名＋岩相名＋単元名」を連記することを基本とする．また，さらに火山灰単層の場合は十和田八戸軽石凝灰岩単層(Towada-Hachinohe Pumice-Tuff Bed)のように「地名」の前に「供給火山名」を付すこともできる．火砕流のような流れに由来する堆積物は，青葉山火砕流堆積物(Aobayama Pyroclastic Flow Deposit)のように，「地名＋由来＋堆積物」とし，さらに溶岩流の場合は「流」と「溶岩」を同義語と判断し，草津安山岩溶岩

(Kusatsu Andesite Lava) など「地名＋岩相名＋溶岩」として使用してもよい．これらの「単層名」や「流堆積物」・「溶岩」などの名称は，特に理由があれば，十和田八戸凝灰岩単層（Towada-Hachinohe Tuff Bed）や，草津白根安山岩溶岩（Kusastu-Shirane Andesite Lava）など，火山灰単層のように，由来名などを付けてもよい．

h) 命名に使用する地名は，模式地の名称に由来し，国土地理院発行5万分の1または2.5万分の1地形図に明記されている地名や自然地形（山・河川など）名を使って命名することを基本とする．また，地名にはローマ字表記を付す．

i) 模式地に適切な地名のない場合は，より地域的あるいは広域的地名から選択し，上記の基本に準じた命名を行う．

j) 命名の対象になる単元は，地質図に表現可能で露頭において明確に識別・追跡できる堆積体または岩体である．

k) 同一の地名を異なる単元と組み合わせて使用することは不適切である．

l) 名称変更・再定義の場合は，新称提唱と同様の手続きとともに，名称変更・再定義の学術的な理由を明確に記述することが必要である．

m) 新単元名の命名においては，基本的にホモニム（異物同名）を回避すべきである．

n) 掘削工事に伴う非恒久的露出やボーリングコアに基づく新単元の命名にも本指針を準用の上，国際層序ガイド第2版（1994，3章B2の特例勧告）に準拠すること．

## 2. 研究史と背景

新単元の記載には，命名の対象となる単元について最初に定義・命名した著者名を明記し，その後の研究者の取り扱いとその評価を層序対照表などで明記する．

## 3. 模式地の指定

a) 模式地は，定義する単元の典型的な露出がある地点またはルートとする．その単元の上下の境界が模式地で設定できない場合は境界模式地を指定することが望ましい．また，複数の岩相が含まれている場合や岩相の側方変化などがある場合は副模式地を指定して記載する．

b) 模式地の露頭が失われた場合には新模式地を指定することができる．また，境界模式地・副模式地・新模式地などの指定は模式地に準ずる．

c) 模式地の指定にあたっては，地形図上の名称・恒久的地形または構築物からの距離・緯度経度など，他の研究者の容易な確認を保証するための情報をもりこむこと．また，できるだけ地形図・地質図・地質構造図・柱状図・層序断面図・露頭写真などの図面情報をできるだけ添える．

## 4. 諸模式地における層序単元の記載事項

新単元の記載にあたっては，その単元の厚さ（層厚）や岩相の特徴について明確に記述する必要がある．さらに，生層序単元など他の層序的特徴・地質構造・堆積構造・地形的特徴・上下あるいは側方に接する他の層序単元との関係・堆積環境（形成環境）など，できるだけ新単元の地質学的諸特徴について記載すること．

## 5. 地層の側方・垂直変化

新単元を提唱する場合は，前項にあげたような諸特徴の側方変化などの地域的・広域的状態をできるだけ記載すること．

## 6. 地質学的意義

新単元について，できるだけその地質学的な意義についての考察を行い，生成過程・続成作用・変質あるいは変成作用などについても可能なかぎり記載すること．

## 7. 対比

新単元は，できるだけ他の関連する岩相層序単元との対比を行うこと．

## 8. 地質年代

新単元の地質年代学的位置づけについて，できるだけその決定根拠となった資料に基づいて議論すること．

## 9. 文献

新単元について，これに関連した学術的文献を明示する．

220 あとがき

# Stratigraphic Guide of the Geological Society of Japan

(Enacted 18 February, 1952 Revised 1 April 2000)

I. DEFINITION
This guide provides guidelines regarding scientific procedures for naming stratigraphic units on the basis of lithostratigraphic classification adopted by the Geological Society of Japan.

II. PURPOSE
The objective of this guide is to avoid confusion regarding stratigraphic nomenclature. Its fundamental principal is the respect of priority on stratigraphic nomenclature without restricting free and broad geological research in any way. This guide should be constantly appraised in order to be in tone with the development of geological sciences.

III. BACKGROUND
This guide follows the"International Stratigraphic Guide 2 nd edition (1994)". It is specifically recommended for use in naming lithostratigraphic units (see VI below). It is also recommended for use in naming the other kinds of stratigraphic units, including biostratigraphic units, chronostratigraphic units, etc.

IV. APPLICATION
This guide replaces the"Stratigraphic Code of the Geological Society of Japan"enacted in 1952. It will be applied to publications edited and published by the Geological Society of Japan. Stratigraphic units named earlier without adhering to this guide will be considered legitimate unless noteworthy inconveniences occur. In such cases, the redefinition, as soon as possible, by concerned researchers is desirable. This guide does not control informal terms, in whatever manner, used conventionally or conveniently in publications and other media.

V. AVAILABILITY
Stratigraphic units newly named or redefined (new units) will be recognized as formal names only after publication in scientific journals following the procedures prescribed in VI 1-9.

VI. PROCEDURES FOR STRATIGRAPHIC NOMENCLATURE
1. Naming of stratigraphic units
a) "Formation"will be the basic unit for stratigraphic nomenclatlure. "Formations"may be grouped into"subgroup", "group", and"supergroup". "Formation"may be subdivided into"members", "beds", and"flow deposits".
b) Types of units, namely"flow deposit", "bed", "member", "formation", "subgroup", "group", and"supergroup"should be clearly written in the new names or redefined names of stratigraphic units. In English transcripts, the first letter of the unit term and lithology should be capitalized.
c) The names of"formations", "subgroups", "groups", and"supergroups"should be"geographic name + unit term". Lithologic terms should not be used with the exception of"effusive rock"and"metamorphic rock".
d) "Rock bodies"will be treated as equivalent to"formation"regarding"mixed rock", "effusive rock", "intrusive rock", and"resedimented deposits". Thus"geographic name + lithologic-term"such as the "Hikami Granite"may be used.
e) "Geographic name + complex"should be used for the names of"complexes"such as the"Chichibu

Complex".

f) For "members", simple but clear lithologic terms should be used for "geographic name + lithologic name + unit term" such as the "Hirosegawa Tuff Member".

g) "Beds" and "flow deposits" are the smallest units. Particularly useful units such as key beds within a "formation" can be named and treated as "beds". The basic nomenclature for such cases should be "geographic names + lithologic term + unit term" such as "Hachinohe Tuff Bed". Also in cases of volcanic ash beds, the name of "source volcanoes" may be added in front of "geographic names" such as "Towada-Hachinohe Pumice-Tuff Bed". For deposits formed by flows shuch as pyroclasticflows, the nomenclature should be "geographic names + origins + deposits" such as the "Aobayama Pyroclastic Flow Deposit". For lava flows, "flow" and "lava" may be treated as synonyms and "geographic names + lithologic term + lava" may be used such as the "Kusatsu Andesite Lava". Names of origin may be added to "beds", "flow deposits", and "lavas", if necessary, as in the case of volcanic ash beds, the "Towada-Hachinohe Tuff Bed" or the "Kusatsu-Shirane Andesite Lava".

h) The basis of the geographic names used in stratigraphic nomenclature should originate from the type locality which should be locality names or topographic names (e. g. mountains, rivers) used in the 1 : 50, 000 or 1/25, 000 scale topographic maps published by the Geographic Survey Institute. Geographic names in Roman alphabet transcript should also be added.

i) When appropriate geographic names do not exist at the type locality, larger areal or regional names should be selected and used on the basis of the above.

j) The unit to be named should be mappable deposits or rocks, which can be clearly distinguished and traced in outcrops.

k) Identical geographic names should not be combined with different units.

l) Changes of names or redefinition of formal stratigraphic units should follow the same procedures as proposing new names, and scientific reasons for such changes should be reported.

m) Homonyms should be avoided in naming of new stratigraphic units.

n) Nomenclature of new units on the basis of non-permanent construction exposures or drill cores should also follow this guide and conform to the second edition of the International Stratigraphic Guide (1994, Chap. 3).

2. History of research and background

Description of new units should include the name of the author who first defined and named the units, and also report the appraisal of later researchers using stratigraphic tables and other methods.

3. Designation of type localities

a) Type localities are the geographic points or routes where typical exposures of the unit occur. When the upper and lower boundaries of the units cannot be defined at the type localities, it would be desirable to designate boundary-stratotypes. When more than one lithology is included or the lithology or parastratotype changes laterally, paratype localities should be designated in the description.

b) Neostratotype may be designated when the original type localities are lost. Procedures for designating boundary-stratotype, parastratotype, and neostratotype are the same as those of holostratotype.

c) Designation of type localities should include names on topographic maps, distances from permanent topographic or temporary construction features, latitude and longitude, and other information which allow easy confirmation by other rsearchers. Also graphic information such as topographic maps, geological maps, structural maps, stratigraphic columns, stratigraphic sections, and photographs of exposures should be attached as much as possible.

4. Items to be included in description of stratigraphic units of type localities

The thickness of units and lithology should be clearly reported in the description of new units. Geological characteristics of new units should be included in the description in as much detail as possible ; for example, other stratigraphic features such as biostratigraphic units, geological structure, sedimentary structure, topographic characteristics, relation to other stratigraphic units both vertically and laterally, and sedimentary or geneic environment.

**5. Lateral and vertical changes of strata**

Areal and regional conditions of stratigraphic features mentioned above such as lateral changes, should be described to the extent possible in proposing new units.

**6. Geological significance**

For new units, the geological significance of such units should be examined in detail and the genetic process, diagenesis or metamorphism should be described as much as possible.

**7. Correlation**

New units should be correlated to other related lithostratigraphic units as much as possible.

**8. Geologic age**

The geochronologic position of new units should be discussed in detail together with evidence of age determination if possible.

**9. References**

References regarding new units should be clearly shown.

# さくいん

## 欧文主体

### A
abundance zone 9, 061
a chalky formation 13
acme zone 70
acrozone 62
age 9, 15, 85, 85
Agha Jari 層 38
Akkajaure 複合岩体 39
akros 62
Albert Oppel 68
Albus Assemblage zone 72
*Albus* Assemblage zone 72
albus Assemblage zone 72
*albus* Assemblage zone 72
an oyster bed 13
APWP 76
aquifers 40
Ar-Ar 103
arbitary cutoff 42
Assemblage Zone 72, 09, 61, 69
Astoria Formation 21
Astoria Group 21
Austin Chalk 19

### B
Baker Coal Bed 37
bands 60
barren intervals 61
bed 9, 35
Belemnite Marls 23
Bennet 20
——Shale 20
Bennett Shale 20
biochron 67
biohorizon 14, 25

biologic time 81
biostratigraphic zone の短縮語 59
Biozone 72
biozone 9, 25, 59
——名 59
Biwabik Iron-Bearing Formation 45
"Blue Mountain Limestone" 13
boundaries 60
Bracklesham Beds 37
Bracklesham Formation 37
brecciated 44
Brunhes 80
Brunswick Formation 24
"B 6 sandstone" 13
*Bulimina-Bolivina* Assemblage Zone 24
Burdigalian 階 86

### C
$^{14}$C 105
Caliza Edwards 20
Cañón 20
Canyon 20
Cenomanian 階 86
cenozone 69
Chattanooga Black Shale 45
Chesterian Series 88
Chicago Formation 21
Chonta Formation 12
chron 9, 80, 81, 90
chronozone 9, 22, 25, 81
coal seams 40
Concord Granite 44
Concurrent-range zone 64
concurrent-range zone 25, 62
Cretaceous Period 108
Cretaceous System 12, 19, 108
Cuchillo 20

### D
datum 60
——levels 60
——planes 60
——s 60, 84
Deltaville Dolerite Dike 48
Devonian ? 22
Devonian System 24
*Dibunophyllum* Range Zone 13
*Didymograpus* 区間帯 63
Drusberg Formation 37
Drusberg-Schichten 37

### E
*E.albus* 72
Early Devonian 88
early in Devonian time 88
Edwards Limestone 20
eon 9, 85
eonothem 9, 85
epoch 9, 80, 85
*Eponides* 群集帯 69
era 9, 85, 90
erathem 9, 85, 90
étage 21
event 80
evolutionary zone 67
extrusive 47
——s 47
*Exus albus* 72, 91

224　さくいん

――Assemblage Zone 72
――バイオゾーン 91
――群集帯 19, 61
――区間帯 92
――年代帯 91, 92
――の化石 91
*Exus parvus*-*E. magnus* の無産出区間 61

**F**
facies 15
FAD 60
Famennian 階 86
Fars 層群 38
Fars 地方 38
first appearance datums 60
flood zone 70
flow 9, 35
folded 44
Formación La Casita 20
formation 9, 35
Franciscan 複合岩体 39

**G**
Ga 15
Gach Saran 層 38
Gafsa Formation 44
Gauss 80, 81
――Chron 81
――Chronozone 81
――磁場極性期 81
――磁場極性節 81
――磁極期 81
――磁極節 81
――Polarity Chron 81
――Polarity Chronozone 81
Germav Formation 21
Germav Member 21
Gila Conglomerate 35
Global boundary Stratotype Section and Point 31
*Globigerina brevis* 帯 (Zone) 59
*Globigerina brevis* タクソン区間帯 59, 63
*Globigerina ciperoensis* 部分区間帯 65
*Globigerina ciperoensis* の産出区間 65
*Globigerina selli*-*Pseudohastigerina barbadoensis* 共存区間帯 64
*Globigerinoides sicanus*-*Orbulina sturalis* 間隔帯 65
*Globorotalia foshi foshi* 系列帯 67
*Globorotalia kugleri* の産出最下限 65
*Globotruncana* 62
――タクソン区間帯 62
graphia 11
group 9, 35
GSSP 31, 85, 99, 100
guide fossil 72

**H**
hard 44
heterochronous 115
highest-occurrence zone 64
horizons 60

**I**
ICS ix, xvi, 1～3, 32, 89, 93, 99, 100
IGC xvi, 3, 115
igneous 47
indexes 60
instant 84
International Commission on Stratigraphy ix
International Geological Congress xvi
International Subcommission on Stratigraphic Classification ix
International Subcommission on Stratigraphic Terminology 1
International Union of Geological Sciences xvi
interval 80, 81
――zone 9, 61
in the lower part of the Devonian 88
intrusive 47
――s 47
isochronous 115
isotopic time 81
ISSC ix, xii～xvi, 1, 3, 4, 5, 50, 93, 115
――の構成 2
――報告 115
ISST 1
IUGS xvi, 1, 3, 19, 32, 89, 93, 99, 100, 105

**J**
Jaramillo 正亜磁極帯 80
Jim Thorpe 21
――Shale 21
Jurassic System 13

**K**
Ka 15
K-Ar 103
Keewatin 氷河域 20
Keewatin Till 20
key beds 84
key horizons 60, 84
Knife 20
koinos 69
Kupferschiefer 23

**L**
La Casita Formation 20
LAD 60
La Luna Formation 19
La Peña 20
last appearance datums 60
last-occurrence zone 64
levels 60, 84
limits 60
lineage zone 9, 61
*Linoproductus cora* タクソン区間帯 62

local-range zone, 63
London Formation 21
lower 44
Lower Devonian 88
lowest-occurrence zone 64

M
Ma 15
Macoa? Formation 22
Macoa 層 22
Madison Formation 25
Madison Group 25
magnetic time 81
magnetostratigraphic polarity zone 78
Manhattan Schist 44
Marcus Limestone Beds 37
marker 60
——beds 84
——horizons 84
——s 60, 84
Matuyama 80
Mauch Chunk 21
——Shale 21
measures 40
member 9, 35
metamorphic 47
——s 47
middle 44
Millstone Grid 23
Miocene 88
*Miogypsina intermedia* 系列帯 67
Mishan 層 38
moment 84
morphogenetic zone 67
multi-taxon concurrent-range zone 68

N
normal-polarity zone 25

O
oil sands 40
Oppel zone 68

orebearing reefs 40
Oxford Clay 21
Oxfordian Stage 21

P
*Paraglobotalia opima opima* の産出上限 65
partial-range zone 65
peak zone 70
period 9, 85
Permian System 19
Peroc-Macoa formation 22
phylogenetic zone 67
phylozone 67
piano 21
piso 21
plutonic 47
polarity chron 9, 80
polarity chronozone 9, 81
polarity zone 9
Precambrian 95
Pyongan Synthem 19

Q
quarry layers 40

R
range zone 9, 22, 61, 62
Razak 層 38
Rb-Sr 103
Redkino Formation 20
Redkinskaya Formation 20
Redkinskaya Svita 20
Redstone Formation 20
Redstone River Formation 20
"*Rotalia*" *beccardii* Zone 74

S
São Tome 火山岩類年代帯 91
series 9, 85
Silurian and Devonian 23
Silurian-Devonian 22

Silurian or Devonian 22
sistema 22
soft 44
Spiti Shale 44
stage 9, 21, 85
"Stony River Granite" 13
strata 12
stratigraphy 11
stratotectonic units 49
stratum 11
stratum 12
structural stages 49
Stufe 21
subage 9, 85
substage 9, 85
subsystem 25
suite 47
supergroup 25
surfaces 60
synchronous 115
synthem 9, 51
system 9, 22, 85
système 22

T
Taxon-range Biozone 59
taxon-range zone 62
Tea-green Marl 23
tectogenic units 49
tectonic cycle 49
tectonic stage 49
——s 49
tectonostratigraphic units 49
tectosomes 49
tectostratigraphic units 49
teilzone 63
Tertiary System 19
the Aquitanian 108
——Stage 108
the Burlington 25
——Formation 25
The Coal Measures 40
the Formation 25
"the limestone at Blue Mountain" 13
them 90

The Mara coal measures
40
the Oxfordian 25
――Stage 25
the sandy zone 13
the Stage 25
the"Stony River granite"
13
the"Victoria sandstone formation" 13
"third coal" 13
Thurman Sandstone 21
time 15

――surfaces 84
tonsteins 84
topozone 63
Trenton Formation 13
Triassic System 19

U
*uniformis* Zone 73
U-Pb 103
　――年代 104
upper 44
Upper Cretaceous Series
24

V
"Victoria Formation" 13
Victoria Limestone Formation 44
Visean Series 88
volcanic 47
　――volcanics 47

Z
Zanclean 階 86
Zone 14, 72

## 和文主体

### あ
亜 9, 85
　――階 9, 25, 85, 86, 87, 90, 92, 97, 110
　――期 9, 85, 87
　――系 88
　――磁極期 81
　――磁極節 81
　――磁極帯 78, 79, 81
　――種名 24, 72
　――シンセム 51, 53, 55
　――層群 38, 39
　――統 87
　――バイオゾーン 60, 70
アキタニアン 108
　――階 108
アクメ帯 70
アクロス 62
アクロゾーン 62
アルプス造山運動 107
アロ層 55
アロ層群 55
アロ層序単元 55
アロ部層 55
安定クラトン地域 50, 53
安定同位体 8, 9
　――分析 113
アンモナイト 91
　――年代帯 91

　――類 61

### い
遺骸 57
　――群集 57
異時性 92
イタリック体 72, 73
一連の地層
　40, 46, 63, 75, 99
緯度 105
　――範囲 68
インスタント 84

### う
ウェールズ 21
失われた区間 10

### え
永年変化 75
エコ層序学 1
遠隔測定 1, 2
　――記録 76
遠隔地の年代対比 100

### お
大文字 12～14, 44, 46, 72, 88, 108
　――の使用 24, 25
　――化 39
沖合海域の堆積物 18

押かぶせ断層 101
オースチンチョーク 19
『オーストラリアの岩相層序命名法への野外地質学者のガイド』 xiii
オッペル 68
　――帯 68
オーバーラップ 101
　――帯 64
オフィオライト 47
オフラップ 111
親核種 103
オルドビス系 89
温度 105
　――変化 68
オンラップ 51, 111

### か
界 9, 85, 90
階 9, 12, 21, 25, 30, 85～90, 92, 93, 97, 98
　――階の境界 86
　――階の境界模式層 85, 86
　――階の細区分 86
　――階の単元模式層 97
　――階の年代範囲 86, 87
　――階の名称 86
貝殻相 15

塊状　26, 29, 30, 32, 40, 46〜48
　――塊状岩体　11, 33, 46
海進　101, 106
海水準変化　1, 50, 54, 106
　――の周期性　49
海生底生生物　103
海生浮遊性生物　103
海成　99
　――相　15
　――層　85
　――堆積物　103
階層　8, 9, 20, 28, 35, 36, 38, 40, 41, 44, 46, 53, 70, 72, 85〜90, 93, 95, 97, 106, 108
　――の変更　48
　――区分　53
　――性　70
　――用語　12, 36, 39, 79
海退　101, 106
壊変速度　103
壊変定数　104, 105
海洋　45
　――掘削井　45
　――循環　106
　――層序学　1
　――浮遊性化石群集　68
　――ボーリング　45
海洋底　76
　――の溶岩　76
　――拡大　76, 78
貝類の群集帯　68
化学組成　6
化学的変化　113
科学情報媒体　16, 23, 53
カキ層　109
鍵層　14, 37, 84
鍵層準　84
鍵面　60
確実度　101
拡張　11, 17, 29, 53, 86, 96
　――拡張手順　43, 55, 71, 79, 100
角礫化した　44
下限　7, 27, 28, 41, 49, 50, 64
　――下限の基準　98
下限境界　28, 31, 60, 87, 97〜99, 103, 111
　――下限境界模式層　79, 98, 99
花崗岩　33, 45, 46
火山　37
　――の流下岩石　37
　――活動　95, 101
　――岩複合体　47
　――岩類　46, 76, 91
　――起源の地層　1
　――成層体　35
　――相　15
　――体構成物質　38
　――噴出起源　46
火山性　26
　――の　47
火山灰　84
　――層　102, 112
火成岩体　1, 11, 29, 30, 32, 35, 40, 46〜48, 110
　――の特徴　48
　――の命名　48
火成岩類　ix, xii, 1, 6, 11, 26, 34, 36, 39, 46, 47, 49, 101, 104, 109, 112
火成の　47
河成層　35
化石　19, 33, 35, 56, 57〜64, 66, 68, 101〜104, 109, 112
　――の有無　110
　――の価値　57
　――の形態進化系列　103
　――の産出　43
　――の種類　110
　――の内容　15, 59, 71
　――の認定　8
　――の年代　109
　――の分布　56, 59, 101
　――の無産出部　57
　――化の条件　112
　――採取の不充分さ　71
　――植物群　68
　――試料　18
　――タクソン　56
　――動物群　68
　――発見の偶然性　112
化石群集　57, 60, 61, 68, 69, 72, 102
　――の構成要素　72
　――の産出の限界　69
化石帯　15
　――の境界　42
化石名　19, 72, 74
　――の表記　72
カテゴリ　8, 9
下部　44
　デボン系の――　88
花粉　103
カリフォルニア　21
カレドニア造山運動　107
岩塩　101
間隔帯　9, 61, 64〜66
　――の境界　65
含化石層序体　57
環境　9, 58
　――の影響　102
　――指示者　68
　――条件　69
岩頸　47
間隙　58
勧告　4, 24, 63
　――事項　44
岩株　47
岩床　47
岩石　xiv, 10, 11, 12, 15, 30, 33, 105
　――の起源　33
　――の組合せ　36
　――の形成場の環境　17
　――の主要部分　35
　――の種類　33
　――の組成　112
　――の年代決定　93
　――の微小部分　35
　――の露出地域　26
　――群　39
　――構成　36
　――種　39, 42, 44
　――層　105
　――層　107

──体 67
──物質 34
──変形 107
岩石記録 59
　──の不完全性 10
岩石単元 76
　──の磁気方向 76
間接的な証拠 43
完全な名称のくりかえし 25
岩相 6, 12, 15, 26, 31, 33～41, 43, 45, 47, 48, 99～102, 106
　──の均質性 42
　──の成因的用語 45
　──の性質 14
　──の接触面 41
　──の属性 14
　──の多様性 42
　──の同定 46
　──の連続性 35
　──層準 14, 39, 112
　──組成 43
　──帯 13, 39
　──対比 14
　──柱状図 18
　──名 39, 44, 46
岩相構成 11, 15, 40
　──の記載 34
岩相層序 17, 47, 51, 95
　──の状況 41
　──の用語 48
　──区分 33, 34, 36, 102, 109
　──層準 14, 39
　──体 40
　──対比 14, 43
　──的位置 14
岩相層序学 33, 109, 110
　──的基準 43
　──的な変換面 39
岩相層序単元 xii, 7, 33, 34, 43, 109
　──の階層 36, 37, 45, 47
　──の階層用語 36
　──の改定 48

──の拡張手順 43
──の基礎 35
──の境界 39, 41～43, 102, 109
──の構成岩石 34
──の種類 35
──の性格 33
──の設定手順 40
──の相互関係が 34
──の存在 43
──の単層 38
──の地理的拡張 43
──の地理的拡がり 35
──の定義 34, 41
──の同定 43
──の名称 44, 45
──の命名 44
──の模式層 40, 41
──名 44～47, 86
岩相的 37, 109
　──外観 15
　──重要性 109
　──要素 45
岩相特性 7, 16, 17, 33～38, 43～46, 49, 54, 102, 109
　──の存在 43
岩相変化 43, 44, 50
　──の境界 12
　──の程度 36
岩相用語 20, 39, 44～46
　──の使用 46
　──の変更 48
　──と単元用語の併用 44
岩体 ix, 6, 7, 9, 14, 15, 34, 42, 47, 77
　──の記載 11
　──の細区分 113
　──の層厚 17
　──の認定 37
　──の年代 84
　──断面 26
　──名 95
貫入 11, 40, 46, 47, 101, 104
　──岩体 46

──した 47
岩脈 47, 48, 58
完模式層 18, 27～29, 30, 40, 41
含有化石 6, 7, 14, 26, 42, 49, 54, 110
含油砂岩 40
慣用名 25

き
期 9, 85～87, 93
紀 9, 22, 85, 88, 89
起源不明 11, 40, 46
気候 96
　──的 15
　──変化 95, 105, 106
記載 11, 13, 16～26, 30, 31, 33, 53, 54
　──の妥当性 24
　──・記述 11
記載的 49
　──科学 11
　──情報 47
　──層序単元 49, 56
　──用語 19
基準 27, 97
　──の定義 40
　──点 97
　──面 60
季節帯 107
帰属 35
　──の不確実性 22
　──関係 22
北向き磁化 75
基本層序単元 55, 109
客観的 49, 112
逆磁極性 75, 76
逆磁化 75
逆磁気極性 111
逆転 101, 111, 113
　──のパターン 78
　──転層準 77
境界 6
境界 41, 43, 64, 65, 67, 69, 70, 85
　──の再定義 25
　──の性質 17

岩石記録～公式年代層序単元　229

——の設定　27,42,69
——の設定理由　31
——の地理的位置　31
——の認定　69
——のポイント　31
——関係　11,46
——指標層　43
——生層準　65
——面　14,59,60,77,84
凝灰岩　33,45
境界層準　31
——の位置　31
境界不整合　49～51,54,55
——の成因　50,54
境界不連続面　50
——の存在　53
境界模式層　17,27,85,87,88,97
——境界模式層の選択　31,89
——境界模式層提案申請　100
共存区間帯　62,63,64,92
——の境界　63
極移動　75
——曲線　76
局地的　42,59,91,99
——な環境条件生態条件　69
——な指標　101
——な層序断面　83
——な年代関係　83
——な年代層序　96
——な年代帯　96
——な年代対比　83
——な変化　104
——に多産　57
——地名　79
——地理用語　46
ギリシア語　11,22,62,69,88,90
——起源　51

く
空間的　15,47
空洞　58
空白　56,63,84,99

——の規模　53
区間帯　9,22,61,62,66,70,91
——の性格　62
——の代用語　62
掘削　18,45,64
——孔　107
——坑井　79
——試料　76
——地　40
区分用語　8
クロノゾーン　22
クロン　9,90,92
群集帯　9,59,61
群集帯　68～70
——の境界　68,69
——の代用語　69
——の名称　69

け
系　9,30,50,85～88～90,98,107
——の境界　88,89,93
——の細区分　87
——の定義　89
——の年代範囲　89
——の名称　89
形成環境　6,11,15
形成年代　6,83,105,107,112
形成様式　11,34
珪藻土　35
形態進化系列　103
形態発生帯　67
傾動　51
系統帯　67
系統発生帯　67
系列帯　9,61,66,67
——の境界　66,67
頁岩　42,45,101
——と石灰岩の互層　42
——の単元　42
——・砂岩　45
結晶片岩　33,45
鍵層準　84
原記載　29
——文献　16

原生界　90
原生代　93,95
顕生累界　90
顕生累代　89,93,95,96,102,103,112
——の岩石　95,104
——の地層　102
検層　1
——記録　18,32,42
鍵層　14,37,84
原著者　29
玄武岩　33
鍵面　60
原模式地域　30
原模式地の変更　16

こ
コア　18
硬　44
鉱山　17,18,26,40
——の地図　18
公式　12,14,40,55,72,80,85,108
——に認知された科学情報媒体　16,23,53
——の地理的名称　45
——の年代帯　90,92
——名称　19,23,72,73,79,80
公式岩相層序単元　35～39,48
——の境界　43
——の細区分　44
——の命名　47
——の命名法　47
——用語　35
——名　44
——名　45
公式層序単元　2,7,8,12,15,19,21,24,28,39,40,78,80
——の設定　23
——の名称　19
——名　24,80
公式単元　36,37
——用語　13,25,39
公式年代層序単元　90,108

230 さくいん

——の用語 85
坑井 17, 18, 26
　——のコア 18
　——の深さ 18
　——記録 18
　——地質柱状図 18
構成要素 15, 69
　——の全産出区間 69
　——単元の組合せ 28
　——模式層 27
合成語 25
構造運動 54
構造図 31
構造相 15
構造的 30
　——な出来事 101
　——な複雑さ 104
　——に複雑 40
　——関連 15
　——形態 17
　——変形 99
構造的斜交性 53
　——の度合 53
鉱体"礁" 40
口頭発表 13, 39
公表 23
鉱物 9, 31, 105
　——学的 107
　——組成 6
　——帯 13
後模式層 29, 30
古海洋学 57
古気候学的データ 101
古気候学的変化 105
コキナ 109
国際層序委員会 ix
国際層序区分小委員会 ix
国際境界模式層断面と断面上のポイント（GSSP） 31
国際植物命名規約 72, 73
国際層序学辞典 19
国際地質科学連合 xvi
国際的 2
　——な情報交換 xiii, xiv, 8, 99
　——な層序規約 1

——基準 xii
——合意 xiii, 2
国際動物命名規約 72, 73
国際標準年代層序尺度 19, 31, 50, 84, 86, 89, 93, 95, 99, 100, 102
国際標準年代層序（地質年代）尺度 17, 80, 92, 93, 94, 99, 100
古水深 57
古生界 90
古生態 57
古生物 31, 106
　——の証拠 78
　——地理 57
古生物学 102
　——的識別 102
　——的柱状図 18
　——的データ 112
　——的同定 64
　——的特性 16
　——的特徴 61
　——的な推論 66
　——的な年代対比 103
　——的変化 105
古地磁気学 80
　——的特性 95, 101
古地理 17, 106
国家的・地域的層序規約 xii, xiii, 4, 5
　——の出版点数 xii
古典的層序学 ix
コード化 73
コノドント 61
小文字 13, 72, 73
混合汚染 64
混合的岩相 42

さ

最下限産出帯 64
細区分 18, 26, 75, 87, 93
再磁化 75, 111
最終産出帯 64
最終出現面 60
最上限産出帯 64, 65
採石層 1340
砕屑性鉱物 105

再堆積 58, 16, 25, 48, 55, 81
砂岩 33, 45
　——の単元 42
　——相 15
削剝 51
砂質石灰岩 45
サンゴ礁 35
　——系 35
サンゴ類 60
　——の隔壁数の変化 60
　——の群集帯 68
産出 57, 60, 62
　——化石 11
　——区間 61, 63, 64, 69
　——最下限 60, 62〜66, 68
　——最上限 60, 62〜66, 68
　——層準 64
産出量 66
　——変化 60
三畳系 19
参照単元 89
参照断面 29
参照標準 16, 17, 27, 32, 78, 79, 84, 92, 93
　——の役割 31
参照模式層 18, 27, 29, 30, 38, 40, 41, 53, 71, 100
　——の設定 71
参照模式地 30, 32, 40, 41, 48
残留磁気 75, 110
　——の極性変化 77, 111
残留磁気方向 76
　——の変化 7, 75

し

時間的 15, 47, 84
　——な空白 98
　——な形容表現 85
　——意味 67
時間面 42, 65, 66, 68, 70, 84, 106, 111
磁気層序 x, 51
　——学 x, 77

——区分 77
——単元 75, 77
——用語 80
磁気帯 75, 77
磁気特性 75, 77, 79
磁極期 9, 80, 81
磁極節 9, 81
磁極帯 9, 13, 78, 79, 81
シーケンス 55
——層序学 x, 55
指交 41, 42, 103
示準面 60
資試料の保存場所 18, 19
地震波 9
——への応答 6
——層準 14
——断面 1, 13, 18, 107
——特性 8, 113
——反射面 84
試錐孔 40
始生界 90
始生代 93, 95
自然残留磁気 75
——の強度・方向 75
自然物 xiv, 19
実用単元 85
磁場強度の変化 75
磁場極性 6, 26, 75〜79,
　105, 111, 113
——の記録 111
——の系統的変化 76
——の判定 75
——の変化 75, 111
——遷移帯 77
——層準 112
——層序区分 77〜79
——層序帯 78, 81
——年代尺度 105
磁場極性逆転 75, 77, 86,
　100, 105, 111
——のパターン 76, 78
——層準 77, 84, 111
磁場極性層序単元 xii, 1,
　7, 9, 30, 75〜77〜82,
　90, 110, 111〜113
——の階層 78
——の改定 78, 81

——の拡張手順 79
——の境界 77, 111, 113
——の境界模式層 79
——の極性 80
——の参照標準 78
——の種類 78
——の性格 75
——の設定手順 78
——の定義 79
——の提唱 78
——の名称 80
——の命名 79
——の模式層 79
磁場時間 81
指標 84, 86, 101, 102, 106,
　107
——層 37, 39, 43, 84
——層準 84, 100
——面 60
磁北極の方向 75
縞状地磁気異常 76, 78
——番号 76, 80
斜交 6, 42, 51, 52, 110, 111
——関係 50, 51
——不整合 50, 51, 111
写真 31, 53
蛇紋岩 45
褶曲活動 51
褶曲した 44
重鉱物 8, 107
主参照模式地 40
種名 24, 72
——の先頭文字 72
ジュラ系 8
上下方向 41, 51, 56, 99,
　100, 110, 112
——の変化 40, 54
上限 7, 27, 41, 49, 50, 64
上限境界 31, 60, 87, 97,
　98, 103, 111
——模式層 79
礁成石灰岩 35
蒸発岩 105
上部 44
植物 110
——の帯 103
——の根 58

——相 99
初生的 46
——な成層 46
ジルコン 104
シルル紀 22, 23
シルル系 22, 23, 89
人為的 79, 5
——に設定 41, 42, 45
——に命名 45
人為的境界 42
——の位置 42
進化過程 102
——の不確実性 67
進化系列 66, 67
——の特定区間 66
進化速度の相違 67
進化帯 67
進化的変化 57
人工的標識 31, 79
——の設置 17
人工物 19
侵食 51, 07
——面 51
新生界 90
深成岩活動 95
新生代 91, 105
深成の 47
シンセム 9, 51, 53, 55, 106
震探層序学 1
侵入化石 58
新模式層 29, 30

す

数値年代 93, 101
数値年代測定 100
——法 95, 107
数量的地質年代の情報源
　11
スーツ 47
ストロマトライト 95

せ

世 9, 80, 85, 87, 88, 93
西欧 106
正・逆・混合 80
整合面 55

正磁化 75
正磁気極性 111
正磁極性 75, 76
成層 46, 83
　——した岩体 37
　——している 37
　——構造 46
生層準 14, 59, 60, 62, 64, 65, 67, 69, 70, 84, 100, 112
生層序 17, 51, 60, 105, 115
　——区分 59, 61, 63, 109
　——層準 14, 59
　——帯 8
　——対比 14, 71, 102, 112
生層序学 xii, 59, 110, 112
　——的特性 59, 60, 64
　——的特徴 17
　——的な帯 15
生層序単元 xii, xiii, 7〜9, 16, 17, 21, 24, 25, 27, 49, 52, 54, 56, 57, 59, 66, 67, 70〜73, 90, 110〜113, 115
　——の階層性 70
　——の改定 73
　——の拡張手順 71
　——の区間帯 27
　——の公式名称 19, 72
　——のコード化 73
　——の種類 19, 61, 71
　——の性格 56
　——の設定・命名 54
　——の設定手順 71
　——の選定と設定 110
　——の認定 56
　——の名称 73
　——の命名 19, 72
　——の用語 8
　——名 74
生層序的 59, 66
　——な階層 70
　——な区間帯 61, 92
　——位置 14
　——産出区間 69
　——分帯 57, 58
生体群集 57

生対比 14
生物 57
　——の遺骸 57, 102
　——の進化 90, 112
　——群 57, 103
　——時間 81
　——攪乱の影響 111
　——進化の不可逆性 57
　——年代 67
生物環境 68
　——の多様性 103
生物相 15, 99, 100
　——の同定 71
生物体 57
　——の存在 57
石英岩 45
赤色層 105
　——相 15
石炭紀 84
石炭系 40, 88, 89, 94
　——の亜系 94
石炭のレンズ 35
脊椎動物 61
石油・ガス貯留層 13
石灰岩 33, 42, 45
　——相 15
　——層 102
石灰質生物遺骸 35
石膏 101
舌状体 36, 37
接触面 59, 60
切断関係 11, 46
説明的形容詞 44
セノゾーン 69
遷移帯 77, 79
漸移 17, 41, 42
全岩試料 105
先カンブリア界 1, 2
先カンブリア時代 2, 93, 95, 96, 103, 104, 107
全掘削深度 18
先取権 22, 24, 73, 80, 100
船上磁力計 76
先頭文字 12〜14, 24, 39, 72, 108

そ
層 9, 11, 13, 36
相 15
双極子磁場 75
層群 9, 25, 35, 38, 41, 44, 46, 88
　——の模式層 28, 38
造構支配 49
　——層序単元 49, 50
造山運動 107
　——の出来事 49, 50
造山周期 95
造山相 15
造山帯 50
層準 14, 17, 60, 62, 69, 84, 86, 99, 110, 113
層序 xiv, 6
　——解析 38, 49, 54
　——関係 17, 33, 34, 46〜49, 53
　——区間 26, 30, 60, 60, 61, 100, 107, 112
　——順序 46
　——体 50, 51, 54, 57
　——対比 31
　——同定 26
層状 26, 48
　——の岩相層序単元 40
　——の層序単元 27〜30, 32
　——岩体 11, 33, 46, 79
　——状構造 6
層序学 6, 11
　——の基礎 xii
　——の原理 ix, xii, 5
　——の定義 11
　——の内容 x
層序学的 49
　——な凝縮作用 58
　——な空白や重複 88, 97, 98
　——空白 53
　——研究 1, 2, 7, 49, 64, 109, 113, 113
　——思考 xii
　——層準 14
　——手順 xiii, 2, 11

――特性 13, 14, 48
――名称 19, 20, 80
層序境界 6, 101
層序記録 56, 57, 59, 110
　――の複雑さ 54
層序区分 ix, xiv, 3～12,
　35, 36, 38, 46, 75, 76, 106,
　109, 110, 113
　――のカテゴリ 6, 12,
　13
　――体系 8, 12, 13, 84
層序区分の原理 6
　――の国際的合意
　xiii, 2
層序区分・用語法・手順
　xi～xiv, 4, 5
　――の概念と原理 xi,
　4, 115
　――の国際的基準 xii
層序単元 1, 12, 17
　――のカテゴリ 8
　――の基準 27
　――の層序範囲 27
　――の位置 45
　――の意味 26
　――の階層 25, 84
　――の改定 16, 23, 25
　――の概念 32
　――の岩相特性 45
　――の記載 17, 20
　――の構成要素の起源
　20
　――の細区分の名称 21
　――の再定義 48
　――の出版 24
　――の種類と階層 19,
　21
　――の設定 15, 24, 48,
　50, 109
　――の設定手順 71
　――の全年代範囲
　91, 92
　――の層序範囲 71
　――の地理的名称 21
　――の提案 16
　――の定義 16, 27, 40,
　53, 108

――の年代範囲 92, 110
――の名称 24, 25, 40,
　47, 48
――の命名 13, 19, 74
――の模式層 28, 29,
　32, 43, 92
――の模式地 40
――の有用性 24
――の歴史 16
層序単元境界 27, 29, 111
――の定義 27
――の模式層 29
層序単元の境界
　18, 42, 50, 52, 54, 79, 111
――の模式層 17
――面 14
――模式層 99, 100
層序単元名 8, 19～21, 23,
　39, 44, 46, 72, 92
――の地理的要素 19,
　20
層序断面 6, 7, 14, 17, 27,
　29, 30, 32, 36, 41, 50, 54,
　59～64, 69, 71, 79, 83, 97,
　～100, 109, 111
――の完全性 22
層序的 41, 62, 64
――な順序 101
――位置 6, 8, 14, 35,
　36, 41, 46, 48, 69, 79,
　112
――記録 69
――中断 50, 51
――拡がり 61
層序範囲 27, 31, 58, 61,
　68, 69, 71, 77, 80
層序用語 xiii, 12, 22, 48
――の提案数 xii
――集 xi～xiii, 4, 55,
　60, 115
――法 ix, xii, 2, 5, 12,
　13, 15
相対年代 17, 57, 101～104
――の決定 83
層理 101
――層理面
　10, 12, 37, 51

造陸運動 106
――の周期 49
――の出来事 50
属性 6, 11, 16, 26, 48
――の変化 53
続成作用 44, 45
続成変質作用 99
続成変化 103
側方 30, 41, 51, 100, 110,
　112
――に漸移 42
――の拡がり 8
――への拡張 31
――への連続性 42
――相当関係 32
――変化 15, 40, 45, 54,
　101, 103
属名 72
――の先頭文字 72
ゾニュール 60

た
帯 13
――の種類 14, 71
代 9, 85, 90, 95
――の堆積物 90
ダイアステム 51
ダイアピル 47, 58, 101
第三系 19, 89
第四紀 2, 96
第四系 1, 2, 86, 89, 96, 105
帯水層 13, 40
堆積 8, 15, 51
――の再開 51
――の中断 51
――の不連続 51
――環境 57, 103, 110
――間隙 17, 42, 50, 51,
　99
――岩体 11, 47, 48, 110
――岩類 6, 11, 26, 34,
　36～39, 44, 45, 47, 49,
　76, 101, 109, 112
――期間 34
――起源 46
――休止 10
――サイクル 49, 58

――相の変化　112
――速度　58, 107
――性　46, 58
堆積学　115
　――的理由　44, 45
堆積層
　20, 57, 85, 86, 98, 101, 106
　――の形成　107
　――の側方的拡がり
　　102
　――の年代決定　104
堆積物　51, 57, 58, 64, 98,
　105, 107
　――の構成要素　58
　――の年代測定　107
　――の粒子　58
堆積盆　54
　――の縁辺部　54
対比　11, 14, 15, 17, 22, 37,
　39, 43～45, 55, 71, 76, 78,
　99, 110, 111
　――の種類　17
　――可能　22
　――する　14
大陸移動　103
大陸地塊の造陸運動　106
大理石　33
タクサ　56
タクソン　19, 56
　――の生存した全期間
　　67
　――の組合せ　56, 61
　――の産出最下限　62,
　　64
　――の産出最上限　62,
　　65
　――の全体的区間帯　63
　――の特徴の変化　60
　――の内容　69
　――の年代範囲　92
　――A区間帯　63
　――名　63, 65
タクソン区間帯　21, 59,
　62, 63, 64, 70, 90, 92
　――の境界　62
多産帯　9, 69, 70
　――の境界　70

多タクソン共存区間帯　68
タービダイト　45
単層　9, 12, 35, 37, 40, 44,
　57～59, 69, 97
　――名　37
単層群　37, 60
　――名　37
炭層　13, 35, 40, 84, 105,
　109, 101
単一のタクソン　66, 72
　――名　72
単元　6, 7, 9, 12, 14, 15, 22,
　23, 34, 41, 42, 49, 84, 88,
　109
　――の境界　71
　――名　9
　――模式層　26～28,
　　30, 31, 41, 97, 98
単元用語　9, 12, 13, 19～
　22, 44～47, 81, 108
　――の組合せ　19
　――の構成要素　21
断面図　18, 31, 34, 53

ち
地域的　8, 62, 96
　――な構造　33
　――な層序単元　47
　――な拡がり　32, 51
　――な論文　24
　――に限定　8
　――産出区間　63
　――名称　45
チェスタリアン統　88
地下　18
　――の試料　32
　――の模式層　32
　――層序断面
　　17, 18, 22, 32
　――地質図　109
地殻　11, 26, 103, 107
　――の岩石　33, 83, 109,
　　110
　――の局地的な垂直的運
　　動　106
　――の最古の岩石の年代
　　103

地下層序単元　18, 22, 45
　――の設定　18
　――の提唱　18
　――の模式層　18
地下地質　13
　――の調査　42
地球化学的　107
　――出来事　95
　――特性　11
　――分帯　1
地球規模　x
　iv, 8, 25, 30, 92, 93
　――の区分線　107
　――の系　89
　――の造山運動の周期
　　107
　――の層序単元　32, 93
　――の単元　8
　――の年代対比　113
　――の拡がり
　　68, 87, 111, 113
地球史　14, 75, 77, 84, 86,
　93, 96, 106,
　107, 109, 112, 113
　――の理解　10
地球磁場　75
地球磁場極性逆転　1, 78
　――史　76
地向斜相　15
地磁気　96
　――異常のパターン　78
　――異常変化曲線　78
地質学的　105
　――記載　31
　　時間　15, 53, 85
　――尺度　84
　――手法　14
　――情報　18
　――地位　32
　――知識　xii, 4
　――出来事　49
　――特性　31
　――歴史　33, 34
地質過程　54
地質時間　81
地質図　ix, 11, 31, 36, 39,
　49

地質図作製　38, 43, 54
　——の基本的な単元　33
　——の縮尺　36
　——過程　13
地質体　12, 90
地質年代　7〜9, 14, 17, 46,
　58, 83〜86, 95, 97, 99,
　102, 103, 105, 106, 109,
　110, 113
　——の区間　9, 83
　——の指示者　68
　——の単元　9, 67, 83
　——尺度　94
地質年代学　14, 15
　——的対応　81
地質年代測定　103, 104
　——学　14
　——技術の進歩　96
　——法　100
地質年代測定単元　95, 96
　——の体系　96
地質年代単元　9, 14, 80,
　81, 83, 85, 88, 90, 93
　——地質年代単元用語
　　81, 85, 87, 88, 90, 108
地質用語　15, 48
地層　xiv, 10
　——の間隙　58
　——の岩相　110
　——の順序　101, 104
　——の相対年代　57, 101
　——の年代の対比　57
　——区間の組合せ　27
　——体　55, 61〜64, 66,
　　68, 69
　——命名法　13
　——累重の法則　101
地層名　8
　——の減少　22
地表　13, 18, 32
　——の指標層　18
　——の側方相当断面　32
　——の標高　18
　——の露頭　18, 79
　——地質図　109
地表層序単元　22, 45
　——名　22

地表層序断面　32
　——の露出状態　22
チャート　18
柱状図　18
柱状断面図　31
中新統　8, 88
中生界　90
中性子検層　107
中生代　105
中部　44
チューロニアン　8
超　9, 85
　——階　85, 86, 87
　——系　88
　——磁極期　81
　——磁極節　81
　——シンセム　53, 55
　——層群　38, 39
　——統　87
　——バイオゾーン　60,
　　70
超磁極帯　78, 79, 81
　——群　78
潮汐摩擦　107
重複　56, 67, 73, 84, 112
地理的　15, 21, 62, 69, 71,
　79, 97, 100, 106, 108
　——な場所　29
　——な要素　17
　——位置　18, 31
　——記載　31
　——語源　20
　——単位　20
　——拡がり　17, 35, 53,
　　56, 59, 61, 92
　——由来　88
地理的名称　19, 〜23, 39,
　44, 45, 55, 89
　——の重複　21
　——の表記　20
　——の変更　20
地理的要素　19, 38, 44
　——の選択　55
　——の表記　20
　——の変更　25
地理用語　20, 44〜46
　——の使用に関する勧告

　　44
　——の変更　48

て
定義　33, 64, 68, 69, 85, 88,
　90
　——の基準　26, 29, 40
　——・記載　13, 18, 39,
　　71
　——・特徴づけ・記載
　　16, 23, 27
　——と手順　11
　——・命名　12, 24, 29,
　　35, 84
泥質岩　84
底生生物群　68
出来事　80, 86, 111
　——の時間的順序　14
テクトニクス　115
データム　84
テチス相　15
デボン紀　22, 23
　——の初期　88
デボン系　22, 23, 89
　——の下部　88
デルタ相　15
電気検層　1, 18, 43, 101,
　107, 113
　——の指標層　84
　——層準　14
電気特性　6, 8

と
ドイツ相　15
統　9, 13, 25, 30, 40, 85〜87
　〜90, 93, 98
　——の境界　87
　——の誤用　88
　——の年代範囲　87
　——の名称　87
同位体　17, 78, 96
　——のデータ　112
　——系　105
　——時間　81
同位体年代　96, 101
　——の改定　96
同位体年代測定　15, 33,

236　さくいん

86, 95, 103～105
　――法　11, 46, 76, 81,
　　95, 96, 100, 103, 105
同一　35, 38
　――の壊変定数　105
　――の境界　110
　――の成因過程　76
　――の地理的名称　21
　――岩石　6
　――区間　56
　――性　34
　――生物相　71
　――タクソン　90
　――断面　54
　――地層　63
　――名称　37, 38, 92
同一時間面　86, 100, 106,
　109, 111, 113
　――と交差　102
同一年代　84, 90, 91
　――範囲　100, 111
同源　47
同時性　72, 101, 108, 111,
　112
到達　29, 31, 40, 100
　――の容易性　22, 31
　――方法　17
同定　17, 20, 31, 41, 43, 56,
　69, 71, 76, 79
導入化石　58
動物　110
　――の巣穴　58
　――の帯　103
　――群の"急激な変化"
　　50
　――相　99
土壌　1, 2
　――層序単元　2
トールネーシアン統　088
ドレライト　48
トンステイン　84, 102
トンネル　17, 18

な・に

軟　44
ナンノ化石　58

2名法　108

ね

熱帯相　15
年縞　107
年代　14, 15, 16, 22, 26, 33,
　34, 54, 57, 58, 78, 83, 99,
　102, 104, 112
　――の組合せ　76
　――の指標　112
　――の妥当性　101
　――の同定　112
　――関係　11, 83, 101,
　　104, 108
　――情報　11
　――層準　14, 84, 89,
　　104, 111, 112
　――単元　80
　――値　17, 103
年代決定　93, 104, 105, 112
　――法　81, 105
年代層序　51, 85, 96, 105
　――の区分体系　84
　――の単元境界　106
　――学　83, 85, 103, 105,
　　106, 112
　――境界の同時性　101
　――尺度　93, 94
　――層準　14, 84
　――体系　87, 88, 90
　――対比　14, 16, 100,
　　107, 112
年代層序学的　84, 90
　――意味　81
　――期間　49
　――細区分　95
　――尺度　89
　――重要性　109
　――体系　85
　――枠組み　106
年代層序区分　83, 85, 92,
　96, 106, 107, 112, 113
　――の体系　98
　――の目的　83
年代層序単元　xii, 2, 7～
　9, 16, 19, 21, 28, 30, 44, 4
　9, 50, 52, 67, 81, 83, 84～

86, 88, 91, 93, 95～100,
　106, 108, 110～112, 113
　――の階層体系　90
　――の改定　108
　――の境界　108, 111
　――の境界模式層　27,
　　32, 99, 100
　――の種類　85, 108
　――の性格　83
　――の設定手順　97
　――の体系　92
　――の単元模式層　97
　――の定義　98, 100
　――の適用範囲　108
　――の同時的境界　101
　――の変更　25
　――の命名　108
　――の命名法　108
　――用語　81, 85
年代層序的　66, 89, 96
　――位置　14, 89, 101,
　　102, 104, 107
年代測定　14
　――法　101, 107
年代帯　9, 13, 22, 66, 67, 90
　～92, 96
　――の境界　92
　――の地理的拡がり　92
　――の定義　92
　――の年代範囲　90, 91
年代対比　14, 15, 39, 67,
　71, 83, 95～97, 100～103,
　105, 107, 108, 112, 113
　――の基礎　83
　――の指示者　86
　――の制約条件　95
　――の分解能　93, 101
　――層準　84
　――法　96
年代範囲　14, 38, 41, 57,
　59, 67, 80, 81, 84～86,
　87, 89, 90～93, 97, 99,
　111, 112
　――の長さの関数　84
粘土岩　33
粘土質頁岩　45

は
バイオゾーン 8, 9, 12, 13, 15, 56, 59～61, 64, 67 ～74, 86, 90, 91, 103, 112
——の厚さ 59
——の境界 86, 112
——の種名 73
——の種類 59
——の年代範囲 72
——の命名 72
——名 59, 70
パイプ 47
ハイフンの使用法 25
白亜紀 108
白亜系 19, 89, 108
バソリス 47
バレット層 92
バレット年代帯 92
万国地質学会議 xvi
判断基準 50, 53
バンド 60

ひ
非海成 86
——の層序断面 99
——第三系 86
微化石 58
ピーク帯 70
非公式 8, 12～14, 24, 39, 61, 73
——の表示 88
——の名称 39, 80
——岩相層序単元 39
非公式層序単元 38
——名 39
非公式単元 9
——用語 13, 24
微磁極帯 78
ビゼアン統 88
非整合 42, 50, 51, 111
非双極子成分 75
非変成 46
氷河階 86
氷河堆積物 105
標識 31, 101
——を設置 100
標準境界模式層 31, 99

漂礫土 20
ピョンアンシンセム 19

ふ
風化の痕跡 51
付加地塊 76
複合岩体 39, 46, 47
複合模式層 27, 28, 30, 41
——の構成要素 28
副模式層 18, 27,～29, 30
不整合 7, 10, 17, 42, 49～51, 54, 55, 95, 99, 101, 106
——の記載 16
——の存在 111
——の対 54
——面 106
不整合境界単元 x, xii, 1, 7, 9, 16, 49, 50～55, 106, 110～113
——の階層性 53
——の改定 55
——の拡張手順 55
——の基本 51
——の境界 52
——の境界 111
——の種類 51
——の性格 49
——の設定 49, 53, 54
——の設定手順 53
——の認定 54
——の命名 55
部層 9, 13, 25, 35, 36, 37, 40, 44, 46
——の拡がりと層厚 36
——名 37
部族名 89
物質的 33, 109
物質的 112
——な基準 38
——な層序単元 110, 112
——構成要素 35
——単元 9
——特性 34
筆石相 15
筆石類 104
部分区間帯 65

浮遊性生物群 68
フラッド帯 70
フリッシュ 45
プルトン 47
プレート運動 75, 106
——の復元 76
不連続 10, 35, 50, 53, 101, 110
——の規模 53
——の性質・位置・特徴 53
——の地理的拡がり
——境界 49
——面 50
噴出 48, 104
——起源 38
——した 47
分布 11

へ
平行 111
——性 51
ヘルシニア造山運動 107
ペルム紀 35
ペルム系 19, 89
片岩 46
変質 105, 112
ペンシルベニアン亜系 88
ペンシルベニアン系(新期) 94
変成 46
——の 47
——岩体 1, 11, 29, 30, 32, 40, 46～48, 110
——岩類 ix, xii, 1, 6, 11, 26, 34, 36, 39, 46, 49, 109, 112
——作用 44, 45, 99, 103, 104, 105, 107
——相 15
——帯 13, 15, 112
——岩複合体 47
変動帯 53
ベントナイト 102
——層 84
片麻岩 46

## ほ

ポイント　26, 28, 31, 86, 97, 99
放散虫岩　109
放射性　34
　——壊変　103
　——炭素同位体　105
　——同位体　105
崩落　42
北米　94
　『——地層命名規約』 xiii
　『——地層命名規約』　55
　——プレート　76
古磁北極　76
補助参照断面　29
補助的な模式層．　29
北方相　15
哺乳動物群　86
掘り屑　18, 64
ボーリング　64
　——孔　42

## み

みかけの極移動曲線　76
ミシシッピアン亜系　88
ミシシッピアン系（古期）　94

## む

無産出区間　57, 60, 61, 64
　——の設定　61
無脊椎動物　107

## め

命名規約　ix, 22
明瞭　17
メランジ　47

面　60

## も

模式　27
　——区間　78
　——鉱山　18
　——坑井　18
　——試料の入手　22
模式層　16, 17, 26, 27, 30, 40
　——の岩石　43
　——の記載　31
　——の設定　28, 32
　——の年代範囲　91, 92
　——の必要条件　30
　——の複合　28, 41
模式層序単元　92
　——の年代範囲　92
模式層序断面　16
模式単元の境界　31
模式地　17, 26, 40
　——の設定　16, 41
　——模式地の定義　26
模式地域　29, ～31, 41
藻礁　109
モーメント　84

## や行

野外　31, 35
　——調査　79

有機物　105
有孔虫　61, 68
　——の巻き方の変化　60
誘導化石　58

葉層　37

## ら

ラテン語　11, 22
ララミー造山運動　107
ラルナ層　19

## り

陸生動植物　103
陸成堆積物　103
リダックサンゴ礁　35
流　9, 35, 37, 38
リン灰土層　84
リン酸塩層　102

## る

累界　9, 85, 90
累重　33, 49, 60, 63
　——の順序　38, 101
　——関係　11
累代　9, 85, 90, 95

## れ・ろ

レベル　60, 84
レンジオーバーラップ帯　64
レンズ　35, 36, 37
　——状の岩体　37
連続　38, ～43, 79, 97, ～99, 101
　——性　10, 35, 42, 44, 69, 69, 101
露頭　18, 30, 40, 71, 76, 78, 97

## わ

ワイヤライン検層　1
　——記録　13, 18
割れ目　58

| 国際層序ガイド | | | 検 印 廃 止 |
|---|---|---|---|
| ──層序区分・用語法・手順へのガイド | | | |
| NDC 450 | | | ⓒ 2001 |
| 2001 年 8 月 25 日 初版 1 刷発行 | | 訳編者 | 日 本 地 質 学 会 |
| 2011 年 4 月 10 日 初版 3 刷発行 | | 発行者 | 南 條 光 章 |
| | | | 東京都文京区小日向4丁目6番19号 |

| 発行所 | 東京都文京区小日向 4 丁目 6 番 19 号<br>電話　東京 3947 局 2511 番（代表）<br>郵便番号 112-8700<br>振替口座　00110-2-57035 番<br>URL　http://www.kyoritsu-pub.co.jp/ | 共立出版株式会社 |
|---|---|---|

印刷・製本 真興社　　　　　　　　　　　　　　　　　　　　　　　Printed in Japan

社団法人
自然科学書協会
会員

ISBN 4-320-04638-2

---

|JCOPY| <(社)出版者著作権管理機構委託出版物>
本書の無断複写は著作権法上での例外を除き禁じられています．複写される場合は，そのつど事前
に，(社)出版者著作権管理機構（電話 03-3513-6969，FAX 03-3513-6979，e-mail: info@jcopy.or.jp）
の許諾を得てください．

**実力養成の決定版･･･････学力向上への近道！**

## やさしく学べるシリーズ

**やさしく学べる基礎数学** —線形代数・微分積分—
石村園子著・・・・・・・・A5判・246頁・定価2100円（税込）

**やさしく学べる線形代数**
石村園子著・・・・・・・・A5判・224頁・定価2100円（税込）

**やさしく学べる微分積分**
石村園子著・・・・・・・・A5判・230頁・定価2100円（税込）

**やさしく学べるラプラス変換・フーリエ解析** 増補版
石村園子著・・・・・・・・A5判・268頁・定価2205円（税込）

**やさしく学べる微分方程式**
石村園子著・・・・・・・・A5判・228頁・定価2100円（税込）

**やさしく学べる統計学**
石村園子著・・・・・・・・A5判・230頁・定価2100円（税込）

**やさしく学べる離散数学**
石村園子著・・・・・・・・A5判・230頁・定価2100円（税込）

## レポート作成から学会発表まで

**これからレポート・卒論を書く若者のために**
酒井聡樹著
A5判・242頁・定価1890円（税込）

**これから論文を書く若者のために【大改訂増補版】**
酒井聡樹著
A5判・326頁・定価2730円（税込）

**これから学会発表する若者のために**
—ポスターと口頭のプレゼン技術—
酒井聡樹著
B5判・182頁・定価2835円（税込）

## 詳解演習シリーズ

**詳解 線形代数演習**
鈴木七緒・安岡善則他編・・・・定価2520円

**詳解 微積分演習Ⅰ**
福田安蔵・安岡善則他編・・・・定価2310円

**詳解 微積分演習Ⅱ**
鈴木七緒・黒崎千代子他編・・・・定価1995円

**詳解 微分方程式演習**
福田安蔵・安岡善則他編・・・・定価2520円

**詳解 物理学演習 上**
後藤憲一・山本邦夫他編・・・・定価2520円

**詳解 物理学演習 下**
後藤憲一・西山敏之他編・・・・定価2520円

**詳解 物理/応用数学演習**
後藤憲一・山本邦夫他編・・・・定価3570円

**詳解 力学演習**
後藤憲一・神吉 健他編・・・・定価2625円

**詳解 電磁気学演習**
後藤憲一・山崎修一郎編・・・・定価2835円

**詳解 理論/応用量子力学演習**
後藤憲一・西山敏之他編・・・・定価4410円

**詳解 構造力学演習**
彦坂 熙・崎山 毅他著・・・・定価3675円

**詳解 測量演習**
佐藤俊朗編・・・・・・・定価2625円

**詳解 建築構造力学演習**
蜂巣 進・林 貞夫著・・・・定価3570円

**詳解 機械工学演習**
酒井俊道編・・・・・・・定価3045円

**詳解 材料力学演習 上**
斉藤 渥・平井憲雄著・・・・定価3570円

**詳解 材料力学演習 下**
斉藤 渥・平井憲雄著・・・・定価3570円

**詳解 制御工学演習**
明石 一・今井弘之著・・・・定価4200円

**詳解 流体工学演習**
吉野章男・菊山功嗣他著・・・・定価2940円

**詳解 電気回路演習 上**
大下眞二郎著・・・・・・・定価3675円

**詳解 電気回路演習 下**
大下眞二郎著・・・・・・・定価3675円

■各冊：A5判・176～454頁
（価格は税込）

**共立出版**